水安全视域下水质检测及监测预警

刘 斌 著

吉林科学技术出版社

图书在版编目（C I P）数据

水安全视域下水质检测及监测预警 / 刘斌著. -- 长春 : 吉林科学技术出版社, 2022.9

ISBN 978-7-5578-9743-7

Ⅰ. ①水… Ⅱ. ①刘… Ⅲ. ①水质监测—研究 Ⅳ. ① X832

中国版本图书馆 CIP 数据核字(2022)第 178081 号

水安全视域下水质检测及监测预警

著　　刘　斌
出 版 人　宛　霞
责任编辑　孟祥北
封面设计　林忠平
制　　版　林忠平
幅面尺寸　185mm×260mm
字　　数　295 千字
印　　张　13
印　　数　1-1500 册
版　　次　2022年9月第1版
印　　次　2023年3月第1次印刷

出　　版　吉林科学技术出版社
发　　行　吉林科学技术出版社
地　　址　长春市福祉大路5788号
邮　　编　130118
发行部电话/传真　0431-81629529 81629530 81629531
81629532 81629533 81629534
储运部电话　0431-86059116
编辑部电话　0431-81629518
印　　刷　三河市嵩川印刷有限公司

书　　号　ISBN 978-7-5578-9743-7
定　　价　95.00元

前　言

水是生命之源，人类在生活和生产活动中都离不开水，生活饮用水水质的优劣与人类健康密切相关。随着社会经济发展、科学进步和人民生活水平的提高，人们对生活饮用水的水质要求不断提高，饮用水水质标准也相应地不断发展和完善。由于生活饮用水水质标准的制定与人们的生活习惯、文化、经济条件、科学技术发展水平、水资源及其水质现状等多种因素有关，不仅各国之间，而且同一国家的不同地区之间，对饮用水水质的要求都存在着差异。

水安全应是动态的，随着全球气候的变化水安全问题也会随之变化。水安全意味着可以有质有量地保障人类的利用管理和社会的稳定发展，或者人类有能力将环境影响的威胁控制在可接受的范围之内。

水安全直接影响生态安全、环境安全，也关乎国土安全，在一定程度上也影响国民经济和人类社会的发展。因而，保障国家水安全已经成为国家可持续发展刻不容缓的重要战略措施，建立符合我国国情、解决我国水问题的水安全保障体系迫在眉睫。

水质监测是监视和测定水体中污染物的种类、各类污染物的浓度及变化趋势，评价水质状况的过程。监测范围十分广泛，包括未被污染和已受污染的天然水（江、河、湖、海和地下水）及各种各样的工业排水等。主要监测项目可分为两大类：一类是反映水质状况的综合指标，如温度、色度、浊度、pH 值、电导率、悬浮物、溶解氧、化学需氧量和生化需氧量等；另一类是一些有毒物质，如酚、氰、砷、铅、铬、镉、汞和有机农药等。为客观的评价江河和海洋水质的状况，除上述监测项目外，有时需进行流速和流量的测定。监测项目依据水体功能和污染源的类型不同而异，其数量繁多，但受人力、物力、经费等各种条件的限制，不可能也没有必要一一监测，而应根据实际情况，选择环境标准中要求控制的危害大、影响范围广，并已建立可靠分析测定方法的项目。

本书的章节布局，共分为十一章。第一章是水安全概述，介绍了水安全内涵、演变过程以及我国水安全现状及可持续解决方案；第二章对水质检测概述做了相对详尽的介绍，介绍了水质检测的目的以及水质指标和水质标准；第三章是水样的物理性质及其检测，介绍了水样的物理性质和色度、浑浊度和固含物的测定；第四章是酸碱滴定，酸碱滴定法是以酸碱反应为基础的滴定分析方法，首先讨论酸碱溶液平衡的基本原理及有关浓度的计算方法，然后再介绍酸碱滴定法的基本原理和在水质分析中的应用；第五章是络合滴定法，介绍了络合滴定法概述、EDTA 络合剂以及络合物的离解平衡等；第六章是沉淀滴定法，本章只讨论几种重要的银量法（莫尔法、佛尔哈德法、法扬斯法）及其在水质分析中的应用——水中 Cl^- 的测定；第七章是氧化还原反应滴定法，氧化还原滴定法有多种方法。若以氧化剂命名，主要有高锰酸钾法、重铬酸钾法、碘量法、溴酸钾法等；第八章是比色分光光度法，本章主要探析概述、原理以及分析方法与仪器等；第九章是仪器分析方法，介绍几种应用比较广泛的仪器分析方法，即电位分析法、原子吸收分光光度法和气相色谱分析法；并重点介绍了最新技术激光诱导击穿光谱法的研究进展及成果应用；第十章是水质分析质量控制，介绍了概述、水质分析质量控制以及水质分析数据处理；第十一章是水质评价与预警，基于综合合格率、单因子和层次分析综合指数法出厂水和管网水水质的 3 种评价方法，开发了典型渐变性和突发性原水污染等不同类型污染水质预测模型，构建了包含水质预警多源信息集成技术、空间地理信息支撑技术、模拟仿真支撑技术、分析支持技术、辅助决策支撑技术等的城市饮用水水质安全预警系统。

本书在撰写过程中，参考、借鉴了大量著作与部分学者的理论研究成果，在此一一表示感谢。由于作者精力有限，加之行文仓促，书中难免存在疏漏与不足之处，望各位专家学者与广大读者批评指正，以使本书更加完善。

目　录

第一章　水安全概述

第一节　水安全内涵

一、水安全的概念

（一）水安全概念综述

水资源是世界上十分珍贵的资源，是人类生存、社会发展必不可少的资源。然而从目前情况来看，我国乃至世界的水资源情况均不容乐观，水资源短缺、水环境污染严重、水资源灾害频发，水安全问题和水安全保障措施成为当前研究的焦点和难点。国内外专家学者对于水安全和水安全保障的定义持有不同的见解，本节拟通过对现有定义进行总结，在此基础上，提出一个较为系统和全面的水安全与水安全保障定义。

2000年，在斯德哥尔摩举行的水问题研讨会议中首次出现“水安全”一词，并把它定义为：在一定区域范围内，以现有的以及未来可以达到的科技创新技术为基础，水系统可以支撑经济社会可持续发展，维持生态系统的良性循环，此时即为水安全状态。近几年来，“水安全”一词的热度只增不减。

21世纪水安全-海牙世界部长级会议宣言中指出，21世界的水安全目标为：保护水资源及其相关的生态系统，人人可以获得并支付得起足够安全的水，社会可以持续发展，无与水有关的政治矛盾。

联合国秘书长科菲·安南在世界水日的献词“水的安全，人类的最基本的需求”中提到，水安全是人类的生活所需的基本条件，也是人类应获得的基本权利。水资源短缺、污染问题都会阻碍人类社会的进步，侵犯人类的尊严。但是，全世界约有十几亿人口使用的水未经处理，大约有25亿人无法使用卫生安全基础设施，这些人生活在资源匮乏、经济贫困的区域。在发展中国家，多数的疾病和死亡都是由于使用不安全的水造成的。水安全是人类生活的基本保障，使所有人可以使用干净、安全和有益的水是我们奋斗的目标。

联合国教科文组织对水安全的官方定义为：水资源可以确保人类生存发展，可以维持流域的健康发展，可以避免对人类生活、社会发展造成损失，这一类的水资源为安全的。不同的专家学者从不同的方面给出不同的定义：（1）水安全是在可接受的与人类、生态系统、经济相关的水风险水平之内，可以保障人类健康、生活、生态系统和生产的可接受的水质和水量。（2）水资源安全的实质是水资源可用总量能否满足人类正常生活、社会协调发展的水资源需求量。（3）水资源的开发利用及其负向作用是在人类的控制范围之内，对人类活动不能够造成威胁，这样的水资源就是安全的。（4）从导致水资源不安全的原因入手，水安全可以分为自然型水安全和人为型水安全，由于水资源的时空分布不均导致的干旱和洪涝则为自然导致的水资源不安全；人类肆意抽取水资源，抽取水量超过可持续水量，人类活动造成水资源污染，水质达不到标准，则为人为的水资源安全；从水资源的功能入手，即从水的资源功能、环境功能、生态功能、水功能、民生保障、国际关系等方面，水安全包含水资源安全、环境安全、生态安全、水工程安全、供水安全和国际水关系安全等。

（二）水安全的内涵

安全是人类基本需要中最根本的一种需求，随着社会的发展，安全不仅指拥有和保持某种现有的稳定状态和秩序，而且还要避免潜在的威胁或恐慌，这样才能更有利于可持续发展的诉求。水安全的内涵应从以下三个方面进行考虑，从人类生活方面、从影响水安全的因素方面及如何保障水安全方面。

综上所述，水安全的定义可归纳如下：水安全是人类活动、经济社会可持续发展的基础，能够确保人类的生存不受影响，生态系统健康得到保障。一切与水有关问题都牵扯到水安全，如水资源短缺、水环境污染、洪涝灾害、防洪安全等，所造成的危害包括经济损失、人体健康受影响、生存环境质量下降等。随着全球环境、气候的不断变化，水安全的标准也是动态变化的。水安全应包含水质安全、水量安全，水质能符合国家设定的标准，水量能满足人类和社会发展的需求。水安全在支撑人类生存和发展方面占有重要地位，其已逐渐上升到国家安全战略层面。当前，水安全的战略地位可与粮食、能源相提并论，亟待采取有效措施来进行保障。

二、水安全保障的概念和内涵

从目前情况来看，我国水安全情况不容乐观，形势非常严峻，国家必须建立健全有效的水安全保障体系。顾名思义，保障的含义为保护、确保，水安全保障即为水安全的保护措施。水安全保障应考虑以下6个方面：①保证为社会和经济发展提供满足需求的有质、有量的水资源；②通过治理手段，减轻干旱、洪涝灾害对人类生命和财产的损失；③利用科技手段，开发除传统水资源之外的水资源；④治理污染；⑤制定合理的水资源管理制度；⑥注意水资源开发利用的生态和环境影响通常的水安全保障分为广义水安全保障和狭义水安全保障，广义水安全保障注重结果，而狭义水安全保障注重过程。

水安全保障是针对水安全形势及状况采取相应的措施，以确保粮食安全、社会安全、经济安全、生态安全等，维持社会稳定。确保水资源推动社会发展的同时，合理开发利用，节约用水，保证水资源处于安全状态。

第二节　水安全的演变过程

水安全体现了一系列复杂、多维度、相互依存的关系。随着水资源日益紧缺，用水竞争在各领域逐渐加剧。传统的水资源管理倾向于“硬工程”措施，常常以牺牲环境为代价。从长远来看，这种管理模式会降低整个社会生态系统的恢复力，从经济、社会以及环境的角度看均不可持续。为此，水资源管理开始寻求系统性解决方案，将社会生态系统的复杂性纳入考量的范畴，对不确定性加以管理，采取更具灵活性和适应性的管理方式。

一、不同时期的水管理政策

20世纪60年代和70年代，水资源管理活动主要为经济开发，政府承担了主要角色，各国在水政策制定方面通常呈现出自上而下和行政命令的特点，该体系效率相对较低并导致水问题产生。80年代末到90年代，水行业开始倾向于分权管理和私有化。尽管水量和水质不再分开进行管理，而且将风险和水危机等不可控因素纳入水治理的范畴，但水资源开发和保护之间的矛盾依然存在，市场经济并没有解决水资源管理方面出现的新问题。

20世纪90年代至今，面对洪水干旱等不可控风险和气候变化带来的不确定性，水安全的重点逐渐从满足水需求转向将水视为资源和提高水治理能力。例如，对洪水灾害的认识已从单纯的自然灾害属性向社会-自然灾害属性乃至雨洪资源属性拓展。这一转变促使防洪理念从传统的以“硬工程”措施为主抵御和战胜灾害，向“与洪水和谐相处”的综合风险管理转变。这个阶段提倡将中央统一管理下放给地方和用水户协会，这种转变在灌溉管理中尤为明显。在水安全普遍得到重视的情况下，各国纷纷采取将科学技术与社会、经济、文化相统一的综合解决方案。

二、水安全与可持续发展目标

2010年，联合国《有关享有水和卫生设施的人权决议》宣布“享有安全清洁饮用水和环境卫生设施是充分享受生命权所必不可少的一项人权”。2015年9月联合国大会通过了《2030年可持续发展议程》，明确提出到2030年实现17个可持续发展目标（SDGs）。

考虑到水与粮食、能源、消除饥饿等可持续发展目标息息相关，联合国水机制牵头对“可持续发展目标6”，即“为所有人提供水和环境卫生并对其进行可持续管理”落实情况进行跟踪监测，实施了“供水和环境与个人卫生联合监测方案（JMP）”“与水和环境卫生有关的可持续发展目标综合监测（GEMI）”和“联合国水机制全球环境卫生与饮用水分析及评估（GLAAS）”。针对6个子目标分别设置了具体的监测指标，包括“6.1饮用水”“6.2环境卫生用水”“6.3.1废水处理”“6.3.2水质”“6.4.1用水效率”“6.4.2水紧缺压力”“6.5.1水资源综合管理”“6.5.2跨界流域水合作”“6.6水生态系统”，以及“6.9促进国际合作和能力建设”“6.6支持地方参与管理”。上述指标不仅涵盖了水资源综合管理等理念，也与其他目标或国际公约相关联，比如生物多样性目标和《国际湿地公约》等。

目前，尽管还没有形成统一的监测体系，但联合监测已研究并公布了全球232个国家和地区的饮用水和环境卫生设施基线数据。相比千年发展目标，该指标体系不仅涵盖了水安全，也涵盖了取水的可获得性和便利性，可更加全面地反映水安全的落实情况。

三、减缓与适应气候变化

实现水安全不仅是维持可持续增长、消除贫穷和饥饿以及实现可持续发展目标的必要条件，也是应对气候变化、改进体制机制、促进经济增长和减轻资源退化影响的动态过程。根据政府间气候变化专门委员会的报告，气候变化是导致极端水旱灾害频率增大的主要因素，气候变化87%以上的影响涉及水利基础设施。2015年11月在巴黎召开的《联合国气候变化框架公约》缔约方会议第二十一届会议签署通过了《巴黎协定》，制定了“减缓和适应”两种主要的应对策略，以提高各国应对气候变化的适应能力。根据《巴黎协定》，全球升温幅度必须限制在1.5～2℃，这一幅度被视为避免气候进一步恶化的必要条件。探讨气候变化和人类活动影响下的生态-水文过程响应机制，可为应对气候变化和实现水安全提供理论、科技支撑。

第三节　我国水安全现状及可持续解决方案

新中国成立以来，党领导人民坚持不懈开展大规模水利建设，取得举世瞩目的巨大成就。特别是党的十八大以来，以习近平同志为核心的党中央对保障水安全作出一系列重大决策部署，推动治水思路创新、制度创新、实践创新，书写了中华民族治水安邦、兴水利民的新篇章，国家水安全保障能力显著提升，为经济社会持续健康发展提供了有力支撑和保障。

一是防洪减灾体系不断完善，大江大河干流基本具备防御新中国成立以来最大洪水的能力。全国共建成5级及以上堤防约33万km，建成各类水库9.8万多座，其中大中型水库防洪库容1681亿m^3，开辟国家蓄滞洪区98处，容积1067亿m^3，大江大河基本形成以堤防、控制性枢纽、蓄滞洪区为骨干的防洪工程体系，基本具备防御新中国成立以来最大洪水的能力。全国主要江河集中连片防洪保护区面积约80万km^2，保护人口8.6亿人，耕地6.4亿亩，沿江沿河重要城市防洪标准达到100～200年一遇。有力保障了人民群众生命财产安全和经济社会的稳定运行。

二是经济社会用水保障水平不断提升，正常年景情况下可基本保障城乡供水安全。对京津冀等人口经济与水资源承载力严重失衡的区域，在大力推进节约用水、提高水资源利用效率的基础上推动更大范围的水资源调配，南水北调东中线一期工程建成通水，累计供水超过400亿m^3，缓解了重点地区水资源供需矛盾。全国水资源配置和城乡供水体系逐步完善，重要城市群和经济区多水源供水格局加快形成，城镇供水得到有力保障，农村自来水普及率提高到83%，农田有效灌溉面积达到10.37亿亩，正常年景情况下可基本保障城乡供水安全。

三是水土资源保护能力明显提升，水生态环境质量持续改善。坚持封育保护与综合治理相结合，水土流失严重状况得到全面遏制。坚持地下水压采与增加补给相结合，华北等地区地下水超采状况明显缓解。认真落实水污染防治行动计划，实施饮用水水源地安全达标建设，水环境质量总体改善，全国监测河长中Ⅰ-Ⅲ类水质河长比例明显提高，重要江河湖泊水功能区水质达标率由“十二五”末的68%提高到88%，地表水达到或好于Ⅲ类水体比例由66%提高到83.4%。

四是水安全风险意识不断增强，风险防控能力不断提升。贯彻总体国家安全观，坚持底线思维，提升防范化解水安全风险意识和能力。水旱灾害防御、水文水资源、水生态水环境、水土保持、地下水等监测网络体系逐步完善。健全以行政首长负责制为核心的防汛抗旱责任体系，完善应急预案体系，加强水工程联合调度运用，防汛抗旱抢险救灾能力持续提高。加强应急备用水源建设，提高城乡供水风险应对能力。高度重视水工程安全运行，建立健全事故隐患排查治理制度，重特大安全事故发生率大幅降低。

特殊的自然地理、气候条件、水资源特点和人口经济状况，决定了我国是世界上治水任务最为繁重、治水难度最大的国家之一。随着经济社会发展和全球气候变化的影响，水安全中老问题仍有待解决，新问题越来越突出。总体来看，“十四五”时期我国水安全保障工作处于加快补齐短板、消除薄弱环节、筑牢安全风险底线、解决累积性问题、提档升级的关键时期，水利进入高质量发展的新阶段，迈向更高质量、更有效率、更加公平、更可持续、更为安全的发展。

第二章　水质检测概述

第一节　水质检测的目的

一、水质分析化学的任务和作用

水质通常是指水和其中杂质共同表现出来的综合特征。由于水在自然循环和社会循环的每个环节中几乎都有杂质混入，从而使水质发生变化。绝对纯水在自然界和人类社会生产活动中是没有的，所谓纯水和高纯水，也都含有微量杂质。

水有各种各样的用途，可以作为饮用水、农业用水（灌溉、养殖）、工业用水（作为溶剂、洗涤、冷却、输热及输物的媒介物）等。但无论哪一种用水，对于水中的杂质种类及含量，都有一定的要求和限制。例如，对于生活饮用水，有相应的生活饮用水的水质标准；对于工业废水的排放，有相应的废水排放标准。

水质分析化学是研究水质的分析方法及其规律的科学。它的任务，第一是鉴定各种用水的水质（杂质种类及浓度）是否满足用水的要求；第二是按照用水排水的需要，对水质进行分析，以指导水处理的研究、设计及运行过程；第三是为了对人类的环境进行保护，防止水被污染，而对江、河、湖、海及地下水，雨水，生活污水及工业废水等水体进行经常性的水质监测。此外，作为水质分析，还应包括水的细菌检验和生物检验，这部分内容安排在有关专题中讨论。

水质分析化学不仅广泛应用于水处理、水控制领域，在化学、地质、海洋、生物、医学、能源、材料等学科中不无用到。任何科学部门，只要涉及化学现象，水分析化学就要作为一种手段而被应用到研究工作中去。所以，水质分析化学在国民经济建设中起到眼睛的作用。

总之，为了更好地对水进行利用，防止水被污染，就要充分掌握水质状况，进行正确的水质分析。

二、水中的杂质

（一）天然水中的杂质

由于水具有很大的流动性和强的溶解能力，因此，天然水中杂质的种类很多。按杂质的性质可分为无机物、有机物和微生物三类；按其颗粒大小也可分成三类：颗粒直径大于100nm的是悬浮物，介于1～100nm之间的是胶体，小于1nm的是离子和分子物，即溶解物质。

悬浮物一般悬浮于水流中。当水静止时，比重较小的物质，如腐殖质、浮游的原生动物、难溶于水的有机物等会上浮于水面；比重较大的物质，如泥沙和黏土类无机物等则沉于水中。水发生浑浊现象，主要是悬浮物造成的。悬浮物由于颗粒直径大，在水中又不稳定，是容易除去的。

胶体物质是由许多分子和离子组成的集合体。胶体由于表面积大，表面吸附力强，能够吸附过剩离子而带电，结果同类胶体因带有同性电荷而互相排斥，在水中不能互相聚集在一起，而以微小的胶体颗粒状态稳定地存在于水中。天然水中的有机物胶体主要是腐殖质，无机物胶体主要是铁、铝和硅的化合物。这些胶体常使水呈黄绿色或褐色，或产生浑浊现象。

在天然水中，一般Mg^{2+}的含量比Ca^{2+}的少，两者之比随水流经的地层性质和水的含盐量而变化。在低含盐量的水中，Mg^{2+}为Ca^{2+}的1/6～1/4；而在含盐量大于1000mg/L的高含盐量的水中，由于$CaCO_3$和$CaSO_4$的溶解度比$MgCO_3$和$MgSO_4$的小，使Mg^{2+}的含量与Ca^{2+}的含量几乎相当；在海水中，Mg^{2+}含量为Ca^{2+}的2～3倍。

Na^+、K^+、Cl^-的来源，是当水流经地层时，主要溶解了氯化物，由于氯化物的溶解度很大，故可随地下水或河流带入海洋，并逐渐蒸发浓缩，使海水中含有大量氯化物，特别是NaCl。

天然水中常见的溶解气体有O_2、CO_2。溶解于水中的氧气称溶解氧。此外，H_2S、SO_2、NH_3亦能溶解，它们常使水体具有腐蚀性和臭味。

天然水中的微生物，属于植物界的有细菌类、藻类和真菌类。属于动物界的有鞭毛虫、病毒等原生动物。另外，还有属于高等植物的苔类和属于后生动物的轮虫、条虫、蜗牛、蟹和虾等。

（二）生活污水和工业废水中的杂质

生活污水中含有各种生活废物，如食物残渣，人、畜排泄物，病菌等各种有机物和微生物。这些物质使生活污水外观浑浊、有色，且带有腐臭气味。工业废水中含有各类工业生产的废料、残渣及部分原料。常见的污染物有Hg、Pb等金属和离子，以及酚、有机氯、有机磷农药、苯基烷烃类有机物等。这些物质也使工业废水呈现出浑浊、有色、臭味、酸碱性等。

江河湖泊等地面水体是生活饮用水和工农业用水的主要来源。而地面水体遭受污染的原因主要是生活污水和工业废水的排放。因此，对污水废水的排放实行严格的控制管理和对地面水体水质提出严格的卫生要求，是保护水体免受污染的主要措施。

第二节　水质指标和水质标准

一、水质指标

（一）水质指标概述

水质指标是衡量水中杂质的标度，能具体表示出水中杂质的种类和数量，是水质评价的重要依据。

水质指标种类繁多，可达百种以上。其中有些水质指标就是水中某一种或某一类杂质的含量，直接用其浓度来表示，如汞、铬、硫酸根、六六六等的含量；有些水质指标是利用某一类杂质的共同特性来间接反映其含量，如用耗氧量、化学需氧量、生化需氧量等指标来间接表示有机污染物的种类和数量；有些水质指标是与测定方法有关的，带有人为性，如浑浊度、色度等是按规定配制的标准溶液作为衡量尺度的。水质指标也可分为物理指标、化学指标和微生物学指标三大类。

1. 物理指标

反映水的物理性质的一类指标统称物理指标。常用的物理指标有温度、浑浊度、色度、嗅味、固体含量、电导率等。

2. 化学指标

反映水的化学成分和特性的一类指标统称化学指标。常用的化学指标有以下几种类型。

（1）表示水中离子含量的指标：如硬度表示钙镁离子的含量，pH反映氢离子的浓度等。

（2）表示水中溶解气体含量的指标，如二氧化碳、溶解氧等。

（3）表示水中有机物含量的指标，如耗氧量、化学需氧量、生化需氧量、总需氧量、总有机碳、含氮化合物等。

（4）表示水中有毒物质含量的指标：有毒物质分为两类，一类是无机有毒物，如汞、铅、铜、锌、铬等重金属离子和砷、硒、氰化物等非金属有毒物；另一类是有机有毒物，如农药、取代苯类化合物、多氯联苯等。

3. 微生物学指标

反映水中微生物的种类和数量的一类指标统称微生物学指标。常用的微生物学指标有细菌总数、总大肠菌群等。

（二）几个重要的水质指标

浊度：水中悬浮物对光线透过时所发生的阻碍程度。浊度是由于水中含有泥沙、有机物、无机物、浮游生物和其他微生物等杂质所造成的，是天然水和饮用水的一个重要水质指标。测定浊度的方法有分光光度法、目视比浊法、浊度计法等。

碱度：水中能与强酸发生中和作用的物质的总量。这类物质包括强碱、弱碱、强碱弱酸盐等。天然水中的碱度主要是由重碳酸盐、碳酸盐与氢氧化物引起的，其中重碳酸盐是水中碱度的主要形式。引起碱度的污染源主要是造纸、印染、化工、电镀等行业排放的废水及洗涤剂、化肥与农药在使用过程中的流失。碱度常用于评价水体的缓冲能力及金属在其中的溶解性与毒性等。

酸度：水中能与强碱发生中和作用的物质的总量这类物质包括无机酸、有机酸、强酸弱碱盐等。地面水中，由于溶入二氧化碳或被机械、选矿、电镀、农药、印染、化工等行业排放的废水污染，因此，使水体pH降低，破坏了水生生物与农作物的正常生活及生长条件，造成鱼类死亡，作物受害。酸度是衡量水体水质的一项重要指标。

硬度：水中某些离子在水被加热的过程中，由于蒸发浓缩会形成水垢，常将这些离子的浓度称为硬度。对于天然水而言，这些离子主要是钙离子和镁离子，其硬度就是钙离子和镁离子的含量。硬度有总硬度、钙硬度、镁硬度、碳酸盐硬度（暂时硬度）、非碳酸盐硬度（永久硬度）等表示方式。

悬浮物（SS）：又称总不可滤残渣，指水样用0.45μm滤膜过滤后，留在过滤器上的物质，于103～105℃烘至恒重所得到的物质的质量，用SS表示，单位mg。它包括不溶于水的泥沙、各种污染物、微生物及难溶无机物等。悬浮物含量是指单位水样体积中所含悬浮物的量，单位为mg/L。

溶解氧（DO）：指溶解在水中的分子态氧，用DO表示，单位为mg/L。水中溶解氧的含量与大气压、水温及含盐量等因素有关。大气压下降、水温升高、含盐量增加，都会导致溶解氧含量减低。一般清洁的河流，溶解氧接近饱和值，当有大量藻类繁殖时，溶解氧可能过饱和；当水体受到有机物质、无机还原物质污染时，会使溶解氧含量降低，甚至趋于零，此时厌氧细菌繁殖活跃，水质恶化。水中溶解氧低于3mg/L时，许多鱼类呼吸困难，严重者窒息死亡。溶解氧是表示水污染状态的重要指标之一。

化学需氧量（COD）：在一定的条件下，以重铬酸钾为氧化剂，氧化水中的还原性物质所消耗氧化剂的量，结果折算成氧的量，用COD表示，单位为mg/L。

高锰酸盐指数（I_{Mn}）：在一定的条件下，以高锰酸钾为氧化剂，氧化水中的还原性物质所消耗氧化剂的量，结果折算成氧的量，单位为mg/L。

生化需氧量（BOD）：水中有机物在有氧的条件下，被微生物分解，在这个过程中所消耗的氧气的量，用BOD表示，单位为mg/L。生化需氧量试验规定在温度为20℃黑暗的条件下进行，在这样的环境中，微生物完全氧化有机物需100d以上。在应用中时间太长有困难，目前国内外普遍规定20±1℃培养5d，分别测定样品培养前后的溶解氧，二者之差即BOD_5（五日生化需氧量）值。

细菌总数：1mL水样在营养琼脂培养基中，在37℃下经24h培养后，所生长的细菌菌落的总数，称为细菌总数，单位为个/mL。

总大肠菌群数：1L水样中所含有的大肠菌群数目，称为总大肠菌群，单位为个/L。总大肠菌群是指那些能在37℃下、48h之内发酵乳糖产酸、产气、需氧及兼性厌氧的格兰氏阴性的无芽胞杆菌。粪便中存在大量的大肠菌群细菌，总大肠菌群数是反映水体受粪便污染程度的重要指标。

二、水质标准

（一）环境标准

环境标准是标准中的一类，它为了保护人群健康、防治环境污染、促使生态良性循环，同时又合理利用资源，促进经济发展，依据环境保护法和有关政策，对有关环境的各项工作，如有害成分含量及其排放源规定的限量阈值和技术规范所作的规定。环境标准是政策、法规的具体体现。

1. 环境标准的作用

（1）环境标准既是环境保护和有关工作的目标，又是环境保护的手段。它是制订环境保护规划和计划的重要依据。

（2）环境标准是判断环境质量和衡量环保工作优劣的准绳。评价一个地区环境质量的优劣、评价一个企业对环境的影响，只有与环境标准相比较才能有实现。

（3）环境标准是执法的依据。不论是环境问题的诉讼、排污费的收取、污染治理的目标等执法的依据都是环境标准。

（4）环境标准是组织现代化生产的重要手段和条件。通过实施标准可以制止任意排污，促使企业对污染进行治理和管理；采用先进的无污染、少污染工艺；设备更新；资源和能源的综合利用等。

总之，环境标准是环境管理的技术基础。

2. 环境标准的分类和分级

我国环境标准分为：环境质量标准、污染物排放标准（或污染控制标准）、环境基础标准、环境方法标准、环境标准物质标准和环保仪器、设备标准等六类。

环境标准分为国家标准和地方标准两级，其中环境基础标准、环境方法标准和标准物质标准等只有国家标准，并尽可能与国际标准接轨。

（1）环境质量标准

环境质量标准是为了保护人类健康、维持生态良性平衡和保障社会物质财富，并考虑技术经济条件、对环境中有害物质和因素所作的限制性规定。它是衡量环境质量的依据、环保政策的目标、环境管理的依据，也是制定污染物控制标准的基础。

（2）污染物排放标准

污染物排放标准是为了实现环境质量目标，结合技术经济条件和环境特点，对排入环境的有害物质或有害因素所作的控制规定。由于我国幅员辽阔，各地情况差别较大，因此不少省市制定了地方排放标准，但应该符合以下两点：①国家标准中所没有规定的项目；②地方标准应严于国家标准，以起到补充、完善的作用。

（3）环境基础标准

环境基础标准是指在环境标准化工作范围内，对有指导意义的符号、代号、指南、程序、规范等所作的统一规定，是制定其他环境标准的基础。

（4）环境方法标准

在环境保护工作中以试验、检查、分析、抽样、统计计算为对象制订的标准。

（5）环境标准物质标准

环境标准物质是在环境保护工作中，用来标定仪器、验证测量方法、进行量值传递或质量控制的材料或物质。对这类材料或物质必须达到的要求所作的规定称为环境标准物质标准。

（6）环保仪器、设备标准

为了保证污染治理设备的效率和环境监测数据的可靠性和可比性，对环境保护仪器、设备的技术要求所作的规定。

（二）水质标准

水质标准是根据各用户的水质要求和废水排放容许浓度，对一些水质指标作出的定量规定。水质标准是环境标准的一种，是水质监测与评价的重要依据。目前我国已经颁布的水质标准包括水环境质量标准和水排放标准，主要标准如下所示。

水环境质量标准：《地表水环境质量标准》（GB3838）、《生活饮用水卫生标准》（GB5749）、《地下水质量标准》（GB/T14848）、《海水水质标准》（GB3097）、《渔业水质标准》（GB11607）、《农田灌溉水质标准》（GB5084）等。

排放标准：《污水综合排放标准》（GB8978）、《城镇污水处理厂污染物排放标准》（GB18918）、《医疗机构水污染物排放标准》（GB18466）和一批工业水污染物排放标准，如《钢铁工业水污染物排放标准》（GB13456）、《制浆造纸工业水污染物排放标准》（GB3544）、《石油炼制工业污染物排放标准》（GB31570）、《纺织染整工业水污染物排放标准》（GB4287）等。

根据技术、经济及社会发展情况，标准通常几年修订一次。但每个标准的标准号通常是不变的，仅改变发布年份，新标准自然代替老标准。环境质量标准和排放标准，一般也有配套的测定方法标准，便于执行。

1. 地表水环境质量标准

目前，我国使用的最新地表水环境质量标准为GB3838—2002。本标准适用于全国领域内江河、湖泊、运河、渠道、水库等具有使用功能的地表水域。具有特定功能的水域，执行相应的专业用水水质标准，其目的是保障人体健康、维护生态平衡、保护水资源、控制水污染及改善地面水质量和促进生产。依据地表水水域环境功能和保护目标、控制功能高低依次划分为五类：

Ⅰ类主要适用于源头水、国家自然保护区；

Ⅱ类主要适用于集中式生活饮用水地表水源地一级保护区、珍稀水生生物栖息地、鱼虾类产卵场、仔稚幼鱼的索饵场等；

Ⅲ类主要适用于集中式生活饮用水地表水源地二级保护区、鱼虾类越冬场、洄游通道、水产养殖区等渔业水域及游泳区；

Ⅳ类主要适用于一般工业用水区及人体非直接接触的娱乐用水区；

Ⅴ类主要适用于农业用水区及一般景观要求水域。

对应地表水上述五类水域功能，将地表水环境质量标准基本项目标准值分为五类，不同功能类别分别执行相应类别的标准值。水域功能类别高的标准值严于水域功能类别低的标准值。同一水域兼有多类使用功能的，执行最高功能类别对应的标准值。实现水域功能与达到功能类别标准为同一含义。

2. 生活饮用水卫生标准

生活饮用水是指由集中式供水单位直接供给居民作为饮水和生活用水，该水的水质必须确保居民终生饮用安全，它与人体健康有直接关系。集中式供水指由水源集中取水，经统一净化处理和消毒后，由输水管网送到用户的供水方式，它可以由城建部门建设，也可以由单位自建。制定标准的原则和方法基本上与地表水环境质量标准相同，所不同的是饮用水不存在自净问题。因此无BOD、DO等指标。

生活饮用水水质与人类健康和生活息息相关，世界各国对饮用水水质标准极为关注。随着科学技术的进步和水源污染的日益严重，同时随着水质检测技术及医药科学的不断发展，饮用水水质标准总在不断修改、补充之中。我国自1956年颁发《生活饮用水卫生标准（试行）》，1986年实施《生活饮用水卫生标准》（GB5749—1985），随后进行了多次修订，水质指标项目不断增加。2006年实施了新的《生活饮用水卫生标准》（GB5749—2006），水质指标由GB5749—1985的35项增加至106项，增加了71项，修订了8项，尽管现在实施的《生活饮用水卫生标准》（GB5749-2006）增加了较多项目，但对于污染较严重的水源地水质来说，可能存在少量有毒有害物质尚未被列入《生活饮用水卫生标准》（GB5749—2006）。与世界上发达国家相比，我国《生活饮用水卫生标准》（GB5749—2006）所规定的项目也少些。例如，农药、多环芳烃及有机氯化物的总量限制值等未被列入。因此，若水源地水质污染较严重，而我国尚未列入《生活饮用水卫生标准》（GB5749—2006）的水质项目，可参照国家相关标准进行评定。

3. 回用水标准

我国人均水资源占有量很少，属于世界上21个贫水和最缺水的国家之一，特别是北方和西北地区水资源非常短缺，因此水资源经使用、处理后再回用十分重要。回用水水质标准应根据生活杂用、行业及生产工艺要求来制订，我国正在逐步制订，已经颁布的有：《再生水回用于景观水体的水质标准》（CJ/T95—2000）和《生活杂用水水质标准》（CJ25.1—1989）等。

4. 污水综合排放标准

污水排放标准是指为了保证环境水体质量而对排放污水的一切企、事业单位所作的规定。这里可以是浓度控制、也可以是总量控制。前者执行方便，后者是基于受纳水体的功能和实际，得到允许总量再予分配的方法，它更科学，但实际执行较困难。发达国家大多采用排污许可证和行业排放标准相结合的方法，这是以总量控制为基础的双重控制，许可证规定了在有效期内向指定受纳水体排放限定的污染物种类和数量，实际是以总量为基础，而行业排放标准则是根据各行业特点所制定，符合生产实际。这种方法需要以大量的基础研究为前提，例如，美国有超过100个行业标准，每个行业下还有很多子类。中国由于基础工作尚有待完善，总体上采用按收纳水体的功能区类别分类规定排放标准值、重点行业实行行业排放标准，非重点行业执行综合污水排放标准、分时段、分级控制。部分地区也已实施排污许可证相结合，总体上逐步与国际接轨。

《污水综合排放标准》（GB8978—1996）适用于排放污水和废水的一切企、事业单位。按地表水域使用功能要求和污水排放去向，分别执行一、二、三级标准，对于保护区禁止新建排污口，已有的排污口应按水体功能要求，实行污染物总量控制。

标准将排放的污染物按其性质及控制方式分为两类。

第一类污染物，不分行业和污水排放方式，也不分受纳水体的功能类别，一律在车间或车间处理设施排放口采样。第一类污染物是指能在环境或动植物内蓄积，对人体健康产生长远不良影响者。

第二类污染物，指长远影响小于第一类的污染物质，在排污单位排放口采样，其最高允许排放浓度。对第二类污染物区分1997年12月31日前和1998年1月1日后建设的单位分别执行不同标准值；同时有29个行业的行业标准纳入本标准（最高允许排水量、最高允许排放浓度）。

第三章　水样的物理性质及其检测

第一节　水样的物理性质

一、水温

水的物理化学性质与水温有密切关系。水中溶解性气体的溶解度，水生生物和微生物活动，化学和生物化学反应速度及盐度，pH值等，都受水温变化的影响。

水的温度因水源不同而有很大差异。一般来说，地下水温比较稳定，通常为8～12℃；地面水随季节和气候变化较大，变化范围为0～30℃。工业废水的温度因工业类型、生产工艺不同有很大差别。大量温热的工业废水直接排入天然水体中，往往会改变水中生物的生活条件，造成所谓热污染。

水的温度测定应在现场进行，而且测定地点和深度应与所取水样相同。一般是将刻度为0.1℃的水银温度计插入水中，测量时间不得少于3分钟。如果必须将水样取出测定，则水样体积不得少于1L，并立即记录结果。

二、臭和味

清洁的水不应有任何臭味。被污染的水会使人感觉到有不正常的臭味。通常用鼻闻到的称为臭，用口尝到的称为味。有时臭和味不易截然分开。

水中臭和味的主要来源如下：水生物或微生物的繁殖和衰亡；有机物的分解；溶解的气体如硫化氢等；矿物盐的溶解；工业废水中的杂质如酸碱、石油、酚等；饮用水中的余氯过多等等。例如，湖泊沼泽水有鱼腥及霉烂气味；浑浊的河水有泥土气味或涩味；矿泉水有硫磺气味；地下水有时有硫化氢气味；井水有时有苦味（硫酸镁、硫酸钠含量高）或微涩味（铁含量高）；海水有咸味（氯化钠含量高）；生活污水则有粪便、肥皂、硫化氢等气味。由于大多数臭太复杂，可检出浓度又太低，故难以分离和鉴定产臭物质。

无臭无味的水虽然不能保证是安全的，但有利于饮用者对水质的信任。检验臭和味也是评价水处理效果和追踪污染源的一种手段。测定臭的方法有定性描述法和臭强度近似定量法（臭阈试验）。定性描述法是将100mL水样注入250mL锥形瓶中，检验人员依靠自己的嗅觉，分别在20℃和煮沸稍冷后闻其臭，用适当的词语描述其臭特征，并按表3-1划分的等级报告臭强度。所谓“臭阈试验”，是把有臭味的待测水样用无臭味的水加以稀释，直到刚刚能嗅出气味的最低限度为止，这一状态下的水样稀释倍数就称为嗅阈值，即嗅阈值=（水样+稀释水）体积/水样体积。例如，若有水样25mL，稀释到200mL时恰达最低极限，则嗅阈值为200/25=8。用嗅阈值法一般可以得到较准确的结果。嗅阈值的测定一般是在加热至60±1℃的情况下测定的。由于检验人员嗅觉敏感性有差异，对同一水样稀释系列的检验结果会不一致，因此，一般选择5名以上嗅觉敏感的人员同时检验，取各检臭人员检验结果的几何均值作为代表值。一般以自来水通过颗粒活性炭制取无臭水。自来水中的余氯可用$Na_2S_2O_3$溶液滴定脱除，也可用蒸馏水制取无臭水，但市售蒸馏水和去离子水不能直接作无臭水。

表3-1 臭的强度等级

级别	强度	说明
0	无	没有可感觉到的气味
1	极弱	一般使用者不能感到，有经验的水质分析者可以察觉
2	微弱	使用者稍注意可以察觉
3	明显	容易察觉出不正常的气味
4	强烈	有显著的气味
5	极强	严重污染，气味极为强烈

同理，味的测定及强度表示方法与臭相似。所不同的是，水味的测定只能用于没有被污染和肯定无毒的水，且常常是在煮沸后进行的。

我国饮用水水质标准规定，原水及煮沸水都不应有异臭和异味，臭和味的强度不超过2级，或臭（味）限值不超过2～3级。总之，臭和味作为水的物理指标，主要用于生活饮用水方面，它是判断水是否适合饮用的重要指标之一。

对工业用水，水中的臭和味在大多数情况下没有多大意义，仅仅说明水是否已经受到污染而已。对工业废水，人们可以根据臭的测定结果，推测水中污染物的种类和程度。

三、电导率

水中各种溶解盐都是以离子状态存在的，具有导电能力。所以，水中电导率的测定可以间接表示出溶解盐（或其他离子状态的杂质）的含量。电导率的测定主要用于纯水（蒸馏水、无离子水）的纯度分析。因为纯水中的离子含量很少，用一般的分析方法测定很费时间，也不易测准确。但用电导率来表示水的纯度，测定却极为方便。电导率的国际单位制单位为$\Omega^{-1}\cdot m^{-1}$，截面积为$1m^2$、长度为1m的导体的电导。纯水的电导率约为$5\times10^{-6}\Omega^{-1}\cdot m^{-1}$。通常蒸馏水与空气平衡时的电导率为$10^{-3}$～$10^{-4}\Omega^{-1}\cdot m^{-1}$。

对于一般的天然水和自来水，也可用电导率来估算它的含盐量。对于海水、咸水、生活污水及工业废水，一般不做电导率的测定。有时测定是对这些水的水质作逐时变化的检验。

电导率可用电导仪或电导率仪进行测定。

第二节　色度、浑浊度和固含物的测定

一、色度

色度、浊度、悬浮物等都是反映水体外观的指标。纯水为无色透明，天然水中存在腐殖质、泥土、浮游生物和无机矿物质，使其呈现一定的颜色。工业废水含有染料、生物色素、有色悬浮物等，是环境水体着色的主要来源。有颜色的水可减弱水体的透光性，影响水生生物生长。

水的颜色分为真色与表色。除去悬浮杂质后，由水中溶解性物质引起的颜色称为真色；未除去悬浮杂质的水色称为表色。在水质分析中测定的色度应是真色。当水样浑浊时，应放置澄清后取上层清液，或用离心机分出悬浮杂质，但不能用滤纸过滤，因为滤纸能吸附溶解于水中的部分颜色。

测定清洁的天然水、饮用水或黄色色调的水的色度，通常采用铂钴标准比色法。用K_2PtCl_2与$CoCl_2$混合液作为比色标准，规定每升水中含1mg铂和0.5mg钴所具有的颜色为1度，测定时，水样与铂钴色度标准溶液颜色相比较，当水样颜色与某一铂钴标准颜色相当时，这时铂钴标准溶液的色度值便是所测定水样色度的度数。铂钴标准溶液的色度稳定，若保存适宜，可以长期使用。但其中所用的氯铂酸钾价格较贵，大量使用时不经济，所以常用$K_2Cr_2O_7$代替K_2PtCl_2，称为铬钴标准比色法。其准确度与铂钴标准比色法相同，只是色度标准溶液不能长期保存。如果水样中有泥土或其他分散很细的悬浮物，用澄清、离心等方法处理仍不澄清时，则测定“表色”。

对于生活污水、工业废水或污染严重的水样，可用稀释倍数法进行测定。测定时，首先用文字描述水样颜色的种类和颜色深浅，然后取一定量水样，用蒸馏水稀释到刚好看不到颜色，根据稀释倍数表示该水样的色度。

二、浑浊度

浑浊度是指水浑浊的程度。浑浊度的测定，实际上是指水样中的杂质颗粒对光线散射所产生的光学性质的测定。这种对光线散射的能力，不仅与水中杂质的含量有关，而且还与水中杂质的成分、粒度大小、形状和表面散射性能有关。在水中所含的全部杂质中，除呈溶解状态的分子、离子和黏度很大（能下沉）的物质外，其他杂质（如悬浮的泥沙、有机物和无机物的胶体、微生物等）都是使水浑浊的原因。

水产生浑浊现象，从表观上看是水中杂质的特征。无机物的泥沙微粒本身不一定直接有害健康，但产生浑浊度的那些微粒杂质中容易隐藏着病原微生物，因而浑浊的水是不能饮用的。我国规定饮用水浑浊度不超过5度。

浑浊度的单位用“度”表示。相当于1mg白陶土在1L水中所产生的浑浊程度，称为1度。其中对所用的白陶土的粒径有一定的规定，以通过200号筛孔的粒径作为统

一标准。

浑浊度的测定，一般采用目视比浊法。即先用白陶土配成浑浊度标准溶液，将待测水样与之进行比较。当水样的浑浊程度与某浊度标准溶液相近时，则此标准溶液的浑浊度就是水样的浑浊度。浑浊度的测定也可以采用仪器测定，如光电浊度计、比光浊度仪等。

三、水中固体物质的测定

在水质分析中，水中除溶解的气体以外，其他一切杂质都划分在固体一类中。对水中各种固体含量的测定是采用重量法进行的。测定时，由于水样都有一个蒸干的过程，所以也称蒸发残渣法。测定的结果用mg/L表示，即每升水样中所含固体物质的重量（mg）。

水中的固体分为溶解固体和悬浮固体，两者的和叫作总固体。即

总固体=溶解固体+悬浮固体

溶解固体主要是由溶解于水中的无机盐、有机物等组成。悬浮固体主要是由不溶于水的泥土、有机物、水生物等物质所组成。

溶解固体和悬浮固体都包含无机物和有机物的成分，所以总固体的组成也包含无机物和有机物的成分，并且还包括各种水生物体。测定总固体时，蒸干水样的温度，对测定结果有显著的影响，即测定时必须注明温度，一般以105～110℃为宜。所以，水中总固体的测定，就是水样在一定温度下蒸发至干时所残留的固体物质总量。它包括以下两个方面。

溶解固体量：是指将一定量的水样，用一定的过滤器过滤后所得到的澄清水（称滤液），在105～110℃下蒸干后所残留的固体量。

悬浮固体量：是指将一定量的水样过滤后，残留在过滤器上面的滤淹，在105～110℃下蒸干后的固体量。

由于测定溶解固体和悬浮固体所用的过滤器不同，其孔径大小不同，所得结果也就不同。所以在测定中，应该根据水质和测定需要来选择过滤材料并加以注明。

水中的固体物质还有另一种分类法，即分为挥发性固体（或称灼烧减重）和固定性固体（或称灼烧残渣）两类。挥发性固体是指固体在600℃下灼烧而失去的重量，它可近似代表水中有机物的含量（因为在该温度下有机物将全部分解为二氧化碳和水而挥发，其中碳酸盐、硝酸盐、铵盐也会发生分解，故它只是近似代表有机物的含量）。固定性固体则是灼烧后残留物质的重量，可近似代表无机物的含量。

根据上述分类法，当对水中总固体灼烧时，其总固体量应是挥发性固体与固定性固体的总和。同理，悬浮固体灼烧后的固体量应是挥发性悬浮固体与固定性悬浮固体的总和；溶解固体灼烧后的固体量应是挥发性溶解固体与固定性溶解固体的总和。

由于测定固体时的烘烤作用，会引起一些成分的变化。因此，测出来的重量和这些成分在水中原来状态（溶解或悬浮）的实际重量是有差异的。这说明水中固体的测定结果并不像其他化学测定那样精确，但这种差异并不影响数据的使用价值。

对于水中固体物质的测定，由于各种水体的水质不同，其测定重点也有区别。比

较清洁的天然水、生活饮用水和工业用水所含悬浮物较少，杂质主要是溶解盐类，这类水的总固体量可用溶解固体量代替。天然水中的溶解固体量一般在20～1000mg/L，生活饮用水的总固体量不应超过500mg/L。对于浑浊河水或某些工业废水，其溶解盐量一般并不太大，所以测定的重点是悬浮固体量。

由于生活污水、污染严重的工业废水所含的杂质，大多数是悬浮物和有机物，所以，一般用测定悬浮固体和挥发性固体，作为表示这类水受污染的程度，以及表示这类水经处理后的效果的一项水质指标。

对于污水和废水中的固体物质，还经常用可沉固体作为水质指标。它是指水样在特制的圆锥形容器中，经过一定的沉降时间（1～2小时）后，测定所沉降下来的固体物质的容量（mL/L）。可沉固体这一指标，可用以决定污水和废水是否需要进行沉降处理，同时也是设计沉降设备（池）沉渣部位容量的一个参数。

第四章　酸碱滴定

第一节　活度与活度系数

一、离子活度和活度系数

在讨论溶液中的化学平衡时，许多化学反应如果都用物质的浓度代入各种平衡常数公式进行计算，所得结果与实验结果往往有偏差。对于较浓的强电解质溶液，这种偏差更为明显。产生偏差的原因，是因为在推导各种平衡常数的公式时，假定溶液处于理想状态，即溶液中各种离子都是孤立的，离子与离子之间，离子与溶剂分子之间，不存在相互作用力。但实际情况并非如此。在溶液中，带有不同电荷的离子之间存在着相互吸引的作用力，带有相同电荷的离子之间存在着相互排斥的作用力，离子与溶剂分子之间也存在着相互吸引或排斥的作用力。这些作用力的存在，影响了离子在溶液中的活动性，使得离子参加化学反应的有效浓度比它的实际浓度低。因此，在水质分析化学中，有必要介绍“活度”的概念。

活度可以认为是离子在化学反应中起作用的有效浓度。活度与摩尔浓度的比值称为活度系数。如果以a表示离子的活度，c表示其摩尔浓度，则它们之间的关系为

$\gamma_i=a/c$ 或 $a=\gamma_i c$

式中，γ_i称为i种离子的活度系数。它代表了离子间的力对i离子的化学作用力产生影响的大小，是衡量实际溶液与理想溶液偏差的尺度。对于强电解质溶液，当浓度极稀时，离子之间的距离极大，离子之间的相互作用力可以忽略不计，离子的活度系数接近于1，可以认为活度等于浓度。对于较稀的弱电解质溶液，也可以认为$\gamma_i \rightarrow$，$a \approx c$。然而，对于一般较稀的强电解质溶液来说，由于离子的总浓度较高，离子间的力较大，活度系数小于1，活度也就小于浓度。在这种情况下，严格地讲，各种平衡常数的计算就不能用浓度，而应用活度来进行。例如，标准缓冲溶液pH值的计算，就应该计算H^+的活度。对于很浓的强电解质溶液来说，情况比较复杂，没有较好的计算公式，这里就不作讨论了。

由于活度系数γ_i代表了离子间力的大小，因此γ_i的大小不仅与溶液中各种离子

的总浓度有关，也与离子的电荷数有关。

二、中性分子的活度系数

根据德拜-休克尔电解质理论，对于溶液中的中性分子，由于它们在溶液中不是以离子状态存在，故在任何离子强度的溶液中，其活度系数均应为1。实际上并不完全如此，许多中性分子的活度系数，是随着溶液中离子强度的增加而有所变化的。不过这种变化一般不大，所以对于中性分子的活度系数，通常都近似地视为1。

三、活度常数和浓度常数

反应 $aA+bB \rightleftharpoons cC+dD$ 达到平衡时，可以通过测量溶液中各组分的活度来测定平衡常数 K°。

K°称为活度平衡常数，又叫热力学平衡常数，它与温度有关。

在分析化学中，当处理溶液中化学平衡的有关计算时，常以各组分的浓度代替其活度。

浓度常数不仅与温度有关，而且还与溶液的离子强度有关，只有当温度和离子强度一定时，浓度常数才是一定的。

在酸碱平衡的处理中，一般忽略离子强度的影响，这种处理方法能满足一般工作的要求，但应该指出，当需要进行某种精确计算时，如标准缓冲溶液中pH值的计算，则应该注意离子强度对化学平衡的影响。

第二节　酸碱质子理论

一、酸碱概念

根据酸碱质子理论，凡能给出质子（H^+）的物质都是酸；凡能接受质子的物质都是碱。当一种酸（HB）给出质子以后，其剩余的部分（B^-）必然对质子具有亲和力，因而是一种碱。酸与碱的这种关系是一种共轭关系，即

$HB \rightleftharpoons H^+ + B^-$

酸　质子　碱

上述反应称为酸碱半反应，与氧化还原反应中的半电池反应相似。HB是B^-的共轭酸，B^-是HB的共轭碱，HB与B^-称为共轭酸碱对。酸碱半反应的实质，是一个共轭酸碱对中质子的传递。常见的酸碱半反应如下：

酸$\rightleftharpoons$质子+碱

$HCl \rightleftharpoons H^+ + Cl^-$

$HAc \rightleftharpoons H^+ + Ac^-$

$H_2CO_3 \rightleftharpoons H^+ + HCO_3^-$

$HCO_3^- \rightleftharpoons H^+ + CO_3^{2-}$

从上例中可以看出，质子理论的酸或碱可以是中性分子，也可以是阳离子或阴离

子。而且酸碱概念也有相对性，如HCO_3^-在H_2CO_3与HCO_3^-共轭酸碱对中为碱，而在HCO_3^-与CO_3^{2-}共轭酸碱对中为酸，这类物质称为两性物质。它们既有给出质子的能力，也有接受质子的能力，但究竟为酸还是为碱，这取决于它们对质子亲合能力的相对大小和存在条件。

质子理论认为，酸碱反应的实质是两个共轭酸碱对之间质子传递的反应。例如，HAc在水中的离解：

$HAc+H_2O \rightleftharpoons H_3O^++Ac^-$

酸1 碱2 酸2 碱1

这里，如果没有作为碱的溶剂（水）的存在，HAc就无法实现其在水中的离解。显然，其离解是HAc分子和H_2O分子之间的质子传递反应，是由HAc与Ac^-、H_2O与H_3O^+两对共轭酸碱对共同作用的结果。

同样，NH_3与水的反应也是一种酸碱反应，不同的是作为溶剂的水分子起着酸的作用：

$H_2O + NH_3 \rightleftharpoons NH_4^+ + OH^-$

酸1 碱2 酸2 碱1

因此，水是一种两性物质（溶剂）。由于水分子的两性，所以在水分子之间存在着质子的传递作用，称为水的质子自递作用。这个作用的平衡常数称为水的质子自递常数（或水的离子积）。即

$H_2O + H_2O \rightleftharpoons H_3O^+ + OH^-$

酸1 碱2 酸2 碱1

$K_w=[H_3O^+][OH^-]=1.0\times10^{-14}$或$pK_w=14$（25℃）

总之，质子理论认为，各种酸碱反应都是质子的传递反应，如离解、水解、中和反应等。于是，质子理论把上述各种酸碱反应统一起来了。

二、共轭酸碱对的K_a与K_b的关系

在水溶液中，酸碱的强度取决于酸将质子给予水分子或碱从水分子中接受质子的能力，通常用酸碱在水中的离解常数来衡量。酸或碱的离解常数愈大，酸或碱的强度愈大。

例如，HCl、HAc和H_2S溶于水时：

$HCl+H_2O \rightleftharpoons H_3O^++Cl^-$ $K_a=10^{-8}$

$HAc+H_2O \rightleftharpoons H_3O^++Ac^-$ $K_a=1.8\times10^{-5}$

$H_2S+H_2O \rightleftharpoons H_3O^++HS^-$ $K_a=5.7\times10^{-8}$

显然这三种酸的强弱顺序是：HCl＞HAc＞H_2S。

酸或碱在水中离解时，同时产生与其相应的共轭碱或共轭酸。这种共轭酸碱对的K_a和K_b之间存在着一定的关系。以HAc为例，推导如下：

$HAc+H_2O \rightleftharpoons H_3O^++Ac^-$ $K_a=[H_3O^+][Ac^-]/[HAc]$

$HAc+H_2O \rightleftharpoons HAc+OH^-$ $K_b=[HAc][OH^-]/[Ac^-]$

$K_aK_b=[H_3^+O][OH^-]/[Ac^-]$

所以

$K_aK_b=K_w=1.0\times10^{-14}$ （4-1）

或 $pK_a+pK_b=pK_w=14.0$ （4-2）

从式（4-1）可知，已知某酸或某碱的离解常数，则可求得其对应的共轭碱或共轭酸的离解常数。如求 NH_4^+ 的 K_a 值。

NH_4^+ 是 NH_3 的共轭酸，所以 $K_a=1.0\times10^{-14}/1.8\times10^{-5}=5.6\times10^{-10}$

显然，酸愈强，它的共轭碱愈弱；酸愈弱，它的共轭碱愈强。

上面讨论的是一元共轭酸碱对的 K_a 与 K_b 之间的关系。对于多元酸（碱）来说，由于在水溶液中是分级离解的，所以存在着多个共轭酸碱对。这些共轭酸碱对的 K_a 与 K_b 之间也存在着一定的关系，但情况较一元酸碱复杂。如 H_3PO_4 共有三个共轭酸碱对：H_3PO_4 与 $H_2PO_4^-$，$H_2PO_4^-$ 与 HPO_4^{2-}，HPO_4^{2-} 与 PO_4^{3-}。作为酸，H_3PO_4 逐级离解给出 H^+：

$H_3PO_4+H_2O \rightleftharpoons H_2PO_4^-+H_3O^+$ $K_{a1}=[H_2PO_4^-][H_3O^+]/[H_3PO_4]$

$H_2PO_4^-+H_2O \rightleftharpoons HPO_4^{2-}+H_3O^+$ $K_{a2}=[HPO_4^{2-}][H_3O^+]/[H_2PO_4^-]$

$HPO_4^{2-}+H_2O \rightleftharpoons PO_4^{3-}+H_3O^+$ $K_{a3}=[PO_4^{3-}][H_3O^+]/[HPO_4^{2-}]$

作为碱，PO_4^{3-} 逐级水解接受 H^+：

$PO_4^{3-}+H_2O \rightleftharpoons HPO_4^{2-}+OH^-$ $K_{b1}=[HPO_4^{2-}][OH^-]/[PO_4^{3-}]$

$HPO_4^{2-}+H_2O \rightleftharpoons H_2PO_4^-+OH^-$ $K_{b2}=[H_2PO_4^-][OH^-]/[HPO_4^{2-}]$

$H_2PO_4^-+H_2O \rightleftharpoons H_3PO_4+OH^-$ $K_{b3}=[H_3PO_4][OH^-]/[H_2PO_4^-]$

从上述关系可以看出：

$K_{a1}K_{b3}=K_{a2}K_{b2}=K_{a3}K_{b1}=K_w=1.0\times10^{-14}$

第三节　酸碱平衡中有关浓度的计算

一、分析浓度与平衡浓度

分析浓度即溶液中溶质的总浓度，用符号 c 表示，单位为 mol/L。平衡浓度指在平衡状态时，溶液中溶质各型体的浓度，以符号 [] 表示，单位同上。例如，0.10mol/L 的 NaCl 和 HAc 溶液，c_{NaCl} 和 c_{HAc} 均为 0.10mol/L，平衡状态时，$[Cl^-]=[Na^+]=0.10mol/L$；而 HAc 是弱酸，因部分解离在溶液中有两种型体存在，平衡浓度分别为 [HAc] 和 $[Ac^-]$。

二、酸度对弱酸（碱）溶液中各组分浓度的影响

酸碱平衡体系中，通常同时存在多种酸碱组分。这些组分的浓度，随溶液中 H^+ 浓度的改变而变化。溶液中某酸碱组分的平衡浓度占其总浓度的分数，称为分布系数，以 δ 表示。某酸碱组分的分布系数，取决于该酸碱物质的性质和溶液中的 H^+ 浓度，而与其总浓度无关。分布系数的大小，能定量说明溶液中的各种酸碱组分的分布情况。知道了分布系数，便可求得溶液中酸碱组分的平衡浓度和滴定误差，对选择反应的条件具有指导意义。现对一元酸和多元酸的分布系数和分布曲线分别讨论如下。

（一）一元酸溶液

例如，醋酸在溶液中只能以HAc和Ac^-两种型体存在。设c_{HAc}为醋酸的总浓度，[HAc] 和 [Ac^-] 分别代表HAc和Ac^-的平衡浓度 δ_{HAc}和 δ_{Ac^-}分别为HAc和Ac^-的分布系数，则

δ_{Hac}= [HAc] /c_{HAc}= [HAc] / { [HAc] + [Ac^-] } = [H^+] / { [K_a+ [H^+] }

δ_{Ac^-}= [Ac^-] /c_{HAc}= [Ac^-] / { [HAc] + [Ac^-] } = [H^+] / { [K_a+ [H^+] }

$\delta_{Hac}+\delta_{Ac^-}=1$

即在酸碱平衡体系中，各种组分分布系数之和等于1。

【例4-1】在0.1000mol/LHAc溶液中，已知pH=5.00时，计算HAc和Ac^-的分布系数及其平衡浓度。

解：已知HAc的$K_a=1.8\times10^{-5}$，pH=5.00，[H^+] =1.0×10^{-5}mol/L，故

δ_{HAc}= [H^+] / （K_a+ [H^+] ）=1.0×10^{-5}/（$1.8\times10^{-5}+1.0\times10^{-5}$）=0.36

$\delta_{Ac^-}=1-\delta_{HAc}=0.64$

[HAc] = $\delta_{HAc}c_{HAc}=0.36\times0.1000$mol/L=$3.6\times10^{-2}$mol/L

[Ac^-] = $\delta_{Ac^-}c_{HAc}=0.64\times0.1000$mol/L=$6.4\times10^{-2}$mol/L

HAc和Ac^-的分布系数与溶液pH值的关系如图4-1所示。可见，δ_{HAc}值随pH值增大而减小，δ_{Ac^-}值随pH值增大而增大。当溶液的pH=pK_a（4.74）时，则 [HAc] 和 [Ac^-] 各占一半；若pH＞pK_a，则 [Ac^-] ＞ [HAc]；反之，pH<pK_c，则 [HAc] ＞ [Ac^-]。

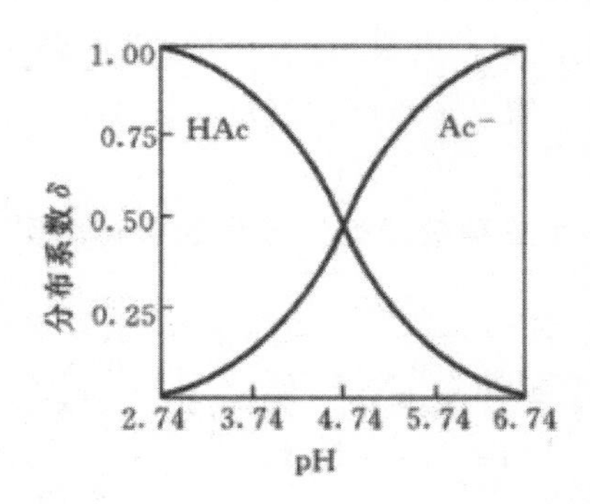

图4-1 HAc和Ac^-的分布系数与溶液pH值的关系

（二）多元酸溶液

例如，碳酸在溶液中以分子状态的碳酸（H_2CO_3）和离子状态的重碳酸盐（HCO_3^-）、碳酸盐（CO_3^{2-}）等三种型体存在。其中分子状态的碳酸，包括了溶液的CO_2气体和未离解的H_2CO_3分子，且呈下列平衡：

$CO_2+H_2O\rightleftharpoons H_2CO_3$

平衡时，主要含量是CO_2分子，H_2CO_3分子只占分子状态碳酸总量的1%以下。严格来说，[$CO_2+H_2CO_3$] 含量应是分子状态碳酸的总量（或称游离碳酸总量）。但在实际工作中，为了应用方便起见，常用 [H_2CO_3] 或 [CO_2] 来代表游离碳酸的总量，即

[H_2CO_3] = [CO_2] = [$CO_2+H_2CO_3$]

设三种碳酸型体的总浓度为cH_2CO_3，则

如果以 δH_2CO_3、δHCO_3^-、δCO_3^{2-} 分别表示 H_2CO_3、HCO_3^-、CO_3^{2-} 的分布系数，则

$\delta_{H2CO3}=[H_2CO_3]/c_{H2CO3}=[H_2CO_3]/\{[H_2CO_3]+[HCO_3^-]+[CO_3^{2-}]\}=1/\{1+[HCO_3^-]/[H_2CO_3]+[CO_3^{2-}]/[H_2CO_3]\}=1/\{1+K_{a1}/[H^+]+K_{a1}K_{a2}/[H^+]^2\}=K_{a1}[H^+]/\{[H^+]^2+K_{a1}[H^+]+K_{a1}K_{a2}\}$

同理可得

$\delta H_2CO_3=K_{a1}[H^+]/\{[H^+]^2+K_{a1}[H^+]+K_{a1}K_{a2}\}$

$\delta CO_3^{2-}=K_{a1}K_{a2}/\{[H^+]^2+K_{a1}[H^+]+K_{a1}K_{a2}\}$

根据不同pH值的碳酸溶液中三种碳酸型体的分布系数，可以计算出三种碳酸型体含量的相对比例，如表4-1所示，图4-2所示的是三种碳酸型体比例变化曲线。

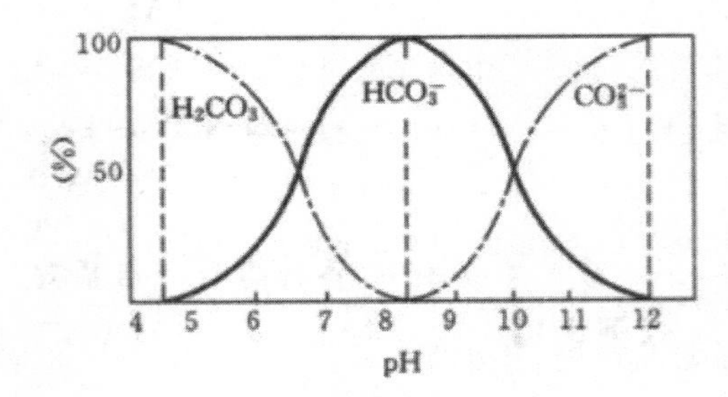

图4-2 三种碳酸型体比例变化曲线

从表4-1和图4-2中可以看出，三种碳酸型体含量的相对比例取决于溶液的pH值。故对于碳酸平衡体系来说，当pH值很小时，以游离的分子碳酸（H_2CO_3）型体的存在为主；当pH值逐渐增大时，先以重碳酸盐（HCO_3^-）型体，后以碳酸盐（CO_3^{2-}）型体的存在为主。

表4-1 三种碳酸型体含量的相对比例（%）

pH	H_2CO_3	HCO_3^-	CO_3^{2-}	pH	H_2CO_3	HCO_3^-	CO_3^{2-}
	$100\delta_{H2CO3}$	$100\delta_{HCO3-}$	$100\delta_{CO32-}$		$100\delta_{HCO3-}$	$100\delta_{HCO3-}$	$100\delta_{CO32-}$
2.0	100.00			8.0	2.46	97.08	0.46
2.5	99.99	0.01		8.5	0.72	97.83	1.45
3.0	99.96	0.04		9.0	0.17	95.36	4.47
3.5	99.86	0.14		9.5	0.04	87.03	12.93
4.0	99.57	0.43		10.0	0.01	68.02	31.97
4.5	98.62	1.38		10.5		40.22	59.78
5.0	95.75	4.25		11.0		17.52	82.46
5.5	87.70	12.30		11.5		6.30	93.70
6.0	70.42	29.58		12.0		2.08	97.92
6.5	41.62	58.37	0.01	12.5		0.67	99.33
7.0	18.64	81.32	0.04	13.0		0.21	99.79
7.5	6.74	93.12	0.14				

对于其他多元酸，如H_nA，溶液中存在有n+1个型体，H_nA，$H_{n-1}A^-$，$H_{n-2}A^{2-}$，…，A^{n-}，可用与处理H_2CO_3相同的方法推导出各型体的分布系数：

δ_{HnA}=［H^+］^{n}/｛［H^+］^{n}+［H^+］$^{n-1}K_{a1}$+［H^+］$^{n-2}K_{a1}K_{a2}$+…+$K_{a1}K_{a2}$…K_{an}｝

δ_{Hn-1A}=K_{a1}［H^+］$^{n-1}$/｛［H^+］^{n}+［H^+］$^{n-1}K_{a1}$+［H^+］$^{n-2}K_{a1}K_{a2}$+…+$K_{a1}K_{a2}$…K_{an}｝

…

δ_{An-}=$K_{a1}K_{a2}K_{a3}$+…+K_{an}/｛［H^+］^{n}+［H^+］$^{n-1}K_{a1}$+［H^+］$^{n-2}K_{a1}K_{a2}$+…+$K_{a1}K_{a2}$…K_{an}｝

【例4-2】计算pH=5.00时，0.10mol/L草酸溶液中$C_2O_4^{2-}$的浓度。

解：已知pH=5.00，［H^+］=1.0×10^{-5}mol/L，$H_2C_2O_4$的Ka_1=5.9×10^{-2}，Ka_2=6.4×10^{-5}，故

δ_{C2O42-}=［$C_2O_4^{2-}$］/c_{H2C2O4}=$K_{a1}K_{a2}$/｛［H^+］^{2}+［H^+］K_{a1}+$K_{a1}K_{a2}$｝=5.9×10^{-2}×6.4×10^{-5}/［（1.0×10^{-5}）^{2}+1.0×10^{-5}×5.9×10^{-2}+5.9×10^{-2}×6.4×10^{-5}］=0.86

［$C_2O_4^{2-}$］=$\delta_{C2O42-}c_{H2C2O4}$=0.86×0.10mol/L=0.086mol/L

三、物料平衡方程、电荷平衡方程及质子平衡方程

（一）物料平衡方程

物料平衡方程，简称物料平衡。它是指在一个化学平衡体系中，某一给定组分的总浓度等于各有关组分平衡浓度之和。例如0.10mol/L HAc溶液的物料平衡为

［HAc］+［Ac^-］=0.10mol/L

浓度为c的$NaHCO_3$溶液的物料平衡为

［Na^+］=c

［H_2CO_3］+［HCO_3^-］+［CO_3^{2-}］=c

浓度为c的Na_2SO_3溶液的物料平衡为

［Na^+］=2c

［H_2SO_3］+［HSO_3^-］+［SO_3^{2-}］=c

（二）电荷平衡方程

电荷平衡方程，简称电荷平衡。由电中性原则可知，溶液中正离子的总电荷数与负离子的总电荷数恰好相等。根据这一原则和各离子的电荷与浓度，即可列出电荷平衡方程。中性分子不包含在电荷平衡式中。

例如，在浓度为c的NaCN溶液中，存在下列反应：

$NaCN=Na^++CN^-$

$CN^-+H_2O \rightleftharpoons HCN+OH^-$

$H_2O \rightleftharpoons H^++OH^-$

溶液中的正负离子都是一价。为保持溶液的电中性，正负离子的总浓度应该相等。故得

［H^+］+［Na^+］=［CN^-］+［OH^-］

或［H^+］+c=［CN^-］+［OH^-］

又如在浓度为c的Na_2CO_3溶液中，存在如下反应：

$Na_2CO_3=2Na^++CO_3^{2-}$

$CO_3^{2-}+H_2O \rightleftharpoons HCO_3^-+OH^-$

$HCO_3^-+H_2O \rightleftharpoons H_2CO_3+OH^-$

$H_2O \rightleftharpoons H^++OH^-$

溶液中的正离子有Na^+和H^+，负离子有OH^-、HCO_3^-和CO_3^{2-}，其中一个CO_3^{2-}需要两个+1价离子才能与它的电荷相平衡，就是说，与CO_3^{2-}相平衡的+1价离子的浓度应该是CO_3^{2-}浓度的两倍，所以其电荷平衡式为

$[Na^+]+[H^+]=[OH^-]+[HCO_3^-]+2[CO_3^{2-}]$

或$2c+[H^+]=[OH^-]+[HCO_3^-]+2[CO_3^{2-}]$

（三）质子平衡方程

质子平衡方程，简称质子平衡或质子条件。按照酸碱质子理论，酸碱反应达到平衡时，酸给出的质子数应等于碱接受的质子数。这种等衡关系称为质子条件。根据质子条件，可以得到溶液中H^+浓度与有关组分浓度的关系式，它是处理酸碱平衡计算问题的基本关系式。通常采用两种方法求得质子条件：

1. 由物料平衡和电荷平衡求解。

例如，在浓度为c的NaCN溶液中物料平衡为

$$[Na^+]=c \tag{4-3}$$

$$[HCN]+[CN^-]=c \tag{4-4}$$

电荷平衡为

$$[H^+]+[Na^+]=[CN^-]+[OH] \tag{4-5}$$

将式（4-3）、式（4-4）代入式（4-5），消除原始组分，得

$[H^+]+[HCN]+[CN^-]=[CN^-]+[OH^-]$

整理后，得到质子条件：

$[H^+]=[OH^-]-[HCN]$

2. 由溶液中得失质子的关系求解。

首先，选择一些酸碱组分作为质子得失的参考水准（零水准），然后将溶液中其他酸碱组分与其比较。把所有得质子后产物的摩尔浓度的总和写在等式一端，所有失质子后产物的摩尔浓度的总和写在等式另一端，即得到质子条件。

例如，弱酸（HB）溶液有如下的酸碱反应：

弱酸离解$HB+H_2O \rightleftharpoons H_3O^++B^-$

H_2O分子之间质子的自递反应$H_2O+H_2O \rightleftharpoons H_3O^++OH^-$

由此可知，得质子后的产物为H_3O^+，失质子后的产物为B^-和OH^-。根据得失质子的摩尔数相等的原则，得到HB溶液的质子条件：

$[H_3O^+]=[OH^-]+[B^-]$

或

$[H^+]=[OH^-]+[B^-]$

又如，求Na_2HPO_4溶液的质子条件，选择HPO_4^{2-}和H_2O作质子参考水准。在溶液中得质子后的产物有H^+、$H_2PO_4^-$、H_3PO_4，失质子后的产物有OH^-、PO_4^{3-}。其中H_3PO_4是HPO_4^{2-}得到两个质子后的产物，故在质子条件式中，H_3PO_4的浓度必须乘以2，才能保持失质子

数相等。所以得到Na_2HPO_4溶液的质子条件式为

$[H^+]+[H_2PO_4^-]+2[H_3PO_4]=[OH^-]+[PO_4^{3-}]$

四、酸碱溶液中H^+浓度的计算

（一）强酸强碱溶液

因为强酸强碱在溶液中全部离解，所以一般情况下，强酸强碱溶液中H^+浓度的计算比较简单。

现以浓度为c的强酸HB溶液为例进行讨论。在HB溶液中存在以下离解平衡：

$HB=H^++B^-$

$H_2O \rightleftharpoons H^++OH^-$

由质子条件式：

$[H^+]=[B^-]+[OH^-]=c+[OH^-]$

得

$$[H^+]^2-c[H^+]-K_w=0 \tag{4-6}$$

在加减法计算中，一项若大于另一项20倍时，另一项可以舍去，由此产生的误差不会大于5%。因此，若HB溶液的浓度不是很稀（$c>10^{-6}mol/L$）时，溶液中的$[H^+]$几乎全部是HB离解的，水离解的$[H^+]$可忽略不计。

$$[H^+]=c \tag{4-7}$$

同理，对于一元强碱溶液，也可采用同样的方法处理。即

$$[OH^-]=c \tag{4-8}$$

（二）一元弱酸弱碱溶液

对于弱酸弱碱溶液，如果浓度c及其离解常数K_a或K_b都不是很小，当$K_ac \geqslant 20K_w$或者$K_bc \geqslant 20K_w$时，溶液中的H^+或OH^-主要来自弱酸或弱碱的离解，故水离解的影响可忽略不计。在这种情况下，应根据弱酸或弱碱的离解平衡，采用近似方法进行计算。

1. 一元弱酸溶液

浓度为c的弱酸HB，在水溶液中有下列离解平衡

$HB \rightleftharpoons H^++B^-$

质子条件式为

$[H^+]=[B^-]$

设HB的离解常数为K_a，由离解平衡得

$[H^+]=K_a[HB]/[B^-]$

$$[H^+]=\sqrt{K_a[HB]} \tag{4-9}$$

由于$[HB]=c-[H^+]$，以此代入式（4-9），得

$[H^+]=\sqrt{K_a(c[H^+])}$

$[H^+]2+K_a[H^+]-K_ac=0$

$$[H^+]=\frac{-K_a+\sqrt{K_a^2+4Kac}}{2}\text{（舍去负值）} \tag{4-10}$$

式（4-10）是计算一元弱酸溶液中H^+浓度的近似公式。

当$c/K_a \geqslant 500$（即弱酸的离解度<5%）时，可忽略弱酸的离解，即$c-[H^+] \approx c$，由式（4-9）得

$$[H^+]=\sqrt{K_a c} \tag{4-11}$$

式（4-11）是计算一元弱酸溶液中H^+浓度的最简公式，其计算结果的相对误差约为2%。因

此，一般以$c/K_a \geqslant 500$作为用最简公式进行计算的必要条件。

2. 一元弱碱溶液

一元弱碱B在水溶液中有下列离解平衡：

$B+H_2O \rightleftharpoons BH^+ + OH^-$

与讨论弱酸溶液中H^+浓度的计算公式相似，只要将K_a换成K_b，就可以得到计算一元弱碱溶液中OH^-浓度的近似公式和最简公式。

$$[OH^-]=\frac{-K_b+\sqrt{K_b^2+4K_b c}}{2} \text{（舍去负值）} \tag{4-12}$$

$$[OH^-]=\sqrt{K_b c} \text{（4-13）}$$

【例4-3】计算0.010mol/LHAc溶液的pH值。

解：已知HAc的$K_a=1.8\times10^{-5}$，c=0.010mol/L，则$c/K_a>500$，可用式（4-11）计算：

$$[H^+]=\sqrt{1.8\times10-5\times0.010}\ \text{mol/L}=4.2\times10^{-4}\text{mol/L}$$

pH=3.38

（三）多元弱酸碱溶液

多元弱酸碱在溶液中是逐级离解的，它是一种复杂的酸碱平衡体系。要精确计算溶液中的H^+浓度，在数学上是非常麻烦的，因此常采用近似计算法。

例如，在H_3PO_4溶液中，存在如下离解平衡：

$H_3PO_4 \rightleftharpoons H^+ + H_2PO_4^-$ $K_{a1}=7.6\times10^{-3}$

$H_2PO_4^- \rightleftharpoons H^+ + HPO_4^{2-}$ $K_{a2}=6.3\times10^{-8}$

$HPO_4^{2-} \rightleftharpoons H^+ + PO_4^{3-}$ $K_{a3}=4.4\times10^{-13}$

$H_2O \rightleftharpoons H^+ + OH^-$ $K_w=1.0\times10^{-14}$

由于，$K_{a1}>>K_{a2}>>K_{a3}$，$K_{a1}>>K_w$，显然第一级离解是溶液中H^+的主要来源，这样就可近似的按一元弱酸的有关公式计算H^+浓度。

多元弱碱在溶液中按碱式逐级离解。例如，Na_2CO_3溶液中存在如下酸碱平衡：

$CO_3^{2-}+H_2O \rightleftharpoons HCO_3^- + OH^-$ $K_{b1}=1.8\times10^{-4}$

$HCO_3^- + H_2O \rightleftharpoons H_2CO_3 + OH^-$ $K_{b1}=2.4\times10^{-8}$

$H_2O \rightleftharpoons H^+ + OH^-$ $K_w=1.0\times10^{-14}$

由于$K_{b1}>>K_{b2}$，且$K_{b2}>>K_w$，显然碱的第一级离解是溶液中OH^-的主要来源。与处理多元弱酸的方法一样，可近似的按一元弱碱的有关公式计算OH^-的浓度。

【例4-4】计算0.10mol/LNa_2CO_3溶液的pH值。

解：已知$K_{b1}=1.8\times10^{-4}$，$K_{b2}=2.4\times10^{-8}$，因为$K_{b1}>>K_{b2}$，$c/K_{b1}=0.10/1.8\times10^{-14}>500$，故可用式（4-13）计算：

$[OH^-]=\sqrt{1.8\times10^{-4}\times0.10}mol/L=4.2\times10^{-3}mol/L$

pOH=2.38，pH=14.00-2.38=11.62

（四）两性物质溶液

在质子传递反应中，除水以外，主要的两性物质有多元酸的酸式盐（如$NaHCO_3$）、弱酸弱碱盐（如NH_4Ac）和氨基酸（如氨基乙酸）等，下面以酸式盐（$NaHCO_3$）为例来讨论这类物质的酸碱平衡。

在$NaHCO_3$溶液中，HCO_3^-既可起酸的作用，又可起碱的作用，故溶液中存在着下列酸碱平衡：

$HCO_3^- \rightleftharpoons H^+ + CO_3^{2-}$　$K_{a2}=5.6\times10^{-11}$

$HCO_3^- + H_2O \rightleftharpoons H_2CO_3 + OH^-$　$K_{b2}=2.4\times10^{-8}$

$H_2O \rightleftharpoons H^+ + OH^-$　$K_w=1.0\times10^{-14}$

其质子条件式为

$[H^+]+[H_2CO_3]=[CO_3^{2-}]+[OH^-]$

或

$[H^+]=[CO_3^{2-}]+[OH^-]-[H_2CO_3]$（4-14a）

根据H_2CO_3的离解平衡关系式：

$K_{a1}=[H^+][HCO_3^-]/[H_2CO_3]$　$[H_2CO_3]=[H^+][HCO_3^-]/K_{a1}$（4-14b）

$K_{a2}=[H^+][CO_3^{2-}]/[HCO_3^-]$　$[CO_3^{2-}]=K_{a2}[HCO_3^-]/[H^+]$（4-14c）

$K_w=[H^+][OH^-]$　$[OH^-]=K_w/[H^+]$（4-14d）

将上述（4-14b）、（4-14c）、（4-14d）三式代入式（4-14a）中得

$[H^+]=K_{a2}[HCO_3^-]/[H^+]+K_w/[H^+]-[H^+][HCO_3^-]/K_{a1}$

整理后得

$[H^+]^2(K_{a1}+[HCO_3^-])=K_{a1}K_{a2}[HCO_3^-]+K_{a1}K_w$

$$[H^+]=\sqrt{\frac{K_{a1}\left(K_{a2}[HCO_3^-]+K_w\right)}{K_{a1}+[HCO_3^-]}} \quad (4\text{-}15)$$

由于K_{a2}很小，故溶液中HCO_3^-离解甚少，$[HCO_3^-]\approx c$，则式（4-15）可写成如下形式：

$$[H^+]=\sqrt{\frac{K_{a1}\left(K_{a2}c+K_w\right)}{K_{a1}+c}} \quad (4\text{-}16)$$

式（4-16）是考虑了水的离解影响，计算酸式盐溶液中H^+浓度的近似公式。当c或K_{a2}不是很小，即$cK_{a2}>20K_w$时，式（4-16）中的K_w可忽略不计，故得

$$[H^+]=\sqrt{\frac{K_{a1}K_{a2}c}{K_{a1}+c}} \quad (4\text{-}17)$$

式（4-17）是忽略了水的离解影响，计算酸式盐溶液中H^+浓度的近似公式。如果$c>20K_{a1}$，则$K_{a1}+c\approx c$由式（4-17）得

$$[H^+]=\sqrt{K_{a1}K_{a2}} \tag{4-18}$$

式（4-18）是计算酸式盐溶液中H^+浓度的最简式。

对于其他多元酸的酸式盐溶液，可用同样类似的方法处理，得到类似的最简式。

例如，NaH_2PO_4溶液

$$[H^+]=\sqrt{K_{a1}K_{a2}}$$

Na_2HPO_4溶液

$$[H^+]=\sqrt{\frac{K_{a2}(K_{a3}c+K_w)}{K_{a2}+c}}$$

对于酸碱组成的摩尔比为1：1的弱酸弱碱盐溶液，其H^+浓度的计算与酸式盐相类似。在弱酸弱碱盐溶液中，涉及两种物质的酸碱平衡。如NH_4Ac溶液，其中NH_4^+起酸的作用，Ac^-起碱的作用，水则有离解作用：

$NH_4^+ \rightleftharpoons NH_3+H^+$ $K_a'=K_w/K_b=5.6\times10^{-10}$

$Ac^-+H_2O \rightleftharpoons HAc+OH^-$ $K_b'=K_w/K_a=5.6\times10^{-10}$

$H_2O \rightleftharpoons H^++OH^-$ $K_w=1.0\times10^{-14}$

根据质子条件平衡关系，得到近似公式和最简式：

$$[H^+]=\sqrt{\frac{K_{a1}(K_a'c+K_w)}{K_a+c}} \tag{4-19}$$

$$[H^+]=\sqrt{\frac{K_aK_a'c}{K_a+c}} \tag{4-20}$$

$$[H^+]=\sqrt{K_aK_a'} \tag{4-21}$$

五、缓冲溶液

缓冲溶液是一种对溶液的酸度起稳定作用的溶液。如果向缓冲溶液中加入少量的酸或碱，或者溶液中的化学反应产生了少量酸或碱，或者将溶液稍加稀释，都能使溶液的酸度基本上稳定不变。

缓冲溶液一般是由浓度较大的弱酸及其共轭碱所组成的，如$HAc-Ac^-$、$NH_4^+-NH_3$等。在高浓度的强酸强碱溶液中，由于H^+或OH^-的浓度本来就很高，故外加少量酸或碱不会对溶液的酸度产生太大的影响，在这种情况下，强酸强碱也是缓冲溶液。它们主要是高酸度（$pH<2$）和高碱度（$pH>12$）时的缓冲溶液。

（一）缓冲溶液pH值的计算

作为一般控制酸度用的缓冲溶液，因为缓冲剂本身的浓度较大，对计算结果不要求十分准确，故常采用最简式进行计算。但当缓冲溶液各组分的浓度过稀，或者二组分的浓度比相差悬殊时，最简式的计算结果偏差较大。

在由弱酸（HB）及其共轭碱（B）组成的缓冲溶液中，计算H^+浓度的最简式为

$$[H^+]=K_a[HB]/[B^-] \tag{4-22}$$

$$pH=pK_a-\lg[HB]/[B^-]$$

$pH=pK_a-\lg$ [酸] / [共轭碱]

在由弱碱（B）及其共轭酸（HB^+）所组成的缓冲溶液中，计算OH^-浓度的最简式为

$[OH^-]=K_b[B]/[HB^+]$

$$pOH=pK_b-\lg[B]/[HB^+] \tag{4-23}$$

$$pH=pK_w-pK_b+\lg[碱]/[共轭酸] \tag{4-24}$$

【例4-5】计算0.100mol/LNH_4Cl-0.200mol/LNH_3缓冲溶液的pH值。

解：已知$K_b=1.8\times10^{-5}$，$[NH_4^+]=0.100mol/L$，$[NH_3]=0.200mol/L$，由于$[NH_4^+]$和$[NH_3]$都较大，故由式（4-24）得

$pH=pK_w-pK_b+\lg[NH_3]/[NH_4^+]=14.00+\lg1.8\times10^{-5}+\lg0.200/0.100=9.56$

（二）缓冲容量与缓冲范围

缓冲溶液的缓冲作用是有一定限度的，就每一种缓冲溶液而言，只有在加入有限量的酸或碱时，才能保持溶液的pH值基本保持不变，所以，每一种缓冲溶液只具有一定的缓冲能力。

缓冲容量（β）是衡量缓冲溶液缓冲能力大小的尺度，又称缓冲指数。其数学定义为

$\beta=db/dpH=-da/dpH$

根据这个定义，缓冲容量是使1升缓冲溶液的pH增加dpH单位所需强碱db（mol），或者是使1升缓冲溶液的pH减少dpH单位所需强酸da（mol）。酸的增加使pH值降低，故在db/dpH前加负号，使β具有正值。β越大，缓冲能力越强。

$HA-A^-$体系可看作HA溶液中加入强碱。若HA的分析浓度为c（mol/L），强碱的浓度为b（mol/L），其质子条件是

$[H^+]+b=[OH^-]+[A^-]$

所以

$b=-[H^+]+K_w/[H^+]+cK_a/([H^+]+K_a)$

则

$db/d[H^+]=-1-K_w/[H^+]-cK_a/([H^+]+K_a)^2$

又因为

$dpH=d(-\lg[H^+])=-d[H^+]/2.3[H^+]$

故，

$$\beta=\frac{db}{dpH}=\frac{db}{d[H^+]}\cdot\frac{d[H^+]}{dpH}=2.3\left\{[H^+]+[OH^-]+\frac{cK_a[H^+]}{([H^+]+K_a)^2}\right\} \tag{4-25}$$

此即计算弱酸缓冲容量的精确式。当弱酸不太强又不过分弱时，略去$[H^+]$和$[OH^-]$，简化成近似式

$$\beta=2.3cK_a\cdot\frac{[H^+]}{([H^+]+K_a)^2}=\frac{2.3}{c}\cdot[HA]\cdot[A^-] \tag{4-26}$$

根据式（4-26）求极值可知，当$[H^+]=K_a$（即$pH=pK_a$）时，β有极大值，其值为

$\beta_{max}=2.3c\cdot K_a^2/(2K_a)^2=0.575c$

由上可见：

（1）缓冲物质总浓度越大，缓冲容量也越大，过分稀释将导致缓冲能力显著下降。

（2）pH=pK_a时，缓冲容量最大，此时［HA］=［A^-］，即弱酸与其共轭碱的浓度控制在1：1时缓冲容量最大。

根据式（4-26）计算可以证明，当［HA］=［A^-］=1：10或者10：1时，即pH=pK_a±1时，缓冲容量为其最大值的三分之一。而若［HA］：［A^-］=1：100或者100：1时，即pH=PK_a±2，缓冲容量则仅为最大值的二十五分之一。由此可见，缓冲溶液的有效缓冲范围在pH为pK_a±1的范围，即约为2个pH单位。

对于强酸、强碱溶液，其缓冲容量为式（4-25）中第一、二项，即

$$\beta=2.3([H^+]+[OH^-])$$

对于强碱溶液，忽略［H^+］；对于强酸溶液，则忽略［OH^-］。若强酸或强碱的浓度为c（mol/L），则其缓冲容量β为

$$\beta=2.3c$$

可见强酸或强碱与共轭酸碱对的总浓度相同时，前者的缓冲容量是后者的四倍。但它们的缓冲范围只在浓度较大的区域，在pH=3～11间几乎没有什么缓冲能力。

（三）缓冲溶液的种类、选择和配制

1. 标准缓冲溶液

标准缓冲溶液的pH值是由精确实验测定的，测得的是H^+的活度。因此，若用有关公式进行理论计算，则应校正离子强度的影响，否则理论计算值与实验值不符。表4-2所示的是常用的pH标准溶液。

表4-2 pH标准溶液

pH标准溶液	pH（标准值，25℃）
饱和酒石酸氢钾（0.034mol/L）	3.56
0.05mol/L邻苯二甲酸氢钾	4.01
0.025mol/LKH_2PO_4-0.025mol/LNa_2HPO_4	6.86
0.01mol/L硼砂	9.18

2. 常用缓冲溶液

常用缓冲溶液如表4-3所示。

表4-3 常用缓冲溶液

缓冲溶液	酸的存在形式	碱的存在形式	pK_a
氨基乙酸-HCl	$^+NH_3CH_2COOH$	$^+NH_3CH_2COO^-$	2.35（pK_{a1}）
一氯乙酸-NaOH	$CH_2ClCOOH$	CH_2ClCOO^-	2.86
邻苯二甲酸氢钾-HCl	$C_6H_4(COOH)_2$	$C_6H_4COOHCOO^-$	2.95（pK_{a2}）
甲酸-NaOH	HCOOH	$HCOO^-$	3.76
HAc-NaAc	HAc	Ac^-	4.74

六次甲基四胺-HCl	$(CH_2)_6N_4H^+$	$(CH_2)_6N_4$	5.15
NaH_2PO_4-Na_2HPO_4	$H_2PO_4^-$	HPO_4^{2-}	7.20（pK_{a1}）
三乙醇胺-HCl	$^+HN(CH_2CH_2OH)_3$	$N(CH_2CH_2OH)_3$	7.76

3. 缓冲溶液的选择和配制

在水质分析中，常用缓冲溶液来控制被测溶液的pH值。一种缓冲溶液只有在一定的pH范围内才具有缓冲作用。因此，必须根据实际情况，选用不同的缓冲溶液。

选择缓冲溶液时，首先要求缓冲溶液对分析过程没有干扰。同时，缓冲溶液的pH值应在溶液所要求的稳定酸度范围之内。为此，组成缓冲溶液的酸的pK_a应等于或接近溶液所需的pH值，即$pK_a \approx pH$；或组成缓冲溶液的碱的pK_b应等于或接近溶液所需的pOH值，即$pK_b \approx pOH$。另外，缓冲溶液应有足够的缓冲容量，即组成缓冲溶液的各组分的浓度不能太小，一般应在0.01～1mol/L之间，且各组分的浓度比最好是1：1，此时的缓冲能力较大。

第四节　酸碱指示剂

一、酸碱指示剂的作用原理

酸碱指示剂一般是弱的有机酸或有机碱，其酸式和碱式具有不同的颜色。当溶液的pH值改变时，指示剂失去质子由酸式转变为碱式，或接受质子由碱式转变为酸式。由于这种结构上的变化，而引起颜色的变化。

例如，酚酞指示剂是一种有机弱酸，它在水溶液中主要发生如下离解作用和颜色变化：

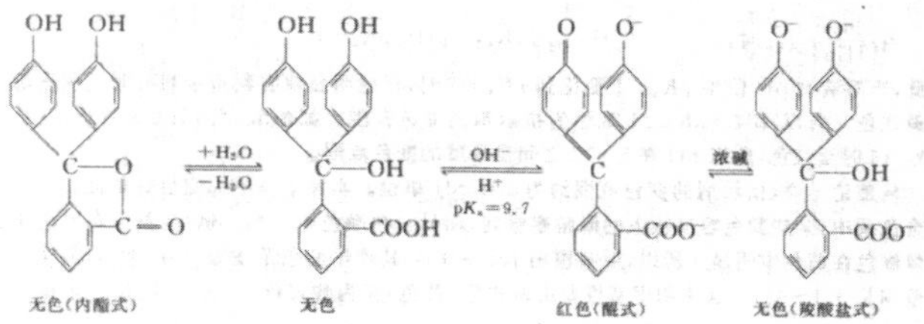

无色（内酯式）　$\underset{-H_2O}{\overset{+H_2O}{\rightleftharpoons}}$　无色　$\underset{H^+}{\overset{OH^-}{\rightleftharpoons}}$（$pK_a=9.7$）　红色（醌式）　$\overset{浓碱}{\rightleftharpoons}$　无色（羧酸盐式）

由平衡关系可以看出，在酸性或中性溶液中，酚酞以无色形式存在；在碱性溶液中，平衡向右移动，转化为醌式离子后显红色。但是在pH足够大的浓碱溶液中，它能转化为无色的羧酸盐式的离子。

又如甲基橙

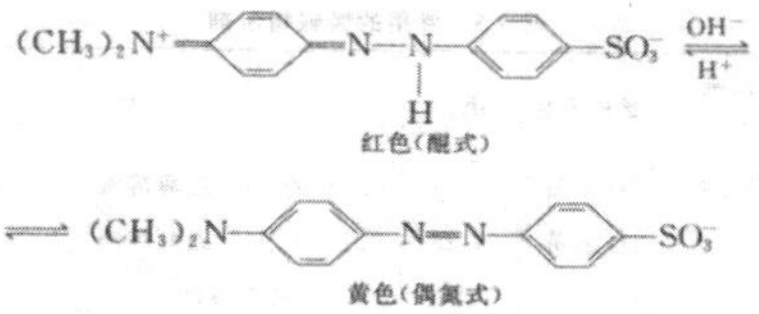

$(CH_3)_2N^+$=⟨⟩=N—N(H)—⟨⟩—SO_3^-　$\underset{H^+}{\overset{OH^-}{\rightleftharpoons}}$

红色（醌式）

$\rightleftharpoons$ $(CH_3)_2N$—⟨⟩—N=N—⟨⟩—SO_3^-

黄色（偶氮式）

由平衡关系可以看出，在酸性溶液中，平衡向左移动，呈现红色；在碱性溶液中，平衡向右移动，呈现黄色。

其他酸碱指示剂的变色情况与酚酞、甲基橙相类似。由此可知，指示剂的结构变化是颜色变化的根据，溶液pH值的改变是颜色变化的条件。

指示剂的变色范围，可用指示剂在溶液中的离解平衡来解释。现以弱酸型指示剂（HIn）为例进行说明。

HIn在溶液中的离解平衡为

$HIn \rightleftharpoons H^+ + In^-$

（酸式色）（碱式色）

$K_a = [H^+][In^-]/[HIn]$

K_a为指示剂的离解平衡常数，简称指示剂常数。$[In^-]$和$[HIn]$分别为指示剂的碱式色和酸式色的浓度。随着溶液中$[H^+]$的变化，$[In^-]/[HIn]$的比值也发生变化，溶液的颜色也逐渐发生改变。

根据人的眼睛对颜色的分辨能力，一般说来，当$[In^-]/[HIn] \geqslant 10$时，看到的是$In^-$的颜色；当$[In^-]/[HIn] \leqslant 0.1$时，看到的是HIn的颜色；当$10 > [In^-]/[HIn] > 0.1$时，看到的是它们的混合色；当$[In^-]/[HIn] = 1$时，两者浓度相等，此时$pH = pK_a$，称为指示剂的理论变色点。

当$[In^-]/[HIn] \geqslant 10$时，$[H^+] \leqslant K_a/10$，$pH \geqslant pK_a + 1$

当$[In^-]/[HIn] \leqslant 0.1$时，$[H^+] \geqslant 10K_a$，$pH \leqslant pK_a - 1$

因此，当溶液的pH值由$pK_a - 1$变化到$pK_a + 1$时，就能明显地看到指示剂由酸式色逐渐变为碱式色。所以，$pH = pK_a \pm 1$就称为指示剂的变色范围。如酚酞，当$pH < 8$时是无色，当$pH \geqslant 10$时是红色，所以pH在8～10之间是酚酞的变色范围。

从理论上说，指示剂的变色范围约为2个pH单位。实际上并不一定恰好如此。因为在混合色调中，某些颜色容易被人的眼睛察觉到，而另一些颜色则不然。例如，黄色在红色中就不像红色在黄色中明显。所以，甲基橙的$pK_a = 3.4$，其理论变色范围是2.4～4.4，但实际变色范围是3.1～4.4。这说明甲基橙要由碱式色（黄色）变为酸式色（红色），其$[In^-]$浓度应是$[HIn]$浓度的10倍（pH=4.4时，$[In^-]/[HIn] = 10$），才能观察到碱式色（黄色）；而$[HIn]$浓度只要大于$[In^-]$浓度的2倍（pH=3.1时，$[In^-]/[HIn] = 1/2$，就能观察到酸式色（红色）。现将常用的酸碱指示剂列于表4-4中。

表4-4 常用的酸碱指示剂

指示剂	变色范围pH	颜色变化	pK_{HIn}	浓度	用量（滴/10mL试液）
百里酚蓝	1.2～2.8	红～黄	1.65	0.1%的20%乙醇溶液	1～2
甲基黄	2.9～4.0	红～黄	3.25	0.1%的90%乙醇溶液	1
甲基橙	3.1～4.4	红～黄	3.45	0.05%的水溶液	1
溴酚蓝	3.0～4.6	黄～紫	4.1	0.1%的20%乙醇溶液或其钠盐水溶液	1

溴甲酚绿	4.0～5.6	黄～蓝	4.9	0.1%的20%乙醇溶液或其钠盐水溶液	1～3
甲基红	4.4～6.2	红～黄	5.2	0.1%的60%乙醇溶液或其钠盐水溶液	1
溴百里酚蓝	6.2～7.6	黄～蓝	7.3	0.1%的20%乙醇溶液或其钠盐水溶液	1
中性红	6.8～8.0	红～黄橙	7.4	0.1%的60%乙醇溶液	1
苯酚红	6.8～8.4	黄～红	8.0	0.1%的60%乙醇溶液或其钠盐水溶液	1
酚酞	8.0～10.0	无～红	9.1	0.5%的90%乙醇溶液	1～3
百里酚蓝	8.0～9.6	黄～蓝	8.9	0.1%的20%乙醇溶液	1～4
百里酚酞	9.4～10.6	无～蓝	10.0	0.1%的90%乙醇溶液	1～2

指示剂的用量直接影响到滴定的准确度。指示剂用量过多（或浓度过高），会使终点颜色变化不敏锐；同时，由于指示剂本身是弱酸或弱碱物质，用量过多将会多消耗标准溶液，从而引起滴定误差。因此，在不影响指示剂变色灵敏度的条件下，一般以用量少为好。

二、混合指示剂

表4-4所列指示剂都是单一指示剂，它们的变色范围一般都较宽，变色过程中还有过渡颜色，不易辨别颜色的变化。而混合指示剂则具有变色范围窄、变色明显等优点。

混合指示剂是由人工配制而成的。配制方法有两种。一种是由两种或两种以上的指示剂混合而成。如溴甲酚绿（pK_a=4.9）和甲基红（pK_a=5.2）所组成的混合指示剂。溴甲酚绿酸式色为黄色，碱式色为蓝色；甲基红酸式色为红色，碱式色为黄色。两者混合后，由于颜色的叠加，酸式色为橙红色（黄+红），碱式色为绿色（蓝+黄）。当pH=5.1时，溴甲酚绿的碱性成分多，呈绿色，甲基红的酸性成分多，呈橙红色，这两种颜色互补呈浅灰色，故变色十分敏锐。另一种混合指示剂是由某种指示剂和一种惰性染料混合而成。如中性红和染料次甲基蓝混合后，在pH=7.0时为紫蓝色，变色范围约0.2个pH单位，比单一的中性红的变色范围要窄得多。表4-5列出了常用的混合酸碱指示剂。

表4-5 常用混合酸碱指示剂

指示剂溶液的组成	变色点的pH	颜色		备注
		酸式色	碱式色	
一份0.1%甲基黄乙醇溶液 一份0.1%次甲基蓝乙醇溶液	3.25	蓝紫	绿	pH=3.4绿色 pH=3.2蓝紫色
一份0.1%甲基橙水溶液 一份0.25%靛蓝二磺酸钠水溶液	4.1	紫	黄绿	pH=4.1灰色

一份0.1%溴甲酚绿钠盐水溶液一份0.02%甲基橙水溶液	4.3	橙	蓝绿	pH=3.5黄色，pH=4.05绿色，pH=4.3浅绿
三份0.1%溴甲酚绿乙醇溶液 一份0.2%甲基红乙醇溶液	5.1	酒红	绿	pH=5.1灰色
一份0.1%溴甲酚绿钠盐水溶液一份0.1%氯酚红钠盐水溶液	6.1	黄绿	蓝紫	pH=5.4蓝绿色，pH=5.8蓝色，PH=6.0蓝带紫，pH=6.2蓝紫
一份0.1%中性红乙醇溶液 一份0.1%次甲基蓝乙醇溶液	7.0	蓝紫	绿	pH=7.0紫蓝
一份0.1%甲酚红钠盐水溶液 三份0.1%百里酚蓝钠盐水溶液	8.3	黄	紫	pH=8.2玫瑰红，pH=8.4清晰的紫色
一份0.1%百里酚蓝50%乙醇溶液 三份0.1%酚酞50%乙醇溶液	9.0	黄	紫	从黄到绿再到紫
一份0.1%酚酞乙醇溶液 一份0.1%百里酚酞乙醇溶液	9.9	无	紫	pH=9.6玫瑰红，pH=10紫色
二份0.1%百里酚酞乙醇溶液 一份0.1%茜素黄R乙醇溶液	10.2	黄	紫	

第五节　酸碱滴定法原理

酸碱滴定法是以酸碱反应为基础的滴定分析方法，在酸碱滴定中最重要的是要估计被测物质能否准确被滴定，滴定过程中溶液pH值的变化如何，怎样选择最合适的指示剂来确定滴定终点等。

特别要强调的是在酸碱滴定中，滴定剂一般都是强酸或者强碱，被测物是各种具有酸碱性的物质。弱酸弱碱之间的滴定，由于滴定突跃范围太小，实际意义不大，故不讨论。

一、强酸滴定强碱或强碱滴定强酸

现以0.1000mol/LNaOH滴定20.00mL0.1000mol/LHCl为例进行讨论。

（一）pH值计算

1. 滴定前

滴定前溶液中只含有0.1000mol/LHCl，由于HCl是强电解质，全部电离，因此，溶液的pH值取决于HCl的原始浓度。

$[H^+]$ =0.1000mol/L，pH=1.00

2. 滴定开始至化学计量点前

随着NaOH溶液的不断加入，溶液中的HCl不断被中和，这时溶液的pH值取决于剩余HCl的浓度，即

$[H^+]=0.1000\times V_{HCl}/V_{总}$ mol/L，

（1）当滴入NaOH溶液18.00mL（剩余HCl的体积为2.00mL）时：

$[H^+]$ =0.1000×2.00/（20.00+18.00）mol/L=5.26×10^{-3}mol/L

pH=2.28

（2）当滴入NaOH溶液19.98mL时：

$[H^+]$ =0.1000×0.02/（20+19.98）mol/L=5.0×10^{-5}mol/L，pH=4.30

此时没有被滴定的HCl的量占总量的百分比为

0.02×0.1/（0.1×20）=0.1%

也即若此时停止滴定引起的误差为-0.1%。

如此逐一计算滴入不同NaOH溶液体积（mL）时溶液的pH值，并将计算结果列于表4-6中。

表4-6 用0.1000mol/LNaOH滴定20mL0.1000mol/LHCl

加入NaOH/mL	中和百分数	剩余HCl/mL	过量NaOH/mL	$[H^+]$/（mol/L）	pH
0.00	0.00	20.00		1.00×10^{-1}	1.00
18.00	90.00	2.00		5.26×10^{-3}	2.28
19.80	99.00	0.20		5.02×10^{-4}	3.30
19.96	99.80	0.04		1.00×10^{-4}	4.00
19.98	99.90	0.02		5.00×10^{-5}	4.31
20.00	100.0	0.00		1.00×10^{-7}	7.00
20.02	100.1		0.02	2.00×10^{-10}	9.70
20.04	100.2		0.04	1.00×10^{-10}	10.00
20.20	101.0		0.20	2.00×10^{-11}	10.70
22.00	110.0		2.00	2.10×10^{-12}	11.70
40.00	200.0		20.00	3.00×10^{-13}	12.50

3.化学计量点时

当滴入NaOH溶液20.00mL时，达到了化学计量点，溶液呈中性，溶液的H^+来自水的离解，即

$[H^+]$ = $[OH^-]$ =1.00×10^{-7}mol/L

pH=7.00

4.化学计量点后

化学计量点之后，再继续滴入NaOH溶液，此时，溶液的pH值取决于过量的NaOH的浓度，即

$[OH^-]$ =0.1000×$V_{NaOH（过量）}$/$V_{总}$ mol/L

当滴入NaOH溶液20.02mL（过量NaOH的体积为0.02mL）时：

$[OH^-]$ =0.1000×0.02/（20.00+20.02）mol/L=5.00×10^{-5}mol/L

pOH=4.30，pH=14.00-4.30=9.70

此时HCl被中和的量占其总量的百分比为

20.02×0.1/（20.00×0.1）=100.1%

也即若此时停止滴定引起的误差为+0.1%。

（二）滴定曲线

以溶液的pH值为纵坐标，滴入NaOH溶液的体积（mL）为横坐标，可得到如图4-3所示的滴定曲线。此曲线明显地表示了滴定过程中溶液pH值的变化情况。

从表4-6和图4-3中可以看出，从滴定开始到加入19.98mLNaOH溶液，溶液的pH值从1.00变到4.31，总共只改变了3.31个pH单位，且溶液始终显酸性。从滴定曲线上可以看出，在CA段溶液的pH值是渐变的。如再滴入0.02mL（约半滴）NaOH溶液，正好是滴定的化学计量点，此时pH值迅速增至7.00。再滴入0.02mLNaOH溶液，pH值增至9.70。由此可知，在化学计量点前后，从剩余0.02mLHCl到过量0.02mLNaOH，即NaOH从尚差0.02mL到过量0.02mL，体积变化只是0.04mL（约1滴），而溶液的pH值变化却从4.31增至9.70，共改变了5.39个pH单位，且溶液也从酸性变成了碱性。从滴定曲线上可以看出，在段溶液的pH值是突变的，其pH值的变化称为滴定的pH突跃范围，简称突跃范围。此后再加入过量的NaOH溶液，所引起的pH值的变化又愈来愈小，故在曲线的BD段，溶液的pH值也是渐变的。

（三）指示剂的选择

在酸碱滴定中，指示剂的选择以pH值的突跃范围为依据。显然，最理想的指示剂应该恰好在化学计量点时变色。但实际上，凡在pH值突跃范围内能变色的指示剂，都可以作为该类滴定的指示剂，且能达到测定的准确度。如上例中，滴定的pH突跃范围是4.31～9.70，可选择酚酞、甲基橙、甲基红为此类滴定的指示剂。若用酚酞作指示剂，当滴定到酚酞由无色突然变为微红色时，溶液的pH值约为9。此时NaOH过量不到半滴，即滴定误差不大于0.1%，符合滴定要求。

反之，若用0.1000mol/LHCl滴定0.1000mol/LNaOH溶液，其滴定曲线与图4-3相同，但位置相反。滴定的pH突跃范围是9.70～4.31，可选择酚酞和甲基红作指示剂。如果用甲基橙作指示剂，只应滴至橙色（pH=4.00）。若滴至红色（pH=3.10），将产生+0.2%以上的误差。为消除这种误差，可进行指示剂校正。校正的方法是取40mL0.05mol/LNaCl溶液，加入与滴定时相同量的甲基橙，再以0.1000mol/LHCl溶液滴定至溶液的颜色恰好与被滴定的溶液颜色相同为止，记下所消耗HCl的用量（称为校正值）。用滴定NaOH所消耗的HCl用量减去此校正值，即为HCl的真正用量。

在实际应用中，用HCl滴定NaOH时，一般用甲基橙作指示剂滴到橙色，用酚酞作指示剂时颜色从红色变到无色，由于人眼对红色的敏锐性而导致较大的误差。

（四）影响滴定突跃范围的因素

必须指出，滴定突跃范围的大小与溶液的浓度有关。例如，通过计算，可以得到不同浓度NaOH溶液滴定不同浓度HCl溶液的滴定曲线，如图4-4所示。

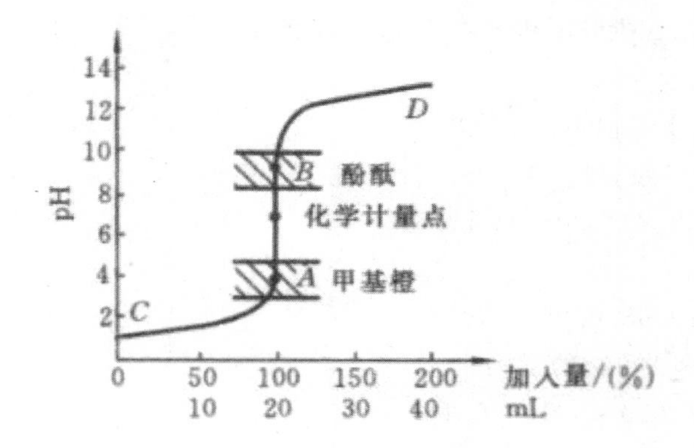

图 4-3 0.1000mol/LNaOH 滴定

0.1000mol/LHCl 的滴定曲线

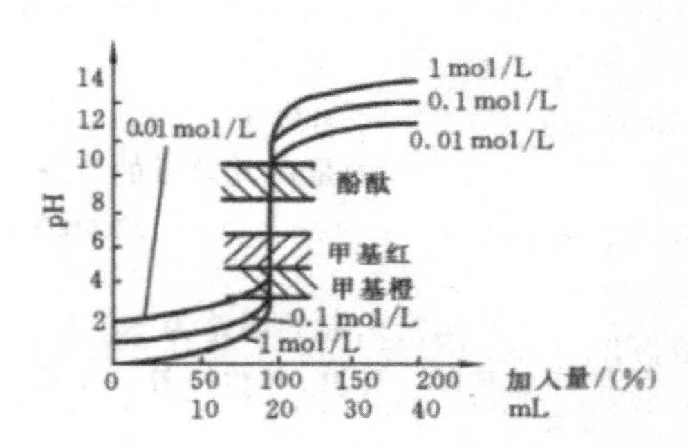

图 4-4 不同浓度NaOH溶液滴定不同浓度HCl溶液的滴定曲线

由图可知，酸碱浓度愈大，突跃范围愈大。如用1mol/LNaOH滴定1mol/LHCl，突跃范围为3.3～10.7，即酸碱浓度较0.1mol/L增大10倍时，滴定的突跃范围增加约2个pH单位。反之，如用0.01mol/LNaOH滴定0.01mol/LHCl，突跃范围为5.3～8.7，即酸碱浓度较0.1mol/L减为1/10时，滴定的突跃范围也就减少2个pH单位。由于滴定突跃范围小了，指示剂的选择就受到限制，要使误差<0.1%，最好用甲基红作指示剂，也可用酚酞。若用甲基橙作指示剂，误差可达1%以上。

二、强碱滴定弱酸

现以0.1000mol/LNaOH滴定20.00mL0.1000mol/LHAc为例进行讨论。这一类型滴定的酸碱反应为

$OH^{-}+Hac=Ac^{-}+H_2O$

（一）溶液pH值计算

1. 滴定前

因为是弱酸（HAc）溶液，且 $C_{HAc}/K_a>500$，所以

$[H^+]=\sqrt{K_aHAc}=\sqrt{1.8\times10^{-5}\times0.1000mol/L}=1.34\times10^{-3}mol/L$

pH=2.87

2. 滴定开始至化学计量点前

由于溶液中未反应的HAc和产物NaAc组成缓冲体系，所以可采用近似公式计算溶液的pH值：

$pH=pK_a+lg[Ac^-]/[HAc]$

设滴加NaOH体积为VmL，则

$[HAc]=0.1(20-V)(20+V)$；$[Ac^-]=0.1V/(20+V)$

当V=19.98mL时，

$pH=4.74+lg(19.98/0.02)=7.74$

此时没有被中和的HAc的量为

$(0.02\times0.1)/(20\times0.1)=0.1\%$

3. 化学计量点时

当滴入NaOH溶液20.00mL时，HAc全部被中和，生成NaAc，由于Ac^-是弱碱，其$c_{Ac^-}=(0.1\times20.00)/(20.00\times20.00)=0.500mol/L$，且$c_{Ac^-}/K_b>500$，所以

$[OH^-]=\sqrt{K_bc_{Ac^-}}=5.3\times10^{-6}mol/L$

$pOH=5.28$，$pH=14.00-5.28=8.72$

4. 化学计量点后

由于过量NaOH的存在，抑制了Ac^-的离解，此时溶液的pH值取决于过量的NaOH。计算方法与强碱滴定强酸相同。

例如，滴入NaOH溶液20.02mL（过量NaOH体积为0.02mL），则

$[OH^-]=0.1000\times0.02/(20.00\times20.02)mol/L=5.0\times10^{-5}mol/L$

$pOH=4.30$，$pH=14.00-4.30=9.70$

（二）滴定曲线及指示剂的选择

如此逐一计算，将计算结果列于表4-7中，并根据计算结果绘制滴定曲线，如图4-5所示。

表4-7 用0.1000mol/LNaOH滴定20.00mL0.1000mol/LHAc

加入NaOH/mL	中和百分数	剩余HAc/mL	过量NaOH/mL	pH
0.00	0.00	20.00		2.87
18.00	90.00	2.00		5.70
19.80	99.00	0.20		6.74
19.98	99.90	0.02		7.74
20.00	100.0	0.00		8.72
20.02	100.1		0.02	9.70
20.20	101.0		0.20	10.70
22.00	110.0		2.00	11.70
40.00	200.0		20.00	12.50

从表4-7和图4-5中可以看出，由于HAc是弱酸，滴定开始前，溶液中$[H^+]$较低，pH值较NaOH滴定HCl时高。滴定开始后，溶液的pH值升高较快，这是由于生成

的Ac^-产生同离子效应，使HAc更难离解，[H^+] 迅速降低的缘故。但在继续滴入NaOH溶液后，由于NaAc的不断生成，在溶液中形成Hac-NaAc的缓冲体系，使溶液的pH值增加较慢。因此，滴定曲线中的这一段曲线较为平坦。当滴定接近化学计量点时，由于溶液中剩余的HAc已很少，溶液的缓冲能力已逐渐减弱，于是，随着NaOH溶液的不断滴入，溶液pH值的升高逐渐变快。达到化学计量点时，在其附近出现pH突跃，其突跃范围是7.74～9.70。由于突跃范围处于碱性范围内，所以可选用酚酞、百里酚酞和百里酚蓝等作指示剂。

（三）影响滴定突跃的因素

从滴定突跃的计算可以看出，影响滴定突跃的因素是浓度和K_a值，如图4-6所示。

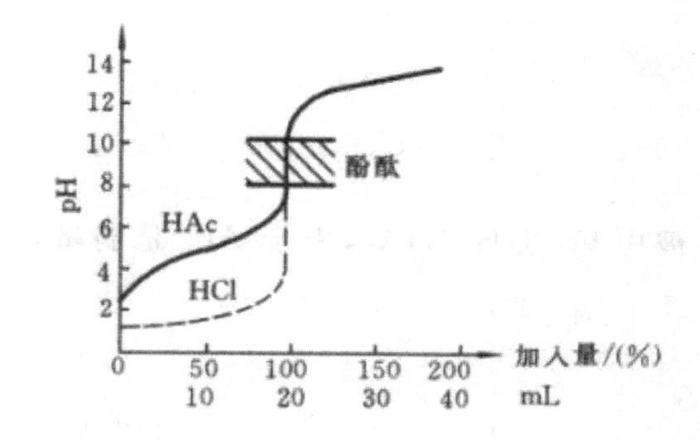

图4-5 0.1000mol/LNaOH滴定0.1000mol/L

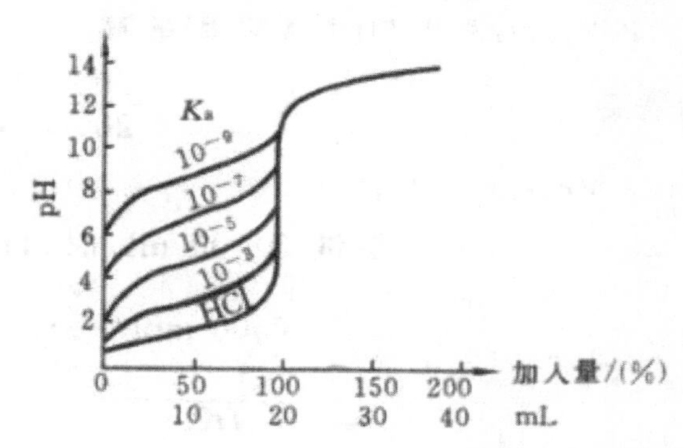

图4-6 0.1000mol/LNaOH滴定0.1000mol/L

HAc的滴定曲线各种强度的酸的滴定曲线

在滴定突跃的起点：

浓度的大小没有影响。K_a值越大，pK_a越小，滴定突跃的起点越低。根据林邦的误差公式

$$TE=\frac{10^{\Delta pH}-10^{-\Delta pH}}{\sqrt{Kc_{HA}^{ep}}}X100\%$$

式中，$\Delta pH=pH_{ep}-pH_{eq}$（$pH_{ep}$为终点pH，$pH_{eq}$为计量点pH）；K为滴定反应的平衡常数，$HAc+OH^- \rightleftharpoons Ac^-+H_2O$，$K=1/K_b'$（$K_b'$为$Ac^-$的离解常数）；$c_{HA}^{ep}$为弱酸在终点时的总浓度，为$c_{HA}/2$。

按滴定分析要求，假设终点误差≤0.2%，又假定选择的指示剂使$pH_{ep}=pH_{eq}$，但由于人眼对颜色观察的局限性，总是使ΔpH有±0.3个单位的不确定性。根据误差公式，可求出当TE≤0.2%时，$K_ac\geqslant10^{-8}$。

因此常常以$K_ac\geqslant10^{-8}$为判据，判断弱酸是否能够被准确滴定。

在滴定突跃的终点：

此时与强碱滴定强酸一致，浓度越大，突跃范围越大。然而，对于有些极弱的酸，有时仍可采用适当的办法准确进行滴定。例如，硼酸为一极弱的酸，因为$K_a=5.7\times10^{-10}$，所以不能直接准确进行滴定。但如果使弱酸强化，即在硼酸溶液中加入大量甘油或甘露醇等多羟基化合物，使其与硼酸生成一种较稳定的络合酸，K_a值增大（$K_a\approx8\times10^{-6}$，与多羟基化合物浓度有关），酸性增强，则可用NaOH准确滴定。

三、强酸滴定弱碱

例如，用0.1000mol/LHCl滴定0.1000mol/LNH_3，其滴定反应为

$H^++NH_3=NH_4^+$

滴定前，溶液中只有弱碱NH_3，溶液呈弱碱性，pH值较大。滴定开始后，由于HCl的加入，溶液中的NH_3不断被中和，pH值逐渐由大到小。达到化学计量点时，产物为NH_4^+，其pH=5.28，所以，滴定的突跃范围在酸性范围内（pH为6.25～4.30），故选用甲基红作指示剂最合适。

这种类型的滴定如同强碱滴定弱酸一样，碱性太弱或浓度太低的弱碱，其滴定突跃范围也很小。只有当弱碱的$cK_b\geqslant10^{-8}$时，才能准确进行滴定。

四、多元酸的滴定

用强碱滴定多元酸，情况比较复杂。这里主要讨论化学计量点时溶液pH值的计算和指示剂的选择。

现以0.1000mol/LNaOH滴定20.00mL0.1000mol/LH_3PO_4为例进行讨论。H_3PO_4是一个三元酸，其三级离解如下：

$H_3PO_4\rightleftharpoons H^++H_2PO_4^-$ $K_{a1}=7.6\times10^{-3}$

$H_2PO_4^-\rightleftharpoons H^++HPO_4^{2-}$ $K_{a2}=6.3\times10^{-8}$

$HPO_4^{2-}\rightleftharpoons H^++PO_4^{3-}$ $K_{a3}=4.4\times10^{-13}$

用NaOH溶液滴定H_3PO_4溶液时，其反应也是分级进行的。

第一化学计量点：因$c_{H3PO4}K_{a1}>10^{-8}$，所以，H_3PO_4第一级离解的H^+被滴定，产物是NaH_2PO_4（酸式盐），其浓度为0.0500mol/L。因为$c_{NaH2PO4}K_{a2}>>K_w$，所以溶液的pH值按式（4-17）计算，求得

$[H^+]=2.0\times10^{-5}$mol/L

pH=4.70

可选用甲基橙作指示剂，终点颜色由红色变为黄色。

第二化学计量点：因$c_{NaH2PO4}K_{a2}\approx10^{-8}$，$K_{a2}<<c_{NaH2PO4}$；所以，$H_3PO_4$第二级离解的$H^+$被滴定，产物是$NaH_2PO_4$（酸式盐），其浓度为0.033mol/L。溶液的pH值按式（4-16）计

算，求得

$[H^+]=2.2\times10^{-10}mol/L$

pH=9.66

可选用酚酞或百里酚酞作指示剂。如选用百里酚酞作指示剂，终点颜色由无色变为浅蓝色。

第三化学计量点：因K_{a3}太小，$c_{Na2HPO4}K_{a3}<10^{-8}$，所以$H_3PO_4$第三级离解的$H^+$不能直接准确滴定。

从上述讨论中可以看出，强碱滴定多元酸时，多元酸中的H^+是否均被准确滴定，取决于酸的浓度和各级离解常数K_a的大小。

对于二元酸，当$cK_{a1}>10^{-3}$，$cK_{a2}>10^{-8}$时，说明第一级和第二级离解的H^+都能准确滴定。这两个H^+能否进行分级滴定，则取决于K_{a1}/K_{a2}的比值。若$K_{a1}/K_{a2}>10^5$，两个H^+才可以进行分级滴定，即在两个化学计量点附近可形成两个明显的pH突跃范围。若$K_{a1}/K_{a2}<10^5$，由于第一级的H^+尚未被中和完，第二级的H^+就开始参加反应，致使第一个化学计量点附近的pH突跃不明显，或两个H^+同时被滴定，形成一个较大的pH突跃，因而无法确定第一化学计量点。如草酸，$K_{a1}=5.9\times10^{-2}$，$K_{a2}=6.4\times10^{-5}$，$K_{a1}/K_{a2}\approx10^3$，故不能准确分级滴定。

五、多元碱的滴定

多元碱一般是指多元酸与强碱作用所生成的盐，如Na_2CO_3、$Na_2B_4O_7$等，通常又称为水解盐。

现以0.1000mol/LHCl滴定0.1000mol/LNa_2CO_3为例。Na_2CO_3是二元弱碱，其滴定反应如下：

$H^++CO_3^{2-}\rightleftharpoons HCO_3^-$ $K_{b1}=1.8\times10^{-4}$

$H^++HCO_3^-\rightleftharpoons H_2CO_3$ $K_{b2}=2.4\times10^{-8}$

由于$c_{Na2CO3}K_{b1}>10^{-8}$，$K_{b1}/K_{b2}\approx10^4$，故在第一个化学计量点附近出现pH突跃，滴定产物是HCO_3^-，此时溶液的pH值由HCO_3^-的浓度确定。因为$c_{HCO3-}K_{a2}>20K_w$，$c_{HCO3-}>20K_{a1}$，则可按式（4-18）计算，求得

$[H^+]=4.9\times10^{-9}mol/L$

pH=8.31

可选用酚酞作指示剂。但由于K_{b1}/K_{b2}的值不够大，故第一个化学计量点附近的突跃不太明显，滴定误差较大（约1%）。为了准确判断第一终点，通常采用$NaHCO_3$溶液作为参比溶液，或采用甲酚红与百里酚蓝混合指示剂指示终点（变色范围pH为8.2～8.4）。这样能获得较为准确的滴定结果，误差约为0.5%。

由于Na_2CO_3的K_{b2}不够大，故滴定的第二个化学计量点也不理想。该化学计量点时的滴定产物是H_2CO_3（CO_2+H_2O），其饱和溶液的浓度约为0.04mol/L。因$c_{Na2CO3}K_{a1}>500$，故可按式（4-11）计算，求得

$[H^+]=1.3\times10^{-4}mol/L$

pH=3.89

可用甲基橙作指示剂。但是，由于滴定过程中生成的H_2CO_3慢慢地转变为CO_2，易形成CO_2的过饱和溶液，使溶液的酸度增大，终点出现过早，且变色不明显。因此，在滴定快到达等当点时，应剧烈地摇动溶液，以加快H_2CO_3的分解和除去过量的CO_2。

HCl滴定Na_2CO_3的滴定曲线如图4-7所示。

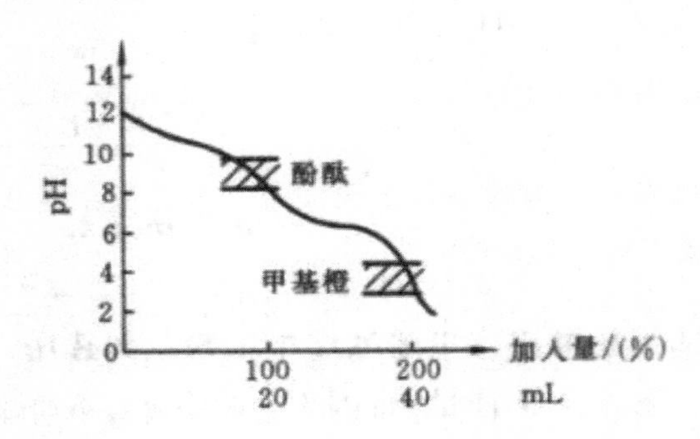

图4-7 HCl滴定Na_2CO_3的滴定曲线

六、碱度及其测定

碱度是指水中能与强酸进行中和反应的物质的总含量，即能接受质子（H^+）的物质总量。组成水中碱度的物质可以归纳为三类：强碱、弱碱及强碱弱酸盐。一般天然水和经处理后的清水中能产生碱度的物质主要有碳酸盐（CO_3^{2-}）、重碳酸盐（HCO_3^-）及氢氧化物。磷酸盐和硅酸盐虽然也会产生一定的碱度，但由于它们在天然水和清水中含量甚微，常忽略不计。因此，按照离子种类的不同，可以把水中的碱度分为三类。第一类称为氢氧化物碱度，即OH^-的含量；第二类称为碳酸盐碱度，即CO_3^{2-}的含量；第三类称为重碳酸盐碱度，即HCO_3^-的含量。

碱度对饮用水的卫生影响并不大，但含有氢氧化物碱度的水有涩味，不适宜饮用。碱度的测定，对水的凝聚、澄清、软化等处理过程，是一项重要的水质指标。如果水中碱度太小，则将造成水处理上的困难，因而，必须事先在水中加入适量的碱，才能进行凝聚或软化。某些工业用水，如冷却水、锅炉用水、印染用水等的碱度则不能过高，否则会对锅炉、管道、织物产生腐蚀作用。对碱度高的工业废水，如造纸废水，在排放之前必须进行中和处理，以免污染环境。对于工业废水，由于产生碱度的物质很复杂，用普通方法不易分辨出各种物质成分，因此，一般只需测定总碱度，即水中能与酸作用的物质的总量。

碱度的测定通常采用酸碱滴定法。其原理是在水样中加入酚酞或甲基橙指示剂，用酸标准溶液进行滴定。酚酞变色时的碱度称为酚酞碱度，而只用甲基橙作指示剂溶液由黄色变到橙色时的碱度称为甲基橙碱度或者全碱度。

工业生产中也会经常碰到混合碱的测定，常常也是用酚酞、甲基橙两种指示剂进行测定。

例如，有一水样，含有NaOH、Na_2CO_3、$NaHCO_3$或者含有它们的混合物，可以通过双终点滴定，测出它们是由何种组分组成，并能测出这些组分的含量。应当指出，NaOH与$NaHCO_3$在一起是会发生反应的。

$NaOH+NaHCO_3=Na_2CO_3+H_2O$

因此，从常量分析的角度看，上述三种物质实际上只能形成两种物质的混合物，即 $NaOH+Na_2CO_3$ 或 $Na_2CO_3+NaHCO_3$。

如前所述，用酚酞作指示剂时，$CO_3^{2-} \rightarrow HCO_3^-$，$OH^- \rightarrow H_2O$，而用甲基橙作指示剂时，$HCO_3^- \rightarrow {}_2O$。

表 4-8 是双指示剂法测定碱度的结果。

表 4-8 双指示剂法测定碱度的结果

物质	酚酞变色时所消耗的酸的体积 V_1/mL	第一终点产物	甲基橙变色时所消耗的酸的体积 V_2/mL	第二终点产物
NaOH	＞0	H_2O	=0	H_2O
Na_2CO_3	＞0	HCO_3^-	＞0	CO_2+H_2O
$NaHCO_3$	=0	HCO_3^-	＞0	CO_2+H_2O

可通过 V_1 及 V_2 的大小，来判断混合碱的组成。

$V_1=0$，$V_2>0$ 只有 $NaHCO_3$；

$V_1>0$，$V_2=0$ 只有 NaOH；

$V_1=V_2>0$ 只有 Na_2CO_3；

$V_1>V_2>0$ 组成为 $NaOH+Na_2CO_3$；

$V_2>V_1>0$ 组成为 $Na_2CO_3+NaHCO_3$。

在 Na_2CO_3、NaOH 组成中，Na_2CO_3 消耗的盐酸体积为 $2V_2$；NaOH 消耗体积为 V_1-V_2。

在 Na_2CO_3、$NaHCO_3$ 组成中，Na_2CO_3 消耗的盐酸体积为 $2V_1$；$NaHCO_3$ 消耗体积为 V_2-V_1。

第六节　滴定误差

酸碱滴定一般是利用酸碱指示剂颜色的变化来确定滴定终点。如果滴定终点与反应的化学计量点不一致，就会引起一定的误差，这种误差称为“滴定误差”或“终点误差”。

通常可用在滴定终点时，溶液中剩余的酸或碱的数量，或者多加了的酸或碱的数量，来计算滴定误差。

第五章　络合滴定法

第一节　络合滴定法概述

利用形成络合物的反应进行滴定分析的方法，称为络合滴定法。例如，测定水样中 CN^-的含量时，可用 $AgNO_3$标准溶液进行滴定，Ag^+与 CN^-络合形成难离解的络离子 $[Ag(CN)_2]^-$，其反应如下：

$Ag^++2CN^- \rightleftharpoons [Ag(CN)_2]^-$

当滴定达到化学计量点时，稍过量的 Ag^+就与 $[Ag(CN)_2]^-$形成白色的 $Ag[Ag(CN)_2]$ 沉淀，以指示终点的到达。其反应为

$[Ag(CN)_2]^-+Ag^+=Ag[Ag(CN)2]\downarrow$

此时，由滴定中用去 $AgNO_3$的量，可示出 CN^-的含量。

能够形成无机络合物的反应很多，但能用于络合滴定的并不多。这是由于大多数无机络合物的稳定性不高，而且还存在分级络合的缺点。例如，CN^-与 Cd^{2+}的络合反应：

$Cd^{2+}+CN^- \rightleftharpoons Cd(CN)^+$ $K_1=3.5\times10^5$

$(CdCN)^++CN^- \rightleftharpoons Cd(CN)_2$ $K_2=1.0\times10^5$

$Cd(CN)_2+CN^- \rightleftharpoons Cd(CN)_3^-$ $K_3=5.0\times10^4$

$Cd(CN)_3^-+CN^- \rightleftharpoons Cd(CN)_4^{2-}$ $K_4=3.5\times10^5$

由于各级络合物的稳定常数相差很小，在络合滴定时，容易形成配位数不同的络合物，因此，很难确定“络合比”和判断滴定终点。所以，这类络合反应不能用于络合滴定。对于这类络合物，只有当形成配位数不同的络合物的稳定常数相差较大时，而且控制反应条件才能用于络合滴定。

从上述讨论中可以看出，能够用于络合滴定的络合反应，必须具备下列条件：

（1）形成的络合物要相当稳定，使络合反应能够进行完全。

（2）在一定的反应条件下，只形成一种配位数的络合物。

（3）络合反应的速度要快。

（4）要有适当的方法确定滴定的化学计量点。

一般无机络合剂很难满足上述条件，而有机络合剂却往往能满足上述条件。在络合滴定中，应用最广泛的是氨羧络合剂一类的有机络合剂。它能与许多金属离子形成组成一定的稳定络合物。

氨羧络合剂是一类含有氨基（$-NH_2$）和羧基（-COOH）的有机化合物。它们是以氨基二乙酸为主体的衍生物，其通式为：$RN(CH_2COOH)_2$。

在络合滴定中，常用的氨羧络合剂有以下几种：

氨基三乙酸（简称NTA）

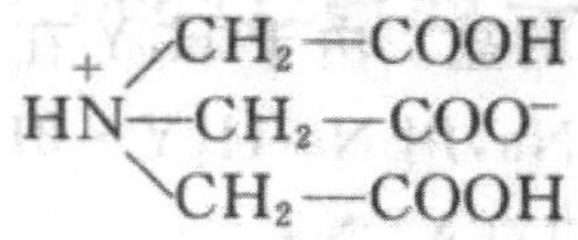

$$\overset{+}{H}N\begin{cases}CH_2-COOH\\CH_2-COO^-\\CH_2-COOH\end{cases}$$

环己烷二胺基四乙酸（简称DCTA或Cy DTA）

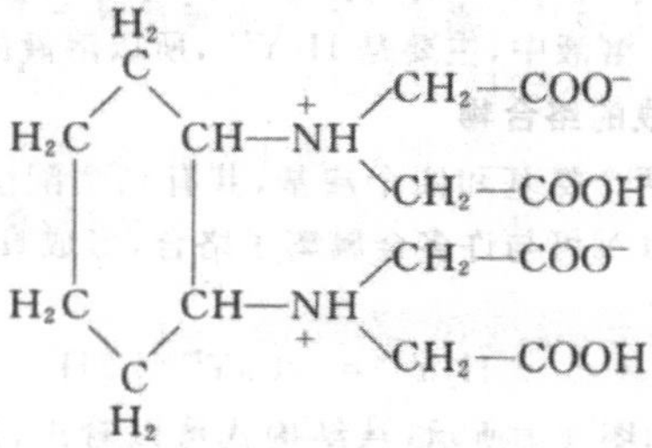

$$\begin{array}{l}\quad\ H_2\\\quad\ \ C\\\ \ /\quad\ \backslash\qquad\quad\ +\quad\ /CH_2-COO^-\\H_2C\qquad CH-NH\\\ |\qquad\quad\ |\qquad\quad\ \ \backslash CH_2-COOH\\\ |\qquad\quad\ |\qquad\quad\ \ /CH_2-COO^-\\H_2C\qquad CH-NH\\\ \ \backslash\quad\ /\qquad\quad\ +\quad\ \backslash CH_2-COOH\\\quad\ \ C\\\quad\ H_2\end{array}$$

乙二胺四乙酸（简称EDTA）

$$\begin{array}{l}^-OOC-CH_2\backslash\qquad\qquad\qquad\qquad\quad /CH_2-COO^-\\\qquad\qquad\quad \overset{+}{H}N-CH_2-CH_2-\overset{+}{N}H\\HOOC-CH_2/\qquad\qquad\qquad\qquad\quad \backslash CH_2-COOH\end{array}$$

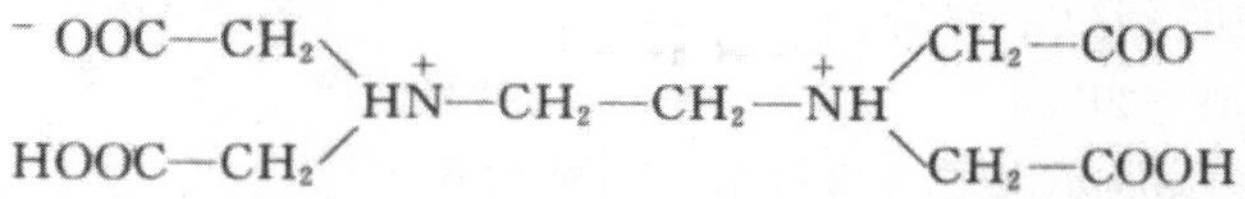

其中，EDTA是目前应用最广的一种络合剂。用EDTA标准溶液可以滴定几十种金属离子，并可间接测定非金属离子。

第二节　EDTA络合剂

一、乙二胺四乙酸及其二钠盐

乙二胺四乙酸简称EDTA或EDTA酸，常用H_4Y表示。当H_4Y溶解于酸度很高的溶液中时，它的两个羧基可再接受H^+，形成H_6Y^{2+}，这样EDTA就相当于六元酸，存在六级离解平衡：

$H_6Y^{2+} \rightleftharpoons H^+ + H_5Y^+ \quad K_{a1}=1.3\times10^{-1}$

$H_5Y^+ \rightleftharpoons H^+ + H_4Y \quad K_{a2}=2.5\times10^{-2}$

$H_4Y \rightleftharpoons H^+ + H_3Y^- \quad K_{a3}=1.0\times10^{-2}$

$H_3Y^- \rightleftharpoons H^+ + H_2Y^{2-} \quad K_{a4}=2.1\times10^{-3}$

$H_2Y^{2-} \rightleftharpoons H^+ + HY^{3-} \quad K_{a5}=6.9\times10^{-7}$

$HY^{3-} \rightleftharpoons H^+ + Y^{4-}$ $K_{a6}=5.5\times10^{-11}$

和其他多元酸一样，由于分级离解，EDTA在水溶液中总是以H_6Y^{2+}、H_5Y^+、H_4Y、H_3Y^-、H_2Y^{2-}、HY^{3-}、Y^{4-}等7种型体存在。在不同pH值时，EDTA各种型体的分布系数如图5-1所示。

从图5-1中可以看出，EDTA在pH<1的强酸性溶液中，主要以H_6Y^{2+}型体存在；在pH为1～1.6的溶液中，主要以H_5Y^+型体存在；在pH为1.6～2的溶液中，主要以H_4Y型体存在；在pH为2～2.67的溶液中，主要以H_3Y^-型体存在；在pH为2.67～6.16的溶液中，主要以H_2Y^{2-}型体存在；当pH>10.26时，才几乎完全以Y^{4-}型体存在。在上述7种型体中，主要是Y^{4-}与金属离子直接络合。溶液的pH值愈大，Y^{4-}的分布系数就愈大。因此，EDTA在碱性溶液中的络合能力较强。

EDTA微溶于水（22℃时，每100mL水中可溶解0.02g），难溶于酸和一般有机溶剂，易溶于氨水和NaOH溶液，并生成相应的盐。由于H_4Y在水中的溶解度小，故通常把它制成二钠盐，一般也简称EDTA或EDTA-2Na，用$Na_2H_2Y\cdot 2H_2O$表示。在实际应用中，为了书写方便，常以H_2Y^{2-}来代表EDTA或EDTA-2Na。

EDTA-2Na的溶解度较大，在22℃时，每100mL水中可溶解11.1g，此溶液的浓度为0.3mol/L。由于EDTA-2Na溶液中，主要是H_2Y^{2-}，所以溶液的pH值约为4.4。

二、EDTA与金属离子形成的络合物

EDTA分子结构中含有两个氨基和四个羧基，共有六个配位基和六个配位原子（四个氧原子、两个氮原子），因此，EDTA可与许多金属离子络合，形成具有多个五员环的螯合物。例如EDTA与Ca^{2+}络合：

$Ca^{2+} + H_2Y^{2-} \rightleftharpoons CaY^{2-} + 2H^+$

CaY^{2-}络合物的结构式如图5-2所示，从结构式可以看出，所形成的络合物是具有一个五员螯合环和四个五员螯合环的五环结构。具有环状结构的络合物称为螯合物。

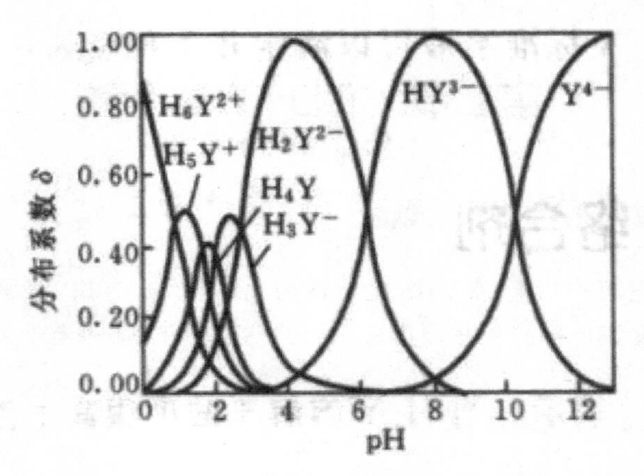

图5-1 EDTA各种型体的分布系数

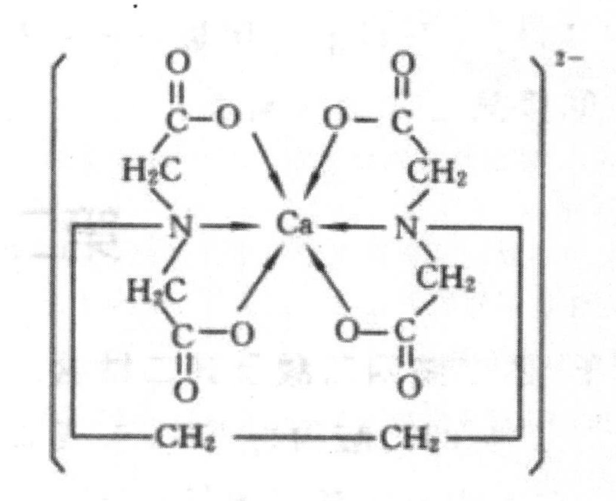

图 5-2 CaY^{2-}络合物的结构式

螯合物的稳定性与螯合环的大小和数目有关。从络合物的研究中知道，具有五员环或六员环的螯合物最稳定，而且，所形成的环愈多，螯合物愈稳定。因此，EDTA与许多金属离子形成的络合物具有较大的稳定性。

一般情况下，不论金属离子是二价、三价或四价，EDTA与金属离子都以1：1的比例形成易溶于水的络合物，其络合反应式如下：

$M^{2+}+H_2Y^{2-} \rightleftharpoons MY^{2-}+2H^+$

$M^{3+}+H_2Y^{2-} \rightleftharpoons MY^-+2H^+$

$M^{4+}+H_2Y^{2-} \rightleftharpoons MY+2H^+$

为了应用方便起见，可略去式中的电荷，将反应式简写成

$M+Y \rightleftharpoons MY$

少数高价金属离子与EDTA螯合时，不是形成1：1的螯合物。例如，五价钼与EDTA形成Mo：Y=2：1的螯合物$(MoO_2)_2Y^{2-}$。

EDTA与无色的金属离子形成无色的螯合物，与有色的金属离子则形成颜色更深的螯合物。如Cu^{2+}显浅蓝色，而CuY^{2-}显更深的蓝色；Mn^{2+}显微红色，而MnY^{2-}显紫红色。

第三节　络合物的离解平衡

一、络合物的稳定常数

在络合反应中，络合物的形成和离解构成络合平衡。其络合平衡常数用稳定常数（形成常数）或不稳定常数（离解常数）表示。

（一）1：1型的螯合物

如EDTA与金属离子的络合反应：

$M+Y \rightleftharpoons MY$

如果用形成平衡关系式表示，可写成

$K_{稳}=[MY]/[M][Y]$

$K_{稳}$或$lgK_{稳}$值愈大，说明络合物愈稳定。

如果用离解平衡关系式表示，则可写成

$K_{不稳}$= [M] [Y] / [MY]

$K_{不稳}$或$lgK_{不稳}$值愈小，说明络合物愈稳定。对于1：1型的络合物，

$K_{稳}=1/K_{不稳}$或$lgK_{稳}=pK_{不稳}$

络合物的稳定性，主要取决于金属离子和络合剂的性质。EDTA与不同金属离子所形成的络合物，其稳定性是不同的，且在一定条件下，都有各自的稳定常数。

（二）1：n型简单配位络合物

对于1：n型络合物，其形成常数为K，离解常数为K’。各级的形成常数分别是：

$M+L \rightleftharpoons ML$ K_1= [ML] / [M] [L]

$ML+L \rightleftharpoons ML_2$ K_2= [ML_2] / [ML] [L]

…

$ML_{n-1}+L \rightleftharpoons ML_n$ K_n= [ML_n] / [ML_{n-1}] [L]

各级的离解常数分别是：

$ML_n \rightleftharpoons ML_{n-1}+L$ K_1' = [ML_{n-1}] [L] / [ML_n]

…

$ML \rightleftharpoons M+L$ K_n' = [M] [L] / [ML]

由于络合物是逐级形成和逐级离解的，同一级的K与K’不是倒数关系，而是第一级的稳定常数K_1是第n级不稳定常数K_n’的倒数，第二级稳定常数K_2是第n-1级不稳定常数的倒数，依此类推。

二、简单配位络合物的累积常数β_i

将逐级稳定常数渐次相乘，就得到累积稳定常数β_i，$\beta_i=K_1\cdot K_2\cdots K_i$

$\beta_1=K_1$= [ML] / [M] [L]

$\beta_2=K_1\cdot K_2$= [ML_2] / [M] [L]^2

…

$\beta_n=K_1\cdot K_2\cdots K_n$= [$ML_n$] / [M] [L]^n

由上式可见，各级络合物的浓度分别是

[ML] = β_1 [M] [L]

[ML^2] = β_2 [M] [L]^2

…

[ML_n] = β_n [M] [L]^n

各级累积稳定常数将各级络合物的浓度（ [ML]、[ML_2]、…、[ML_n] ）直接与游离金属、游离络合剂的浓度（ [M]、[L] ）联系起来。在络合平衡处理中，常涉及各级络合物的浓度，以上关系式很重要。

第四节 络合滴定法基本原理

一、基本原理

在络合滴定中，随着络合剂EDTA标准溶液的加入，被滴定的金属离子不断被络合，其浓度不断减小。由于金属离子浓度［M］很小，故常用pM（-lg［M］）表示。当滴定达到化学计量点时，溶液的pM值发生突变，此时，可以利用适当的方法指示滴定终点。

（一）滴定曲线

1. pM的计算

现以0.01000mol/LEDTA标准溶液滴定20.00mL0.01000mol/LCa^{2+}溶液（在NH_3-NH_4Cl缓冲溶液存在时，使溶液的pH=10）为例，讨论滴定过程中pCa的变化情况。

lgK_{CaY}=10.69；当pH=10时，$lg\alpha_{Y(H)}$=0.45；又因为NH_3与Ca^{2+}不发生络合发应，故得

lgK'_{CaY}=10.69-0.45=10.24

$K'_{CaY}=10^{10.24}=1.7\times10^{10}$

（1）滴定前。

$[Ca^{2+}]$=0.01000mol/L

所以pCa=-lg0.01000=2.0

（2）滴定开始至化学计量点前。

设已加入EDTA溶液19.98mL，此时还剩余0.02mLCa^{2+}溶液，故

$[Ca^{2+}]=0.01000\times0.02/(20.00+19.98)$ mol/L=5.0×10^{-6}mol/L

所以pCa=5.3

（3）化学计量点时。

由于CaY络合物比较稳定，可以认为Ca^{2+}与EDTA几乎全部络合成CaY络合物，所以

$[CaY]=0.01000\times20.22/(20.00+20.11)$ mol/L=5.0×10^{-3}mol/L

同时，由于CaY络合物的离解平衡，此时溶液中$[Ca^{2+}]=[Y^{4-}]'$，并且$[CaY]/[Ca^{2+}][Y^{4-}]'=K'_{CaY}$，即

$5.0\times10^{-3}/[Ca^{2+}]^2=1.7\times10^{10}$，$[Ca^{2+}]=5.4\times10^{-7}$mol/L

所以pCa=6.3

推广到一般：

计量点时，$K_{MY}'=[MY]/[M'][L']$，且$[M']=[Y']$

所以$pM_{eq}'=1/2(lgK_{MY}'+pc_M^{eq})$

式中，c_M^{eq}为金属离子在计量点时的总浓度，mol/L。这是一个非常重要的计算式，是选择指示剂的依据。

（4）化学计量点后。

设加入20.02mLEDTA溶液，此时EDTA溶液过量0.02mL，其浓度为

[Y] $=0.01000\times0.02/(20.00+20.02)$ mol/L$=5.0\times10^{-6}$mol/L

并且 $[CaY]/[Ca^{2+}][Y^{4-}]=5.0\times10^{-3}/[Ca^{2+}]\times(5.0\times10^{-6})=1.7\times10^{10}$

$[Ca^{2+}]=5.9\times10^{-8}$mol/L

所以pCa=7.2

按照相同的方法，可以计算在不同pH值时，滴定过程中pCa值的变化情况。图5-3是不同pH值时，以pCa为纵坐标，以加入EDTA标准溶液的百分数为横坐标作图，得到的0.01mol/L的EDTA滴定0.01mol/L的Ca^{2+}的滴定曲线。

2. 影响滴定突跃范围的因素

从图5-3可以看出，滴定曲线突跃部分的长短，随溶液pH值的不同而变化，这是由于络合物的条件稳定常数随pH值的变化而改变的缘故。pH值愈大，$K_{稳}'$值愈大，滴定突跃愈大，其滴定曲线上的突跃部分也就愈长。因此，络合物的条件稳定常数是影响滴定突跃的主要因素，即愈大，滴定的准确度愈高。

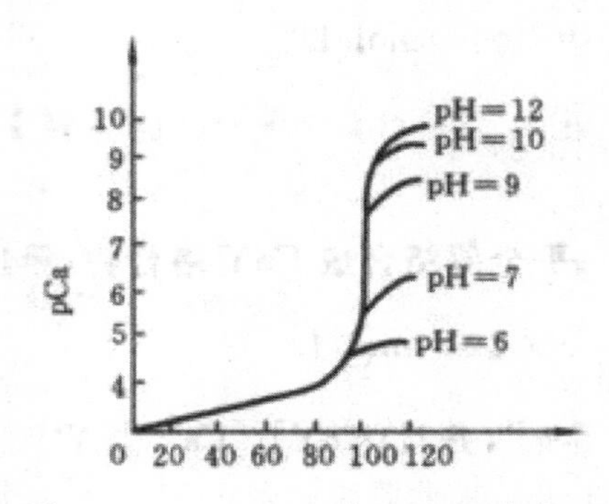

图5-3 0.01mol/L的EDTA滴定

0.01mol/L的Ca^{2+}的滴定曲线

金属离子起始浓度的大小对滴定曲线的突跃也有影响，图5-4是$lgK_{稳}'=10$时，用EDTA滴定不同浓度的金属离子所得到的滴定曲线。从图中可以看出，当$lgK_{稳}'$值一定时，金属离子的起始浓度愈小，滴定曲线的起点就愈高，其滴定突跃就愈短。

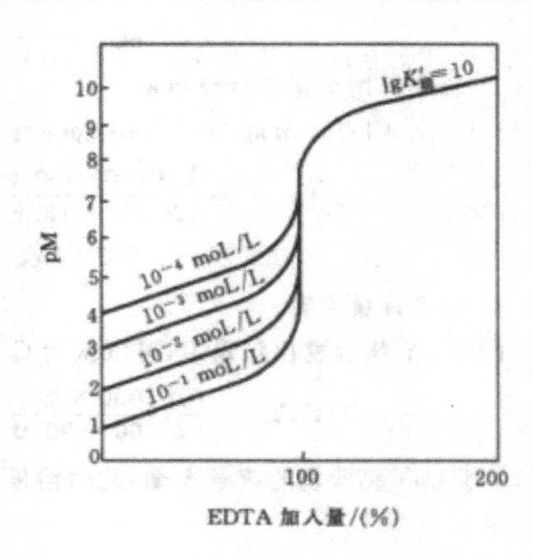

图5-4 用EDTA滴定不同浓度的金属离子的滴定曲线

（二）常用指示剂

1.指示剂作用原理

络合滴定和酸碱滴定一样，也要使用指示剂来指示滴定终点。由于在络合滴定中，指示剂是指示滴定过程中金属离子浓度的变化，故称为金属指示剂。

金属指示剂通常是一种有机络合剂，它能与金属离子形成一种络合物，这种络合物的颜色与指示剂本身的颜色有显著不同，以指示滴定络点。现以EDTA滴定金属离子为例，说明金属指示剂（In）的作用原理。

在用EDTA滴定前，将少量金属指示剂加入被测金属离子溶液中，此时指示剂与金属离子反应，形成一种与指示剂本身颜色不同的络合物：

$M+In \rightleftharpoons MIn$

（颜色甲）（颜色乙）

滴加EDTA时，金属离子逐步被络合，当达到反应的化学计量点时，溶液中游离的金属离子完全被络合。此时，EDTA夺取MIn络合物中的金属离子，使指示剂In被释放出来，溶液由金属-指示剂络合物的颜色，转变为游离指示剂的颜色，以指示滴定终点的到达。

$Y+Min \rightleftharpoons MY+In$

（颜色乙）（颜色甲）

从以上讨论中可以看出，金属指示剂必须具备下列条件：

（1）指示剂（In）的颜色与金属-指示剂络合物（MIn）的颜色应显著不同，这样终点时的颜色变化才明显。

（2）指示剂（In）与金属离子形成的有色络合物（MIn）要有足够的稳定性，但又要比该金属的EDTA络合物的稳定性低。如果稳定性太低，在化学计量点前就会显示出指示剂本身的颜色，使滴定终点提前出现，而且变色不敏锐；如果稳定性太高，就会使滴定终点推后，而且有可能使EDTA不能夺取MIn络合物中的金属离子，得不到滴定终点。一般来说，两者的稳定常数应相差100倍以上，才能有效地指示滴定终点。

（3）指示剂应具有一定的选择性，即在一定条件下，只对某一种（或某几种）离子发生显色反应，且显色反应要灵敏、迅速，有良好的变色可逆性。

（4）指示剂应比较稳定，不容易被氧化、还原或分解等，便于贮藏和使用。

此外，指示剂与金属离子形成的络合物应易溶于水。如果生成胶体溶液或沉淀，则会使变色不明显。

2.几种常用指示剂

（1）铬黑T。

铬黑T属于偶氮染料，化学名称是1-（1-羟基-2-萘偶氮基）-6-硝基-2萘酚-4-磺酸钠，其结构式为

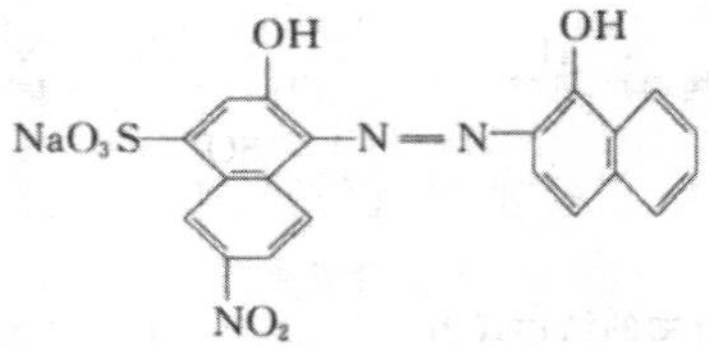

与金属离子络合时，有色络合物结构式为

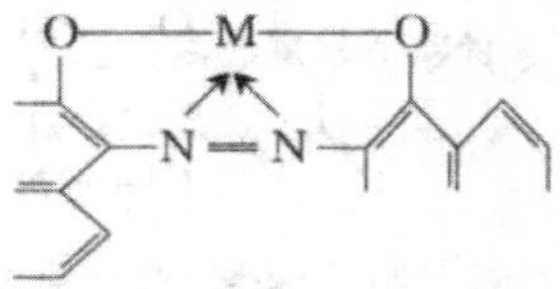

铬黑T溶于水时，磺酸基上的Na^+全部离解，形成H_2In^-。它在溶液中存在下列酸碱平衡，且呈现三种不同的颜色：

$H_2In^-T \rightleftharpoons HIn^{2-} \rightleftharpoons In^{3-}$

（紫红）　　（蓝）　　（橙）

根据酸碱指示剂的变色原理，可近似估计铬黑T在不同pH下的颜色：$pH=pK_{a2}=6.3$时，$[H_2In^-]=[HIn^{2-}]$，呈蓝色与紫红色的混合色；pH<6.3时，$[H_2In^-]>[HIn^{2-}]$，呈紫红色；pH>11.55时，呈橙色；pH为6.3～11.55时，呈蓝色。

铬黑T可与许多二价金属离子络合，形成稳定的酒红色络合物，如Mg^{2+}、Mn^{2+}、Zn^{2+}、Cd^{2+}、Pb^{2+}等。实验结果表明，在pH=9～10.5的溶液中，用EDTA直接滴定这些离子时，铬黑T是良好的指示剂，终点时变色敏锐，溶液由酒红色变为蓝色。但Ca^{2+}与铬黑T显色不够灵敏，必须有Mg^{2+}存在时，才能改善滴定终点。一般在测定Ca^{2+}、Mg^{2+}的总量时，常用铬黑T作指示剂。

固体铬黑T性质稳定，但其水溶液只能保存几天，这是由于发生聚合反应和氧化反应的缘故。其聚合反应为

$nH_2In^- \rightleftharpoons (H_2In^-)_n$

（紫红）（棕色）

在pH<6.5的溶液中，聚合更为严重。指示剂聚合后，不能与金属离子发生显色反应。所以，在配制铬黑T溶液时，常加入三乙醇胺，以减慢聚合速度。

在碱性溶液中，空气中的氧以及Mn（IV）和Ce^{4+}等能将铬黑T氧化并褪色。加入盐酸羟胺或抗坏血酸等还原剂，可防止其氧化。

铬黑T常与NaCl或KNO_3等中性盐制成固体混合物（1：100）使用，直接加入被滴定的溶液中。这种干燥的固体虽然易保存，但滴定时，对指示剂的用量不易控制。

（2）二甲酚橙。

二甲酚橙属于三苯甲烷类显色剂，化学名称是3-3。双（二羧甲基氨甲基）-邻甲酚磺酞，其结构式为

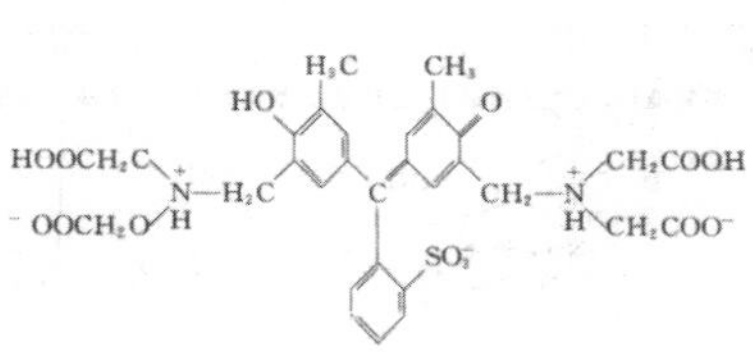

H_3C CH_3 HO O $HOOCH_2C$ $\overset{+}{N}$—H_2C C CH_2—$\overset{+}{N}$ CH_2COOH $^-OOCH_2C$ H H CH_2COO^- SO_3^-

与金属离子络合时，有色络合物的结构式为

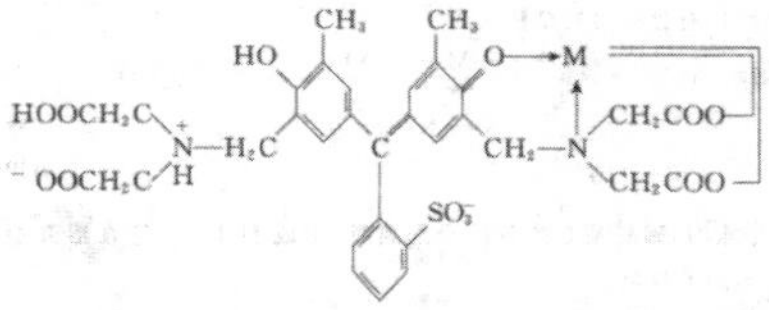

CH_3 CH_3 HO O→M $HOOCH_2C$ $\overset{+}{N}$—H_2C C CH_2—N CH_2COO $^-OOCH_2C$ H CH_2COO SO_3^-

二甲酚橙是紫色结晶，易溶于水，它有六级酸式离解。其中H_6In至H_2In^{4-}都是黄色，HIn^{5-}和In^{6-}是红色。在pH为5～6时，二甲酚橙主要以H_2In^{4-}的形式存在。H_2In^{4-}在溶液中存在着下列酸碱平衡，且呈现两种不同的颜色

$H_2In^{4-} \rightleftharpoons H^+ + HIn^{5-}$

（黄）　　　　　（红）

由此可知，pH＞6.3时，呈红色；pH<6.3时，呈黄色；$pH=pK_{a5}=6.3$时，呈黄色和红色的混

和色。而二甲酚橙与金属离子形成的络合物是紫红色，因此，它只适用于pH<6的酸性溶液中。通常配成0.5%的水溶液，可保存2～3周。

许多离子如ZrO^{2+}、Bi^{3+}、Th^{4+}、Pb^{2+}、Zn^{2+}、Cd^{2+}、Hg^{2+}等，可用二甲酚橙作指示剂直接滴定，终点时溶液由红色变为亮黄色。Fe^{3+}、Al^{3+}、Ni^{2+}、Cu^{2+}等离子，也可以在加入过量EDTA后用Zn^{2+}标准溶液进行返滴定。

Fe^{3+}、Al^{3+}、Ni^{2+}、Ti^{4+}和pH为5～6时的Th^{4+}对二甲酚橙有封闭作用，可用NH_4F掩蔽Al^{3+}、Ti^{4+}，抗坏血酸掩蔽Fe^{3+}，邻二氮菲掩蔽Ni^{2+}，乙酰丙酮掩蔽Th^{4+}、Al^{3+}等，以消除封闭现象。

（3）PAN。

PAN属于吡啶偶氮类显色剂，化学名称是1-（2-吡啶偶氮）-2-萘酚，其结构式为

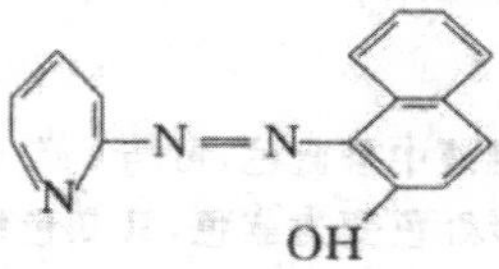

N N=N OH

与金属离子络合时，有色络合物结构式为

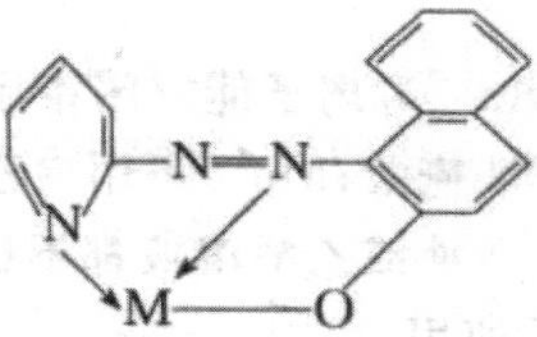

N N=N M O

PAN是橙红色针状结晶，难溶于水，可溶于碱、氨溶液及甲醇、乙醇等溶剂中，通常配成0.1%的乙醇溶液使用。

PAN的杂环氮原子能发生质子化，因而表现为二级酸式离解：

$H2In^{+} \rightleftharpoons HIn \rightleftharpoons In^{-}$

（黄绿）　（黄）　（淡红）

由此可见，PAN在pH=1.9～12.2的范围内呈黄色，而PAN与金属离子形成的络合物是红色，故PAN可在此pH范围内使用。

PAN可与Cu^{2+}、Bi^{3+}、Cd^{2+}、Hg^{2+}、Pb^{2+}、Zn^{2+}、Sn^{2+}、In^{3+}、Fe^{2+}、Ni^{2+}、Mn^{2+}、Th^{4+}和稀土金属离子形成红色螯合物。这些螯合物的水溶性差，大多出现沉淀，使变色不敏锐。为了加快变色过程，可加入乙醇，并适当加热。

Cu^{2+}与PAN的络合物稳定性强（$\lg K_{Cu-PAN}=16$），且显色敏锐，故间接测定某些离子（如Al^{3+}、Ca^{2+}）时，常用PAN作指示剂，用Cu^{2+}离子标准溶液进行返滴定。

Ni^{2+}对Cu-PAN有封闭作用。

（4）酸性铬蓝K。

酸性铬蓝K的化学名称是1，8-二羟基2-（2-羟基-5-磺酸基-1-偶氮苯）-3，6-二磺酸萘钠盐，其结构式为

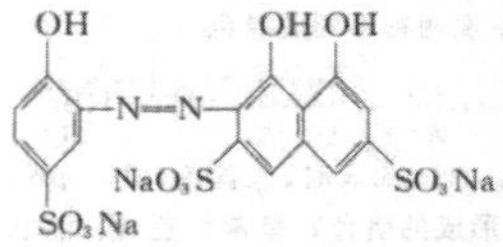

OH　OH OH
N=N
NaO₃S　SO₃Na
SO₃Na

酸性铬蓝K的水溶液，在pH<7时呈玫瑰红色，pH为8～13时呈蓝色。在碱性溶液中能与Ca^{2+}、Mg^{2+}、Mn^{2+}、Zn^{2+}等离子形成红色螯合物。它对Ca^{2+}的灵敏度较铬黑T的高。

为了提高终点的敏锐性，通常将酸性铬蓝K与萘酚绿B混合（1：2～2.5），然后再用50倍的NaCl或KNO_3固体粉末稀释后使用。这种指示剂可较长期保存，简称K-B指示剂。K-B指示剂在pH=10时可用于测定Ca^{2+}、Mg^{2+}的总量，在pH=12.5时可单独测定Ca^{2+}。

（5）钙指示剂。

钙指示剂的化学名称是2-羟基-1-（2-羟基-4-磺酸基-1-萘偶氮基）-3-萘甲酸，其结构式为

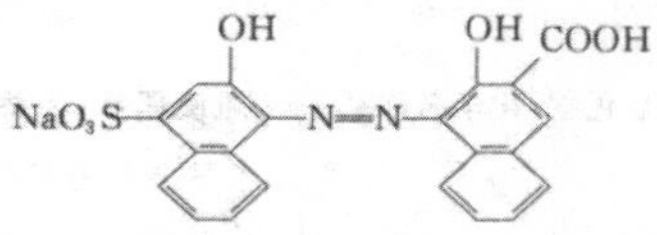

OH　OH COOH
NaO₃S—　—N=N—

钙指示剂在pH为12～14的溶液中呈蓝色，可与Ca^{2+}形成红色络合物。在Ca^{2+}与Mg^{2+}共存时，可用其测定Ca^{2+}，终点由橙红色变为蓝色，其变色敏锐。在pH＞12时，Mg^{2+}可生成Mg（OH）$_2$沉淀，故须先调至pH＞12.5，使Mg（OH）$_2$沉淀后，再加入指示剂，以减少沉淀对指示剂的吸附。

Fe^{3+}、Al^{3+}、Cu^{2+}、Ni^{2+}、Co^{2+}、Mn^{2+}等离子能封闭指示剂。Al^{3+}和少量Fe^{3+}可用三乙醇胺掩蔽；Cu^{2+}、Ni^{2+}、Co^{2+}等可用KCN掩蔽；Mn^{2+}可用三乙醇胺和KCN联合掩蔽。

钙指示剂为紫黑色粉末，它的水溶液或乙醇溶液都不稳定。故一般取固体试剂，用干燥的NaCl（1：100或1：200）粉末稀释后使用。

3. 指示剂的封闭现象及其消除

在实际工作中，有时指示剂的颜色变化受到干扰，即达到化学计量点后，过量EDTA并不能夺取金属-指示剂有色络合物中的金属离子，因而使指示剂在化学计量点附近没有颜色变化。这种现象称为指示剂的封闭现象。

产生封闭现象的原因，可能是由于溶液中某些离子的存在，与指示剂形成十分稳定的有色络合物，不能被EDTA所破坏。对于这种情况，通常需要加入适当的掩蔽剂，以消除某些离子的干扰。例如，以铬黑T为指示剂，用EDTA滴定Ca^{2+}、Mg^{2+}，Fe^{3+}、Al^{3+}、Cu^{2+}、Co^{2+}、Ni^{2+}对指示剂有封闭作用，可加入少量三乙醇胺掩蔽Fe^{3+}、Al^{3+}，加入KCN（或Na_2S）掩蔽Cu^{2+}、Co^{2+}、Ni^{2+}，以消除其干扰。

有时产生封闭现象是由于动力学方面的原因，即由于有色络合物的颜色变化为不可逆反应所引起的。此时，金属-指示剂有色络合物的稳定性虽不及金属-EDTA络合物的稳定性高，但由于其颜色变化为不可逆，有色络合物不能很快地被EDTA所破坏，故对指示剂也产生封闭现象。这种由被滴定离子本身引起的封闭现象，可用先加入过量EDTA，然后进行返滴定的方法，加以避免。

有时，金属离子与指示剂生成难溶性有色化合物，在终点时与滴定剂置换缓慢，使终点推后。这时，可加入适当的有机溶剂，增大其溶解度；或将溶液适当加热，加快置换速度，使指示剂在终点时变色明显。

（三）金属指示剂的选择

从络合滴定曲线的讨论中可知，在化学计量点附近时，被滴定金属离子的pM发生“突跃”。因此，要求指示剂能在此区间内发生颜色变化，并且，指示剂变色点的pM应尽量与化学计量点的pM一致，以免引起终点误差。

设金属离子M与指示剂In形成络合物MIn：

$M+In \rightleftharpoons MIn \quad K_{MIn}=[MIn]/[M][In]$

若考虑指示剂的酸效应及金属离子的副反应，则

$K'_{MIn}=[MIn]/[M'][In'] \quad lgK'MIn=pM'+lg[MIn]/[In']$

当达到指示剂的变色点时，$[MIn]=[In']$，故

$lgK'_{MIn}=pM'$，记为$pM'_{ep}=lgK'_{Min}$

可见，指示剂变色点的pM'等于有色络合物的lgK'MIn。

络合滴定中所用的指示剂一般为有机弱酸，存在着酸效应。它与金属离子M所形成的有色络合物的条件稳定常数K'_{Min}，将随pH值的变化而变化；指示剂变色点的pM，也随pH值的变化而变化。因此，金属指示剂不可能像酸碱指示剂那样，有一个确定的变色点。在选择金属指示剂时，必须考虑酸度的影响，应使有色络合物的lgK'_{MIn}与化学计量点的pM'_{ep}尽量一致，至少应在化学计量点的pM突跃范围内。否则，指示剂变色点的pM与化学计量点的pM相差较大，就会产生较大的滴定误差。

应该指出，目前由于金属指示剂的有关常数很不齐全，故实际上大多采用实验的方法来选择指示剂，即先试验其终点颜色变化是否敏锐，然后检查滴定结果是否准确，这样就可确定该指示剂是否符合要求。

二、终点误差及准确滴定的条件

根据林邦的终点误差公式，有

$$TE=\frac{10^{\Delta pM'}-10^{-\Delta pM'}}{\sqrt{K'_{MY}c_M^{eq}}}\times 100\%\ (5-1)$$

式中，$\Delta pM'=pM_{ep}'-pM_{eq}'$

可知，终点误差既与有关，还与$K_{MY}'c_M^{eq}$有关。按分析化学的要求，在滴定过程中，即使选择最合适的指示剂（终点与计量点一致），由于人眼对颜色的判断的局限性，使得$\Delta pM'$总有±（0.3～0.5）个单位的不确定性，取$\Delta pM'=\pm 0.3$，$TE\leqslant 0.2\%$，可以求出

与$K_{MY}'c_M^{eq}\geqslant 5.6\times 10^5$，$K_{MY}'c_M\geqslant 10^6$（5-2）

因此，以$\lg K_{MY}'c_M\geqslant 6$作为金属离子能够被准确滴定的判据。若$c_M$取0.01mol/L，则$\lg K_{MY}'\geqslant 8$。

三、络合滴定中酸度的控制

（一）最高酸度和最低酸度（对单一离子，且$\alpha_M=1$）

1. 最高酸度：满足准确滴定要求时的最低pH值。

在一般情况下，即$TE\leqslant 0.2\%$，$\Delta pM'=\pm 0.3$，$c_M=0.01$mol/L时，要求$\lg K_{MY}'c_M\geqslant 6$才能准确滴定，也即$\lg K_{MY}'\geqslant 8$。

根据前面的讨论，对于单一离子且$\alpha_M=1$的情况下，络合物的条件稳定常数仅与酸度有关，对稳定性高的络合物，溶液的酸度稍高一些也能准确地进行滴定，但对稳定性差的络合物，酸度若高过某一个值时就不能准确滴定了。因此，滴定不同的金属离子，有不同的最低pH值（最高酸度），超过这一最低pH值，就不能够进行准确滴定。

滴定任一金属离子的最低pH值，可按下式进行计算：

$\lg K_{MY}'=\lg K_{MY}-\lg\alpha_{Y(H)}\ \lg\alpha_{Y(H)}\geqslant 8$

$\lg\alpha_{Y(H)}\leqslant\lg K_{MY}-8$

由此式可以计算出各种金属离子的$\lg\alpha_{Y(H)}$，再由图5-5查出相应的pH。这个pH值即为滴定某一金属离子的最低pH值（最高酸度）。

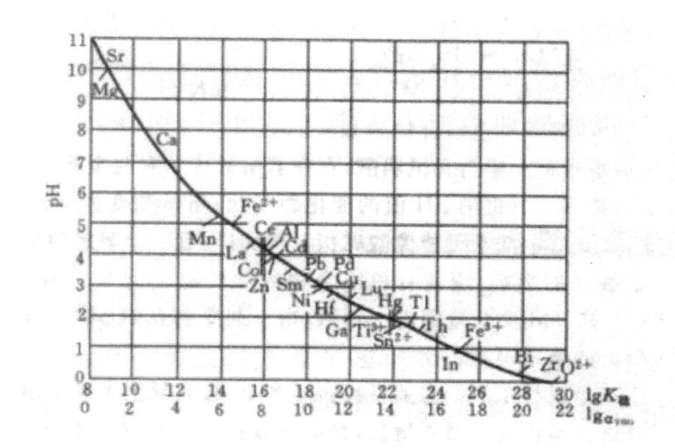

图 5-5 EDTA的酸效应曲线

【例 5-1】求用EDTA滴定 1.0×10^{-3}mol/LZn^{2+}的最高允许酸度。

解：已知 $c_{Zn^{2+}}=1.0\times10^{-3}$mol/L，$\lg K_{ZnY}=16.50$，根据式（5-2），

$\lg c_{Zn}\cdot K_{ZnY}'\geqslant6$

得 $\lg K_{ZnY}'\geqslant9$

此时Zn^{2+}才能准确被滴定。

有 $9=\lg K_{ZnY}-\lg\alpha_{Y(H+)}$

则 $\lg\alpha_{Y(H)}=\lg K_{ZnY}-9=16.50-9=7.5$

由图 5-5 可查出当 $\lg\alpha_{Y(H)}=7.5$ 时，相应的pH值约为4.5，所以，滴定 1×10^{-3}mol/L的Zn^{2+}时最低pH值为4.5。

（2）最低酸度：金属离子不发生水解时的最高pH值。

在络合滴定中，实际上所采用的pH值，要比允许的最低pH值稍高一些，这样可以使被滴定的金属离子络合得更完全。但是，过高的pH值会引起金属离子的水解，从而影响金属离子与EDTA的络合反应，故不利于滴定。例如，Mg^{2+}在强碱性溶液中会形成$Mg(OH)_2$沉淀，而不能与EDTA进行络合反应，因此，通常在弱碱性（pH=10左右）溶液中滴定Mg^{2+}。在没有其他络合剂存在时，一般以金属离子的水解酸度，作为滴定这种金属离子所允许的最低酸度，即所允许的最高pH值。

显然，不同的金属离子用EDTA滴定时，pH值都有一定的限制范围，超过这个范围，不论是高还是低，都不适于进行滴定。

如上例中，为防止滴定开始时形成$Zn(OH)_2$沉淀，必须

$$[OH^-]\leqslant\sqrt{\frac{K_{spZn(OH)_2}}{[Zn^{2+}]}}=\sqrt{\frac{10^{-15.3}}{1.0\times10^{-3}}}=10^{-6.15}$$

即最高pH=7.8。

（二）缓冲溶液控制溶液的酸度

络合滴定过程中会不断释放出H^+

$M+H_2Y\rightleftharpoons MY+2H^+$

溶液酸度增高会降低K_{MY}'值，影响到反应的完全程度，同时还减小K_{In}'值使指示剂灵敏度降低。因此，络合滴定中常加入缓冲剂控制溶液的酸度。

在弱酸性溶液（pH=5～6）中滴定，常使用醋酸缓冲溶液或六次甲基四胺缓冲溶液；在pH=8～10的弱碱性溶液中滴定，常采用氨性缓冲溶液。在强酸性溶液中滴定（如pH=1时滴定Bi^{3+}）或强碱性溶液中滴定（如PH=13时滴定Ca^{2+}），强酸或强碱本身就是缓冲溶液，具有一定的缓冲作用。

四、提高络合滴定选择性的方法

前面讨论的是单一金属离子被滴定的情况，在实际工作中，由于EDTA具有广泛的络合作用，分析对象比较复杂，有多种离子共存的现象。因此，在混合离子中进行选择性的滴定就成为络合滴定中需要解决的问题。

（一）控制酸度进行选择性滴定

设溶液中有M、N离子，都能与EDTA形成络合物，且$K_{MY}>K_{NY}$，当用EDTA滴定时，首先被滴定的是M，那么N的存在在什么条件下不干扰M的滴定？

1. 能准确分布滴定的条件（设$\alpha_M=1$）

从前面的讨论中我们已得出结论，当$\lg K_{MY}'>8$时，M离子能够被准确滴定。

$\lg K_{MY}'=\lg K_{MY}-\lg\alpha_Y=\lg K_{MY}-\lg(\alpha_{Y(H)}+\alpha_{Y(N)}-1)$

（1）当$\alpha_{Y(H)}>>\alpha_{Y(N)}$时，N的存在不影响M的滴定。

（2）当$\alpha_{Y(N)}>>\alpha_{Y(H)}$时，

$\lg K_{MY}'=\lg K_{MY}-\lg\alpha_{Y(N)}=\lg K_{MY}-\lg K_{NY}[N]$

$\lg K_{MY}'+\lg c_M=\lg K_{MY}-\lg K_{NY}[N]+\lg c_M$

$=\lg K_{MY}-\lg K_{NY}+\lg c_M-\lg[N]$

$=\Delta\lg K+\lg c_M/[N]$

当$\lg K_{MY}'>6$，即$\Delta\lg K+\lg c_M/[N]\geqslant 6$时，N存在的情况可以准确滴定M。

当$[N]=c_M$时，$\Delta\lg K\geqslant 6$就可以准确滴定M离子了。

2. 混合离子滴定溶液酸度的控制

在分步滴定可能性不太好的时候（如$\Delta\lg K<6$时），可以通过最佳酸度的选择来达到减少误差的目的。因为误差除了与K_{MY}'有关外，还与$\Delta pM'$有关。

$\lg K_{MY}'$与pH的关系如图5-6所示。

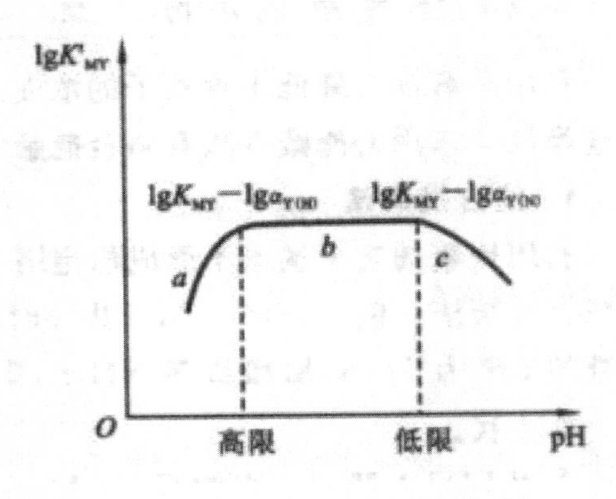

图5-6 $\lg K_{MY}'$与pH的关系

（1）酸度很高时，$\alpha_{Y(H)} >> \alpha_{Y(N)}$，这时$\lg K_{MY}'$随pH增高而增加，如曲线a段。这里只要$\lg K_{MY}' \geq 8$就能准确滴定。

（2）pH继续增加时，$\alpha_{Y(H)}$逐渐降低，当$\alpha_{Y(N)} >> \alpha_{Y(H)}$时，$\lg K_{MY}'$的大小与pH无关，在曲线上是一条直线，且为最大值。在这里，只要$\lg K_{MY}' \geq 8$就可以准确进行滴定；当$\lg K_{MY}' < 8$时，可以在最佳酸度条件下滴定，改变$\Delta pM'$，使误差减小。

被测金属离子的K_{MY}'达到最大值且与酸度无关的酸度范围称为适宜酸度范围。

适宜酸度范围的计算：

酸度高限——$\alpha_{Y(H)} = \alpha_{Y(N)}$时对应的酸度；

酸度低限——金属离子开始水解的酸度。

由于K_{MY}'在适宜酸度范围内与酸度无关，则$\Delta pM_{eq}'$都不会变化，令$pM_{eq}' = pM_{ep}'$ $pM_{eq}' = \lg K_{MIn}' = -\lg K_{MIn} - \lg \alpha_{In(H)}$，此$\lg \alpha_{In(H)}$对应的酸度即为最佳酸度。在此酸度下滴定，$\Delta pM$理论上为0，只是实际检测中人眼对颜色的判断会导致有±（0.3～0.5）个pM的不确定性。

（3）当pH再增加时，金属离子会发生水解，此时$\alpha_M > 1$，$\lg K_{MY}'$又开始下降，如图5-6中曲线c段。

（二）利用掩蔽剂消除干扰

利用掩蔽剂可降低干扰离子的浓度，使其不与EDTA络合，从而消除干扰，提高络合滴定的选择性。常用的掩蔽方法有络合掩蔽法、沉淀掩蔽法和氧化还原掩蔽法。

1. 络合掩蔽法

利用掩蔽剂与干扰离子形成稳定络合物，使干扰离子的浓度降低，这种消除干扰的方法称为络合掩蔽法。例如，Zn^{2+}、Al^{3+}共存时，当用EDTA滴定Zn^{2+}时，Al^{3+}有干扰，这时可调节溶液的pH为5～6，加掩蔽剂NH_4F，则Al^{3+}与F^-形成稳定的AlF_6^{3-}络合物，从而排除了Al^{3+}的干扰。

在用EDTA滴定水中的Ca^{2+}、Mg^{2+}以测定硬度时，Fe^{3+}、Al^{3+}有干扰。掩蔽剂不能用氟化物，因为F^-与Ca^{2+}能生成CaF_2沉淀，影响Ca^{2+}的测定。此时，可在酸性条件下加入三乙醇胺作掩蔽剂，则Fe^{3+}、Al^{3+}与三乙醇胺形成稳定络合物而不发生干扰。然后再调节pH=10以测定Ca^{2+}。

通常作为络合掩蔽剂的物质必须具备下列条件：

（1）干扰离子与掩蔽剂形成的络合物远比与EDTA形成的络合物稳定，而且这些络合物应为无色或浅色，不影响终点的判断。

（2）待测离子不与掩蔽剂络合，即使形成络合物，其稳定性也应远小于待测离子与EDTA络合物的稳定性，这样在滴定时，才能被EDTA置换。

（3）掩蔽剂的pH范围，要符合测定所要求的pH范围。

2. 沉淀掩蔽法

利用掩蔽剂与干扰离子形成沉淀，使干扰离子的浓度降低，在不分离沉淀的条件下直接进行滴定的方法，称为沉淀掩蔽法。例如，Ca^{2+}、Mg^{2+}共存时，用EDTA滴定Ca^{2+}，可用NaOH溶液作掩蔽剂，使Mg^{2+}生成$Mg(OH)_2$沉淀而排除Mg^{2+}的干扰。

通常作为沉淀掩蔽剂的物质也必须具备下列条件：

（1）沉淀的溶解度要小，否则干扰离子沉淀不完全，掩蔽效果不好。

（2）生成的沉淀应是无色或浅色，否则由于沉淀的颜色深，影响对终点的判断。

（3）生成的沉淀应是致密的，体积要小，最好是晶形沉淀。否则沉淀易吸附被测离子和指示剂，影响滴定的准确度和对终点的判断。

由于发生沉淀反应时，通常伴随有共沉淀现象，故沉淀掩蔽法不是一种理想的掩蔽方法，在实际应用中有一定的局限性。表5-1所示的是采用沉淀掩蔽法的实例。

表5-1 沉淀掩蔽法示例

掩蔽剂	被掩蔽离子	被测定离子	pH值	指示剂
NH_4F	Ba^{2+}、Ca^{2+}、Sr^{2+}、Mg^{2+}、稀土、Ti^{4+}、Al^{3+}	Zn^{2+}、Cd^{2+}、Mn^{2+}	10	铬黑T
NH_4F	同上	Cu^{2+}、Ni^{2+}、Co^{2+}	10	紫脲酸铵
K_2CrO_4	Ba^{2+}	Sr^{2+}	10	Mg-EDTA+铬黑T
Na_2S或铜试剂	微量重金属	Ca^{2+}、Mg^{2+}	10	铬黑T
H_2SO_4	Pb^{2+}	Bi^{3+}	1	二甲酚橙

3. 氧化还原掩蔽法

当某种价态的共存离子对滴定有干扰时，利用氧化还原反应改变干扰离子的价态以消除干扰的方法，称为氧化还原掩蔽法。例如，用EDTA滴定Bi^{3+}，溶液中如果有Fe^{3+}存在，由于$\lg K_{BiY^-}=27.94$，$\lg K_{FeY^-}=25.1$，所以Fe^{3+}对滴定有干扰。此时可加入抗坏血酸或羟胺，将Fe^{3+}还原为Fe^{2+}。

由于Fe^{2+}与EDTA形成络合物（FeY^{2-}）的稳定性比Bi^{3+}与EDTA形成络合物（Bi^{Y-}）的稳定性小得多，即$\lg K_{FeY2-}=14.33$。因此，Fe^{2+}不干扰Bi^{3+}的滴定，从而达到了消除干扰的目的。

显然，氧化还原掩蔽法，只适用于那些易发生氧化还原反应的金属离子，且氧化还原反应后的产物不干扰测定。

第五节　络合滴定法应用

一、络合滴定的方式

在络合滴定中，采用不同的滴定方式，不仅可以扩大络合滴定的应用范围，而且可以提高络合滴定的选择性。常用的方式有以下四种。

（一）直接滴定法

直接滴定法是络合滴定中的基本方法。这种方法是将被测试样处理成溶液后，调节至所需要的酸度，加入指示剂（有时还需加入掩蔽剂等），直接用EDTA标准溶液滴定至终点。然后根据消耗的EDTA标准溶液的体积，计算被测离子的含量。

采用直接滴定法，必须符合下列条件：

（1）被测离子与EDTA的络合速度快，且形成的络合物很稳定，即$\lg c_M K_{MY}' \geqslant 6$。

（2）必须有变色敏锐的指示剂，且没有封闭现象。

（3）在选用的滴定条件下，被测离子不发生水解和沉淀反应，必要时可加辅助络合剂来防止这些反应的发生。例如，在pH=10时滴定Pb^{2+}，可先在酸性溶液中加入酒石酸盐，将Pb^{2+}络合，再调节溶液的pH为10左右，然后进行滴定。这样就防止了Pb^{2+}的水解。

直接滴定法应用很广泛。例如，在酸性条件下，Zn^{2+}、Pb^{2+}、Fe^{3+}、Bi^{3+}、Hg^{2+}、Cd^{2+}、Cu^{2+}等离子可以直接进行滴定。在碱性条件下，Ca^{2+}、Mg^{2+}、Ni^{2+}、Co^{2+}、Zn^{2+}等离子可以直接进行滴定。

（二）返滴定法

返滴定法是在试液中先加入已知过量的EDTA标准溶液，用另一种金属盐类的标准溶液返滴定过量的EDTA，根据两种标准溶液的浓度和用量，即可求得被测物质的含量。

返滴定法适用于被测离子与EDTA的络合速度慢，被测离子易水解，或无适当指示剂的金属离子的测定。滴定时，要求返滴定剂所形成的络合物应有足够的稳定性，但不宜超过被测离子络合物的稳定性太多，否则在滴定过程中，返滴定剂会置换出被测离子，引起误差，而使终点变色不敏锐。

例如，用EDTA滴定Al^{3+}时，由于络合速度缓慢，并且Al^{3+}对二甲酚橙等指示剂有封闭作用，故不宜采用直接滴定法，而是采用Zn^{2+}标准溶液进行返滴定。又如滴定Ba^{2+}时，用铬黑T指示剂变色不敏锐，故采用Mg^{2+}标准溶液进行返滴定。

（三）置换滴定法

置换滴定法是利用置换反应，置换出等摩尔量的另一金属离子，或置换出EDTA，然后进行滴定的方法。此法主要用于有多种金属离子存在时测定其中一种离子，或是用于无适当指示剂的金属离子的测定。

采用置换滴定法，必须符合下列条件：

（1）被置换的金属离子要有合适的指示剂，使滴定终点颜色变化敏锐。

（2）被置换的金属离子与EDTA络合物的稳定性要小于被测离子与EDTA络合物的稳定性。这样置换反应才能顺利进行。

例如，铬黑T与Mg^{2+}显色很灵敏，但与Ca^{2+}显色不灵敏。为此，在pH=10的溶液中用EDTA滴定Ca^{2+}时，可先加入少量MgY^{2-}，此时发生下列置换反应：

$$MgY^{2-}+Ca^{2+} \rightleftharpoons CaY^{2-}+Mg^{2+}$$

置换出来的Mg^{2+}与铬黑T形成酒红色的Mg-铬黑T络合物。滴定时，EDTA先与Ca^{2+}络合，当达到滴定终点时，EDTA夺取Mg-铬黑T络合物中的Mg^{2+}，形成MgY^{2-}，游离出蓝色铬黑T指示剂，溶液由酒红色变为蓝色。在这里，由于滴定前加入的MgY^{2-}和最后生成的MgY^{2-}的量是相等的，故加入的MgY^{2-}不影响滴定结果。

（四）间接滴定法

有些金属离子和非金属离子不与EDTA络合，或形成的络合物不稳定，这时可采用间接滴定法。

例如PO_4^{3-}的测定，可将PO_4^{3-}先转变为$MgNH_4PO_4$沉淀，然后过滤，将沉淀洗净并溶解，调节溶液的pH=10，用铬黑T作指示剂，以EDTA标准溶液滴定沉淀中的Mg^{2+}，由Mg^{2+}的含量可以间接计算出PO_4^{3-}的含量。

二、水中的硬度

（一）水中的硬度及其测定

水中的硬度是指水中含有能与肥皂作用生成难溶物、或与水中某些阴离子作用生成水垢的金属离子而言。其中最主要的是Ca^{2+}、Mg^{2+}，其次是Fe^{2+}、Mn^{2+}、Al^{3+}、Sr^{2+}等金属离子。由于天然水中Fe^{2+}、Mn^{2+}、Al^{3+}、Sr^{2+}的含量很少，对于硬度的影响不大，所以，一般常以Ca^{2+}、Mg^{2+}的含量来计算水的硬度。Ca^{2+}、Mg^{2+}的含量愈多，水的硬度就愈大。

硬度是水质指标的重要内容之一。天然水中都含有一定的硬度，地下水、咸水和海水的硬度较大。水中所含Ca^{2+}、Mg^{2+}的总量称为水的总硬度，简称水的硬度。其硬度可以分为如下两类。

（1）碳酸盐硬度，主要是由钙、镁的重碳酸盐所形成。这种水煮沸时，钙、镁的重碳酸盐将分解生成沉淀。如：

$Ca(HCO_3)_2=CaCO_3+CO_2+H_2O$

这时，水中的碳酸盐硬度大部分可被除去。由于分解产生的沉淀物（碳酸钙）在水中有一定的溶解度，因此该硬度并不能由煮沸全部除去。

（2）非碳酸盐硬度，主要是由钙、镁的硫酸盐、氯化物等形成。

此外，硬度还可以按照水中所含有的金属离子的不同来分类，即水中Ca^{2+}的含量称为钙硬度，Mg^{2+}的含量称为镁硬度。

硬度的单位是用mmol/L和mg/L$CaCO_3$的重量浓度来表示的。在实际应用中，硬度的单位又常用“度”来表示，以水中含有10mg/L的CaO称为1德国度；以水中含有10mg/L的

$CaCO_3$称为1法国度。故硬度单位之间的换算可用下列各式表示（1/2CaO的摩尔质量为28，1/2$CaCO_3$的摩尔质量为50）：

1mmol/L=28mg/L的CaO=2.8度（德国度）

1mmol/L=50mg/L的$CaCO_3$=5度（法国度）

1德国度=1.79法国度

一般不另加说明时，硬度常指的是德国度。

根据硬度的大小可以对各种用水进行分类。硬度在4度以下为最软水，4～8度为软水，8～16度为稍硬水，16～30度为硬水，超过30度的为最硬水。废水和污水一般不考虑硬度。在工业用水中，若用硬水洗涤会多消耗肥皂，也影响工业产品的质量。如：

$2C_{17}H_{35}COO^-+Ca^{2+}=(C_{17}H_{35}COO)_2Ca\downarrow$

生成的沉淀易粘附在纺织纤维上，影响洗染质量。锅炉用水不能使用硬度大的水。硬度的卫生意义不大，但饮用水的硬度过大会影响肠胃的消化功能。我国饮用水

的水质标准中规定硬度不超过250mg/L（以CaO计）。

水中总硬度的测定方法，通常采用EDTA络合滴定法。在碱性（pH≈10）溶液中，以铬黑T为指示剂，用EDTA标准溶液进行滴定。

由于铬黑T和EDTA都能与Ca^{2+}、Mg^{2+}形成络合物，其络合物的稳定性是CaY^{2-}＞MgY^{2-}＞$MgIn^{-}$＞$CaIn^{-}$。因此，在加入指示剂铬黑T时，铬黑T与Mg^{2+}、Ca^{2+}先后形成酒红色的络合物：

$Mg^{2+}+HIn^{2-} \rightleftharpoons MgIn^{-}+H^{+}$

$Ca^{2+}+HIn^{2-} \rightleftharpoons CaIn^{-}+H^{+}$

当用EDTA滴定时，EDTA先与游离的Ca^{2+}络合，然后再与游离的Mg^{2+}络合，最后依次夺取$CaIn^{-}$、$MgIn^{-}$络合物中的Ca^{2+}、Mg^{2+}，使铬黑T（HIn^{2-}）游离出来。当溶液由酒红色变为蓝色时，即为滴定终点。其滴定反应如下：

$Ca^{2+}+H_2Y^{2-} \rightleftharpoons CaY^{2-}+2H^{+}$

$Mg^{2+}+H_2Y^{2-} \rightleftharpoons MgY^{2-}+2H^{+}$

$CaIn^{-}+H_2Y^{2-} \rightleftharpoons CaY^{2-}+HIn^{2-}+H^{+}$

$MgIn^{-}+H_2Y^{2-} \rightleftharpoons MgY^{2-}+HIn^{2-}+H^{+}$

从反应式可以看出，在测定过程中有H^{+}产生。为了控制溶液的pH≈10，使EDTA与Ca^{2+}、Mg^{2+}形成稳定的络合物，必须使用缓冲溶液。

（二）天然水中硬度和碱度的关系

为了讨论天然水中硬度和碱度的关系，必须引入“假想化合法”的概念。因为溶解在水中的各种类型的盐，实际上是以离子状态存在的。所谓水中的某种盐，只是一种假想的化合物，即假设水中的某些离子相互结合，形成某种盐的化合物。利用这种假想化合的方法来讨论问题，即称为“假想化合法”。在天然水和一般清水中，共有七种主要离子：阳离子Ca^{2+}、Mg^{2+}、Na^{+}、K^{+}和阴离子HCO_3^{-}、SO_4^{2-}、Cl^{-}。在一定条件下，经过蒸发或浓缩，水中的阳离子和阴离子将按一定的次序互相结合，生成盐而析出。这些离子相互结合的难易程度的顺序如下：

阳离子：Ca^{2+}、Mg^{2+}、Na^{+}、K^{+}

阴离子：HCO_3^{-}、SO_4^{2-}、Cl^{-}

为此，Ca^{2+}首先与HCO_3^{-}按化学计量数化合析出，若Ca^{2+}的含量比HCO_3^{-}大，则当HCO_3^{-}全部被化合完后，剩余的Ca^{2+}再依次与SO_4^{2-}、Cl^{-}化合。反之，若HCO_3^{-}的含量比Ca^{2+}大，则当Ca^{2+}全部被化合完后，剩余的HCO_3^{-}再依次与Mg^{2+}、Na^{+}、K^{+}化合。其余依此类推。

天然水的总碱度主要是重碳酸盐碱度，碳酸盐碱度含量极小，故可认为$[HCO_3^{-}]$等于总碱度。根据假想化合物组成的不同，可以将水中碱度和硬度的关系分为以下三种情况：

（1）总碱度小于总硬度。

$[HCO_3^{-}] < [Ca^{2+}] + [Mg^{2+}]$。此时水中有碳酸盐硬度和非碳酸盐硬度。则

碳酸盐硬度=总碱度

非碳酸盐硬度=总硬度-总碱度

（2）总碱度大于总硬度。

$[HCO_3^-] > [Ca^{2+}] + [Mg^{2+}]$。此时水中没有非碳酸盐硬度，有碳酸盐硬度，即

碳酸盐硬度=总硬度

除此之外，由于水中还存在Na^+、K^+的重碳酸盐，它们相当于总碱度与总硬度的差值，通常称为负硬度，或称过剩碱度，即

负硬度（过剩碱度）=总碱度-总硬度

（3）总碱度等于总硬度。

$[HCO_3^-] = [Ca^{2+}] + [Mg^{2+}]$。此时水中只有碳酸盐硬度，即

碳酸盐硬度=总硬度=总碱度

第六章　沉淀滴定法

第一节　银量法

一、莫尔法

莫尔法是以K_2CrO_4作指示剂，用$AgNO_3$标准溶液进行滴定的一种方法。此法主要用在中性或弱碱性条件下，对氯化物和溴化物进行测定。

用莫尔法测定氯化物时，是根据分步沉淀的原理进行的。由于AgCl的溶解度比Ag_2CrO_4小，所以AgCl首先沉淀出来。当AgCl定量沉淀后，过量一滴$AgNO_3$溶液，使Ag^+浓度增加，与CrO_4^{2-}生成砖红色的Ag_2CrO_4沉淀，即为滴定的终点。其滴定反应如下：

$Ag^+ + Cl^- \rightleftharpoons AgCl\downarrow$（白色）

$2Ag^+ + CrO_4^{2-} \rightleftharpoons Ag_2CrO_4\downarrow$（砖红色）

显然，指示剂的浓度（即CrO_4^{2-}浓度）过大或过小，都会使Ag_2CrO_4沉淀的析出提前或推后，从而产生滴定误差。所以，Ag_2CrO_4沉淀的生成应该恰好在化学计量点时发生。此时所需要的浓度可通过计算求得。

在化学计量点时：

$[Ag^+] = [Cl^-] = \sqrt{K_{sp}(AgCl)} = \sqrt{1.8\times10^{-10}}mol/L = 1.3\times10^{-5}mol/L$

$[CrO_4^{2-}] = \sqrt{K_{sp}}(Ag_2CrO_4) / [Ag^+]^2 = 2.0\times10^{-12} / (1.3\times10^{-5})^2 = 1.2\times10^{-2}mol/L$

然而在实际工作中，由于K_2CrO_4显黄色，当浓度较高、颜色较深时，妨碍对Ag_2CrO_4沉淀颜色的观察，影响终点的判断。故在滴定中，所用CrO_4^{2-}的浓度约为$5.0\times10^{-3}mol/L$较为合适。

显然，K_2CrO_4浓度降低后，要使Ag_2CrO_4沉淀析出，必须多滴加$AgNO_3$溶液，这样滴定剂就过量了，因此产生滴定正误差。但是，如果溶液的浓度不太稀，例如用0.1000mol/L$AgNO_3$溶液滴定0.1000mol/LKCl溶液，指示剂的浓度为$5.0\times10^{-3}mol/L$时，产生的滴定误差一般小于0.1%，不影响分析结果的准确度。如果溶液的浓度较稀，如用0.01000mol/L$AgNO_3$溶液滴定0.01000mol/LKCl溶液，指示剂的浓度不变，则产生的滴定误差可达0.6%左右，这样，就会影响分析结果的准确度。在这种情况下，通常需要校正指示剂的空白值。

校正指示剂空白值的方法是用蒸馏水作空白试验，即用蒸馏水代替试样，所加试剂及滴定操作方法与测定试样相同，从而得到CrO_4^{2-}生成Ag_2CrO_4沉淀所用$AgNO_3$的量。

溶液的酸度直接影响莫尔法测定结果的准确度。若溶液为酸性，则CrO_4^{2-}与H^+发生如下反应：

$$2H^++2CrO_4^{2-}\rightleftharpoons 2HcrO_4^-\rightleftharpoons Cr_2O_7^{2-}+H_2O$$

从而降低了CrO_4^{2-}的浓度，影响Ag_2CrO_4沉淀的生成。若溶液的碱性太强，则Ag^+与OH^-发生反应，析出棕黑色Ag_2O沉淀：

$$2Ag^++OH^-\rightleftharpoons 2Ag(OH)\downarrow\rightleftharpoons Ag_2O+H_2O$$

因此，莫尔法只能在中性或弱碱性（pH=6.5～10.5）溶液中进行。如果溶液为酸性或强碱性，可用酚酞作指示剂，以稀NaOH溶液或稀H_2SO_4溶液调节至酚酞的红色刚好褪去为止。

溶液中的共存离子对测定的干扰较大。如果溶液中有NH_4^+存在，则要求溶液的酸度范围更窄（pH为6.5～7.2）。这是因为当溶液的pH值较高时，可产生较多的游离NH_3，生成$Ag(NH_3)_2^+$及$Ag(NH_3)_2^+$络合物，使AgCl和Ag_2CrO_4的溶解度增大，影响滴定的准确度。凡能与Ag^+生成沉淀或络合物的阴离子都对测定有干扰。其中H_2S可在酸性溶液中加热除去；SO_3^{2-}可氧化为SO_4^{2-}而不再干扰测定。凡能与CrO_4^{2-}生成沉淀的阳离子也对测定有干扰，如Ba^{2+}、Pb^{2+}等。大量的Cu^{2+}、Co^{2+}、Ni^{2+}等有色离子的存在将对终点的观察有影响。Fe^{3+}、Al^{3+}、Bi^{3+}、Sn^{4+}等高价金属离子在中性或弱碱性溶液中易发生水解，也对测定有干扰，应预先进行分离。

由于生成的AgCl沉淀容易吸附溶液中过量的Cl^-，使溶液中Cl^-浓度降低，以致过早生成Ag_2CrO_4沉淀。故滴定时必须剧烈摇动，使被吸附的Cl^-释放出来。

二、佛尔哈德法

佛尔哈德法是以铁铵矾［$NH_4Fe(SO_4)_2\cdot 12H_2O$］作指示剂，用KSCN或$NH_4SCN$标准溶液滴定溶液中$Ag^+$的一种方法。此法主要用于酸性条件下，对$Ag^+$、$Cl^-$、$Br^-$、$I^-$和$SCN^-$的测定。

用佛尔哈德法测定Ag^+是采用直接滴定法。在含有Ag^+的酸性溶液中，当滴定到达化学计量点附近时，由于AgSCN已定量沉淀，此时再滴入微过量的NH_4SCN，立即与Fe^{3+}反应，生成红色络合物，以指示滴定的终点。其反应为

$$Ag^++SCN^-\rightleftharpoons AgSCN\downarrow \text{（白色）}$$

$$Fe^{3+}+SCN^-\rightleftharpoons FeSCN^{2+} \text{（红色）}$$

显然，为防止Fe^{3+}的水解，滴定只适用于较强的酸性溶液，且只能用HNO_3进行酸化。同时，由于AgSCN沉淀强烈吸附Ag^+，使溶液中Ag^+浓度降低，以致过早形成$FeSCN^{2+}$络合物。因此滴定过程中必须剧烈摇动，使被吸附的Ag^+释放出来。

佛尔哈德法对Cl^-、Br^-、I^-、SCN^-等的测定是采用返滴定法。例如，测定Cl^-时，首先在被测溶液中加入已知过量的$AgNO_3$标准溶液，然后加入铁铵矾指示剂，再用

NH_4SCN标准溶液返滴定剩余的$AgNO_3$。其反应为

$Cl^- + Ag^+ \rightleftharpoons AgCl\downarrow$ （白色）

Ag^+（剩余）$+SCN^- \rightleftharpoons AgSCN\downarrow$ （白色）

当Ag^+与SCN^-反应完全以后，微过量的NH_4SCN与Fe^{3+}反应，生成红色的$FeSCN^{2+}$络合物，已指示终点的到达：

$Fe^{3+} + SCN^- \rightleftharpoons FeSCN^{2+}$（红色）

由于AgCl的溶解度比AgSCN大，因此过量的SCN^-将与AgCl发生反应，使AgCl沉淀转化为溶解度更小的AgSCN沉淀：

$AgCl\downarrow + SCN^- \rightleftharpoons AgSCN\downarrow + Cl^-$

这样就会多用去一部分NH_4SCN标准溶液，因而产生较大的误差。为了消除这一误差，可将AgCl沉淀滤去，并用稀HNO_3充分洗涤沉淀，用NH_4SCN标准溶液滴定滤液中剩余的Ag^+，或是在滴加NH_4SCN溶液前加入1～2mL的1，2-二氯乙烷，剧烈摇动，使AgCl沉淀的表面覆盖一层有机溶剂，避免沉淀与外部溶液接触，阻止AgCl与NH_4SCN发生转化反应。此法比较简便。

用返滴定法测定Br^-、I^-、SCN^-时，由于AgBr与AgI的溶解度均比AgSCN小，故不发生上述转化反应，不必将沉淀过滤或加入有机溶剂。但在测定I^-时，必须在加入过量$AgNO_3$溶液后才能加入指示剂，否则Fe^{3+}将把I^-氧化为I_2：

$2Fe^{3+} + 2I^- \rightleftharpoons 2Fe^{2+} + I_2$

影响分析结果的准确度。

因为佛尔哈德法的特点是在酸性溶液中进行滴定，故许多弱酸根离子都不干扰滴定，所以这种方法的选择性高，应用范围广。但强氧化剂、氮的低价氧化物以及铜盐、汞盐等能与SCN^-起反应，干扰滴定，必须预先除去。在中性或碱性溶液中不能使用佛尔哈德法，这是因为指示剂铁铵矾中的Fe^{3+}将生成沉淀。

三、法扬斯法

法扬斯法是利用吸附指示剂指示滴定终点的银量法。吸附指示剂是一类有色的有机化合物，当它被吸附在沉淀表面上以后，由于生成某种化合物而导致指示剂分子结构发生变化，因而引起颜色的变化。

例如，用$AgNO_3$标准溶液测定Cl^-，可用荧光黄作吸附指示剂。荧光黄是一种有机弱酸，可用HFl表示。在溶液中，它可离解为荧光黄阴离子Fl^-，呈黄绿色。在化学计量点前，溶液中存在过量的Cl^-，AgCl沉淀（胶体微粒）表面因吸附Cl^-而带有负电荷。此时Fl^-不被吸附，溶液呈黄绿色。当到达化学计量点后，溶液中存在过量的Ag^+，则AgCl沉淀（胶体微粒）表面因吸附Ag^+而带有正电荷。此时带正电荷的胶体微粒强烈吸附Fl^-，可能由于在AgCl沉淀表面上形成了荧光黄银化合物而呈淡红色，从而指示滴定的终点。其表达式如下：

$AgCl\cdot Ag^+ + Fl^- \rightleftharpoons AgCl\cdot Ag\cdot Fl$

（黄绿色）　　（淡红色）

采用法扬斯法应考虑以下几个因素：

（1）由于终点颜色变化发生在沉淀的表面上，为使颜色变化敏锐，应尽量使沉淀的颗粒小一些，以保持溶胶的稳定状态。为此，滴定时一般都先加入糊精或淀粉溶液保护胶体，防止溶胶过分凝聚。

（2）在滴定过程中，避免强阳光照射。因为卤化银沉淀对光敏感，很快转变为灰黑色，影响终点的观察。

（3）被测离子的浓度不能太低，因为浓度太低时，沉淀很少，观察终点较困难。如用荧光黄作指示剂，用$AgNO_3$滴定Cl^-时，Cl^-的浓度要求在0.005mol/L以上。如用曙红作指示剂，用$AgNO_3$滴定Br^-、I^-、SCN^-，它们的浓度要求在0.001mol/L以上。

（4）胶体微粒对指示剂的吸附能力，应略小于对被测离子的吸附能力，否则指示剂将在化学计量点前变色。但吸附能力也不能太弱，否则变色不敏锐。例如用$AgNO_3$滴定Cl^-，不宜用曙红作指示剂，这是因为AgCl胶体微粒对曙红阴离子的吸附能力很强，而使曙红阴离子取代Cl^-进入吸附层中，以致无法指示终点。

（5）吸附指示剂一般是有机弱酸，起指示作用的是指示剂的阴离子。由于指示剂的离解受酸度的影响，因此各种吸附指示剂都有一定的pH适用范围。例如荧光黄，其$K_a \approx 10^{-7}$，当溶液的pH值较低时，大部分荧光黄以HFl分子形式存在，不被沉淀所吸附，故无法指示终点。所以，用荧光黄作指示剂时，溶液的pH值应为7～10。二氯荧光黄的$K_a \approx 10^{-4}$，其适用范围就大一些，溶液的pH值可为4～10。曙红的$K_a \approx 10^{-2}$，故溶液的pH值可为2～10。

现将银量法中常用的吸附指示剂列入表6-1中。

表6-1 常用的吸附指示剂

指示剂	被测定离子	滴定剂	适用的pH范围
荧光黄	Cl^-	Ag^+	7～10
二氯荧光黄	Cl^-	Ag^+	4～10
曙红	Br^-、I^-、SCN^-	Ag^+	2～10
溴甲酚绿	SCN^-	Ag^+	4～5

第二节　水中氯化物的测定

一、水中氯化物及其测定意义

氯化物（Cl^-）普遍存在于各种水中。海水中的Cl^-可达到18g/L；某些咸水湖中的Cl^-可高达150g/L。天然水中Cl^-的来源主要是地层或土壤中盐类的溶解，故Cl^-含量一般不会太高。某些工业废水中含有大量的Cl^-，生活污水中由于人尿的排入也含有较高的Cl^-。生活饮用水中的Cl^-对人体健康并无害处，但最好在200mg/L以下，若达到500～1000mg/L，就有明显的咸味。工业用水中的Cl^-含量过高时，对设备、金属管道和构筑物都有腐蚀作用。水中的Cl^-与Ca^{2+}、Mg^{2+}结合可构成永久硬度。因此，测定各种水中Cl^-的含量，是评价水质的标准之一。

二、氯化物的测定方法

水中Cl^-的测定主要采用莫尔法，有时也采用佛尔哈德法和法扬斯法。若水样带有颜色，则对终点的观察有干扰，此时可采用电位滴定法。

用莫尔法测定Cl^-，应在pH=6.5～10.5的溶液中进行。干扰物有Br^-、I^-、CN^-、SCN^-、S^{2-}、PO_4^{3-}、AsO_4^{3-}、Ba^{2+}、Pb^{2+}、Bi^{3+}及NH_3。

用佛尔哈德法测定Cl^-，必须在较强的酸性溶液中进行。因此，凡能生成不溶于酸的银盐离子，如Br^-、I^-、CN^-、SCN^-、S^{2-}、PO_4^{3-}、$[Fe(CN)_6]^{3-}$、$[Fe(CN)_6]^{4-}$等，都会干扰测定。Hg^+、Cu_{2+}、Ni^{2+}、Co^{2+}能与SCN^-生成络合物，也会干扰测定，影响终点的观察。

法扬斯法适合于测定高含量的氯化物。因为氯化物含量太低，产生的AgCl沉淀较少，对吸附指示剂的吸附作用就较弱，故使终点变色不敏锐。此法要求的滴定酸度条件，决定于所采用的吸附指示剂。例如用荧光黄作指示剂时，滴定溶液的pH值应在7～10之间；用二氯荧光黄作指示剂时，滴定溶液的pH值应在4～10之间。干扰物有Br^-、I^-、CN^-、SCN^-、S^{2-}、PO_4^{3-}、AsO_4^{3-}、Ba^{2+}、Pb^{2+}、Bi^{3+}及NH_3等。

第七章　氧化还原反应滴定法

第一节　概述

一、能斯特方程式

氧化剂和还原剂的强弱，可以用有关电对的电极电位（简称电位）来衡量。电对的电位愈高，其氧化态的氧化能力愈强；电对的电位愈低，其还原态的还原能力愈强。因此，作为一种氧化剂，它可以氧化电位比它低的还原剂；作为一种还原剂，它可以还原电位比它高的氧化剂。根据有关电对的电位，可以判断反应进行的方向、次序和反应进行的程度。

可逆氧化还原电对的电位可用能斯特方程式求得。例如对下述氧化还原半电池（电对）反应：

氧化态+ne⇌还原态

其电对电位 φ 可用能斯特方程式表示：

$\varphi=\varphi^{\ominus}+RT/nF\ln$｛［氧化态］/［还原态］｝(7-1)

式中：$\varphi^{\ominus}$为电对的标准电位；R为气体常数（8.314J/K•mol）；T为绝对温度（K）；F为法拉第常数（96487C/mol）；n为反应中的电子传递数；［氧化态］为电对中氧化态的平衡浓度（mol/L）；［还原态］为电对中还原态的平衡浓度（mol/L）。

将以上常数代入式（7-1）中并换算为常用对数，在25℃时，得

$\varphi=\varphi^{\ominus}+0.059/n\ln$｛［氧化态］/［还原态］｝(7-2)

由式（7-2）可以看出，电对电位 φ 值不仅与电对的标准电位有关，还与氧化态和还原态的浓度比有关。当［氧化态］=［还原态］=1时，则 $\varphi=\varphi^{\ominus}$，此时电对的电位等于电对的标准电位。

电对的标准电位是指处于特定条件（0.1MPa，25℃）下，电对中的氧化态、还原态的活度均等于1mol/L（若反应中有气体参加，其分压等于0.1MPa）时的电位。所以，应用能斯特方程式时，严格说来，应该使用氧化态和还原态的活度。如果忽略溶液中离子强度的影响，以浓度代替活度来进行计算，则计算结果就会与实际情况相差

较大。所以，在实际工作中，考虑溶液中离子强度的影响，则式（7-2）应写成：

$\phi=\phi^{\ominus}+0.059/n\lg\{a_{氧化态}/a_{还原态}\}$（7-3）

式中：$a_{氧化态}$为电对中氧化态的活度（mol/L）；$a_{还原态}$为电对中还原态的活度（mol/L）。

二、条件电位

由于在实际工作中，通常使用的是浓度而不是活度，故式（7-3）可写成：

$\phi=\phi^{\ominus}+0.059/n\lg\{\gamma_{氧化态}[氧化态]/\gamma_{还原态}[还原态]\}$

当［氧化态］=［还原态］=1mol/L时

$\phi=\phi^{\ominus}+0.059/n\lg\{\gamma_{氧化态}/\gamma_{还原态}\}=\phi^{\ominus\prime}$（7-4）

$\phi^{\ominus\prime}$称为条件电位，它相当于电对氧化态和还原态的浓度都等于1mol/L时的电位。这种电位是校正了各种外界因素后得到的实际电位，它随活度系数而变化，当离子强度和副反应系数等条件不变时为一常数。例如，计算HCl溶液中Fe（III）/Fe（II）体系的电位，由能斯特方程式得

$\phi=\phi^{\ominus}+0.059/n\lg\{a_{Fe3+}/a_{Fe2+}\}=\phi=\phi^{\ominus}+0.059/n\lg\{\gamma_{Fe3+}[Fe^{3+}]/\gamma_{Fe2+}[Fe^{2+}]\}$

但是，在HCl溶液中，由于铁离子的副反应还存在下列平衡：

$Fe^{3+}+H_2O \rightleftharpoons FeOH^{2+}+H^+$

$Fe^{3+}+Cl^- \rightleftharpoons FeCl^{2+}$

$Fe^{2+}+Cl^- \rightleftharpoons FeCl^+$

因此，除Fe^{3+}、Fe^{2+}外，还存在$FeOH^{2+}$、$FeCl^{2+}$、$FeCl^{2+}$、$FeCl^+$、$FeCl_2$…。若用$c_{Fe(III)}$、$c_{Fe(II)}$分别表示溶液中Fe^{3+}和Fe^{2+}的总浓度，用别表示Fe^{3+}和Fe^{2+}的副反应系数，则

$c_{Fe(III)}=[Fe^{3+}]+[FeOH^{2+}]+[FeCl^{2+}]+\cdots$

$c_{Fe(II)}=[Fe^{2+}]+[FeOH^+]+[FeCl^+]+\cdots$

$a_{Fe(III)}=c_{Fe(III)}/[Fe^{3+}]$，$a_{Fe(II)}=c_{Fe(II)}/[Fe^{2+}]$

于是

$\phi=\phi^{\ominus}+0.059/n\lg\{\gamma_{Fe3+}a_{Fe(II)}c_{Fe(III)}/\gamma_{Fe2+}a_{Fe(III)}c_{Fe(II)}\}$（7-5）

当$c_{Fe(III)}=c_{Fe(II)}=1$mol/L时，可得

$\phi=\phi^{\ominus}+0.059/n\lg\{\gamma_{Fe3+}a_{Fe(II)})/\gamma_{Fe2+}a_{Fe(III)}\}=\phi^{\ominus\prime}$（7-6）

式（7-6）中，$\phi^{\ominus\prime}$表示HCl溶液中Fe（III）/Fe（II）电对的电位，当溶液中离子强度和副反应系数等条件不变时为一常数。

标准电位$\phi^{\ominus}$与条件电位$\phi^{\ominus\prime}$的关系，与稳定常数K和条件稳定常数K’的关系相似。分析化学中引入条件电位之后，处理问题就比较符合实际情况。但目前条件电位的数据还不完善，附录中列出了部分氧化还原电对的条件电位。当缺少相同条件下的条件电位数据时，可采用条件相近的条件电位数据。例如，在未查到1.5mol/LH_2SO_4溶液中Fe^{3+}/Fe^{2+}电对的条件电位时，可用1mol/LH_2SO_4溶液中该电对的条件电位0.68V代替。对于没有条件电位的氧化还原电对，只好采用标准电位，通过能斯特方程式来

计算。

【例 7-1】计算 0.10mol/LHCl 溶液中 As（V）/As（III）电对的条件电位（忽略离子强度的影响）。

解在 0.10mol/LHCl 溶液中，电对的反应为

$H_3AsO_4+2H^++2e \rightleftharpoons H_3AsO_3+H_2O$ $\phi^{\ominus}=0.559V$

由于忽略了离子强度的影响，故条件电位只受溶液酸度的影响，由能斯特方程式得

$\phi=\phi^{\ominus}+0.059/2lg\{[H_3AsO_4][H^+]^2/[H_3AsO_3]\}$

当 $[H_3AsO_4]=[H_3AsO_3]=1mol/L$ 时故

$\phi^{\ominus'}=\phi^{\ominus}+0.059lg[H^+]=(0.559+0.059lg0.1)V=0.500V$

三、氧化还原反应的方向和程度

（一）氧化还原反应的方向及影响因素

根据氧化还原反应中两个电对的电极电位，可以判断氧化还原反应的方向。由于氧化剂和还原剂的浓度、溶液的酸度以及在反应中生成沉淀和形成络合物，均对氧化还原电对的电位产生影响，故这些因素也影响氧化还原反应的方向。

1. 氧化剂和还原剂的浓度对反应方向的影响

在氧化还原反应中，当两个电对的条件电位相差不大时，有可能通过改变氧化剂或还原剂的浓度来改变反应的方向。

【例 7-2】当 $[Sn^{2+}]=[Pb^{2+}]=1mol/L$ 和 $[Sn^{2+}]=1mol/L$，$[Pb^{2+}]=0.1mol/L$ 时，判断 $Pb^{2+}+Sn \rightleftharpoons Pb+Sn^{2+}$ 反应进行的方向。

解：由于没有查得相应的条件电位，故用标准电位进行计算。已知 $\phi^{\ominus}_{Sn2+/Sn}=-0.14V$，$\phi^{\ominus}_{Pb2+/Pb}=-0.13V$，当 $[Sn^{2+}]=[Pb^{2+}]=1mol/L$ 时，$\phi^{\ominus}_{Sn2+/Sn}<\phi^{\ominus}_{Pb2+/Pb}$，则 Sn 的还原能力大于 Pb 的还原能力，因此反应按下述方向进行：

$Pb^{2+}+Sn \rightarrow Pb+Sn^{2+}$

当 $[Sn^{2+}]=1mol/L$，$[Pb^{2+}]=0.1mol/L$ 时，

$\phi^{\ominus}_{Sn2+/Sn}=-0.14V$

$\phi_{Pb2+/Pb}=\phi^{\ominus}_{Pb2+/Pb}+0.059/2lg[Pb^{2+}]=(-0.13+0.059/2lg0.1)V=-0.16V$

此时 $\phi_{Pb2+/Pb}<\phi_{Sn2+/Sn}$，则 Pb 的还原能力大于 Sn 的还原能力，因此反应按下述方向进行：

$Pb+Sn^{2+} \rightarrow Pb^{2+}+Sn$

2. 溶液的酸度对反应方向的影响

有些氧化还原反应有 H^+ 和 OH^- 参加，当两个电对的条件电位相差不大时，有可能通过改变溶液的酸度来改变反应的方向。

【例 7-3】用碘量法测定亚砷酸盐时，以 I2 标准溶液直接滴定 AsO_3^{3-}，使 AsO_3^{3-} 氧化成 AsO_4^{3-}。当溶液中 $[H^+]=1mol/L$ 和 $[H^+]=1\times10^{-8}mol/L$ 时，试判断对反应方向的影响。

解：滴定反应为

$I_2+AsO_3^{3-}+H_2O \rightleftharpoons AsO_4^{3-}+2I^-+2H^+$

已知 $\varphi_{I_2/I^-}^{\ominus}=0.545V$，$\varphi_{AsO_4^{3-}/AsO_3^{3-}}^{\ominus}=0.559V$，当 $[H^+]=1mol/L$ 时，由能斯特方程式得

$\varphi_{AsO_4^{3-}/AsO_3^{3-}}=\varphi_{AsO_4^{3-}/AsO_3^{3-}}^{\ominus}+0.059/2lg\{[AsO_4^{3-}][H^+]^2/[AsO_3^{3-}]\}$

由于 I_2/I^- 电对中没有 H^+ 参加反应，则

$\varphi_{I_2/I^-}^{\ominus'}=\varphi_{I_2/I^-}^{\ominus}=0.545V$

此时 $\varphi_{I_2/I^-}^{\ominus}<\varphi_{I_2/I^-}^{\ominus'}$，故反应按下述方向进行：

$AsO_4^{3-}+2I^-+2H^+ \rightarrow AsO_3^{3-}+I_2+H_2O$

当 $[H^+]=1\times10^{-3}mol/L$ 时，由能斯特方程式得

$\varphi_{I_2/I^-}^{\ominus'}=\varphi_{I_2/I^-}^{\ominus}=0.545V$

此时 $\varphi_{AsO_4^{3-}/AsO_3^{3-}}^{\ominus'}<\varphi_{I_2/I^-}^{\ominus'}$，故反应按下述方向进行：

$AsO_3^{3-}+I_2+H_2O \rightarrow AsO_4^{3-}+2I^-+2H^+$

3. 生成沉淀对反应方向的影响

在氧化还原反应中，当加入一种可与氧化态或还原态形成沉淀的沉淀剂时，就会改变体系的标准电位或条件电位，有可能影响反应进行的方向。

【例 7-4】用碘量法测定 Cu^{2+} 时，是利用 Cu^{2+} 氧化 I^- 生成 I_2，同时生成 CuI 沉淀进行测定的。试通过电位的计算，说明 Cu^{2+} 为什么可以氧化 I^-？

解：实际反应为

$2Cu^{2+}+4I^- \rightleftharpoons 2CuI\downarrow+I_2$

仅根据标准电位 $\varphi_{Cu^{2+}/Cu^+}^{\ominus}=0.159V<\varphi_{I_2/I^-}^{\ominus}=0.545V$，上述反应不能向右进行。但是，因为 I^- 与 Cu^+ 生成难溶性的 CuI 沉淀，溶液中 Cu^+ 浓度很小，从而使 Cu^{2+}/Cu^+ 电对电位升高。

已知 $K_{sp(CuI)}=1.1\times10^{-12}$，则 $[Cu^+]=K_{sp(CuI)}/[I^-]$，当 $[Cu^{2+}]=[I^-]=1mol/L$ 时，Cu^{2+}/Cu^+ 电对电位为

$\varphi_{Cu^{2+}/Cu^+}=\varphi_{Cu^{2+}/Cu^+}^{\ominus}+0.059lg[Cu^{2+}]/[Cu^+]=\varphi_{Cu^{2+}/Cu^+}^{\ominus}-0.059lgK_{sp(CuI)}=(0.159-0.059lg1.1\times10^{-12})V=0.865V$

此时 $\varphi_{I_2/I^-}^{\ominus}<\varphi_{Cu^{2+}/Cu^+}$，故 Cu^{2+} 可以将 I^- 氧化为 I_2，即反应可以自左向右进行。

4. 形成络合物对反应方向的影响

在氧化还原反应中，当加入一种可与氧化态或还原态形成络合物的络合剂时，就会改变体系的标准电位和条件电位，有可能影响反应进行的方向。

【例 7-5】用碘量法测定 Cu^{2+} 时，Fe^{3+} 的存在对 Cu^{2+} 的测定有干扰。试通过电对电位的计算，说明：当加入 NH_4F 以掩蔽 Fe^{3+}，形成 FeF_3 络合物时，Fe^{3+} 不能将 I^- 氧化为 I_2 的原因。假定溶液中 $c_{Fe^{3+}}=0.10mol/L$，$[Fe^{2+}]=1.0\times10^{-5}mol/L$，游离 $[F^-]=1.0mol/L$。

解：因为 Fe^{3+} 与 F^- 主要形成 FeF_3 络合物，其各级稳定常数分别为 $K_1=1.9\times10^5$，$K_2=1.05\times10^4$，$K_3=5.8\times10^2$。

根据游离 F^- 浓度，可求得溶液中 Fe^{3+} 的浓度。由

$\alpha_{Fe(F)}=1+K_1[F^-]+K_1K_2[F^-]^2+K_1K_2K_3[F^-]^3=1+1.9\times10^5\times1+1.9\times10^5\times1.05\times10^4\times1^2+1.9\times10^5\times1.05\times10^4\times5.8\times10^2\times1^3=1.15\times10^{12}$

又由

$\alpha_{Fe(F)}=c_{Fe3+}/[Fe^{3+}]$

得

$[Fe^{3+}]=0.10/1.15\times10^{12}mol/L=8.7\times10^{-14}mol/L$

Fe^{3+}/Fe^{2+}电对电位为

$\phi_{Fe3+/Fe2+}=\phi_{Fe3+/Fe2+}^{\ominus}+0.059lg[Fe^{3+}]/[Fe^{2+}]=0.29V$

计算结果表明，加入NH_4F后，由于Fe^{3+}几乎全部与F^-形成了稳定的FeF_3络合物，使Fe^{3+}/Fe^{2+}电对电位降至0.29V。

此时$\phi_{Fe3+/Fe2+}<\phi_{I2/I-}^{\ominus}$，故$Fe^{3+}$失去了氧化$I^-$的能力，从而消除了$Fe^{3+}$的干扰作用。

（二）氧化还原反应的平衡常数及完全程度

1. 反应的平衡常数

氧化还原反应进行的程度，由反应的平衡常数来衡量。氧化还原反应的平衡常数，可以用有关电对的标准电位或条件电位求得。

例如，有半反应：

O_1/R_1：$O_1+n_1e\rightleftharpoons R_1$ $\phi_1=\phi_1^{\ominus}+0.059/n_1lg[O_1]/[R_1]$

O_2/R_2：$O_2+n_2e\rightleftharpoons R_2$ $\phi_2=\phi_2^{\ominus}+0.059/n_2lg[O_2]/[R_2]$

氧化还原反应为$n_2O_1+n_1R_2=n_1O_2+n_2R_1$

反应达到平衡时，两电对电位相等，故有

$\phi_1^{\ominus}+0.059/n_1lg[O_1]/[R_1]=\phi_2^{\ominus}+0.059/n_2lg[O_2]/[R_2]$

设两电对电子转移数n_1与n_2的最小公倍数为n，且上式两边同乘以n，得到

$n(\phi_1^{\ominus}-\phi_2^{\ominus})=0.059lg\{[O_2]^{n1}[R_2]^{n2}/[R_2]^{n1}[O_1]^{n2}\}=0.059lgK$

所以

$LgK=n(\phi_1^{\ominus}-\phi_2^{\ominus})/0.059$

式中$n_1\neq n_2$时，n为最小公倍数；$n_1=n_2$时，$n=n_1=n_2$。

2. 氧化还原反应的完全程度

一般的滴定分析中，要求99.9%的反应物变成产物，籍此我们可以计算出反应达到完全时所需要的平衡常数值。

对于反应$n_2O_1+n_1R_2=n_2R_1+n_1O_2$

反应完全时：$[O_2]/[R_2]=99.9/0.1\approx10^3$，$[R_1]/[O_1]=99.9/0.1\approx10^3$

（1）$n_1=n_2$时，反应为$O_1+R_2=R_1+O_2$

$lgK=lg\{[R_1][O_2]/[O_2][R_2]\}\geqslant lg(10^3\cdot10^3)=3\times2=6$

即$lgK\geqslant6$时，反应能完全。

氧化还原反应完全的程度不像酸碱、络合平衡那样，K值大于某一个数。氧化还原反应的平衡常数是与n有关的，不同的反应有不同的K值。一般情况下讨论$\Delta\phi^{\ominus}$更方便。

此时$\phi_1^{\ominus}-\phi_2^{\ominus}\geqslant6\times0.059/n$，记为$\Delta\phi^{\ominus}\geqslant0.354/n$（V）

说明：当$n_1=n_2=1$时，$\Delta\phi^{\ominus}\geqslant0.354V$就可以反应完全；

$n_1=n_2=2$时，$\Delta\phi^{\ominus}\geqslant0.177V$就可以反应完全。

（2）$n_1 \neq n_2$时，反应为$n_2O_1+n_1R_2=n_2R_1+n_1O_2$

$lgK=lg\{[O_2]^{n1}[R_2]^{n2}/[R_2]^{n1}[O_1]^{n2}\} \geqslant lg(10^{3n1}10^{3n2})=3(n_1+n_2)$

即$\Delta\phi^{\ominus} \geqslant 0.059\times3(n_1+n_2)/n=0.177(n_1+n_2)/n$（V）时才能反应完全。

【例7-6】在1mol/LHCl中，计算Fe^{3+}与Sn^{2+}反应的平衡常数及计量点时反应进行的程度。已知1mol/LHCl溶液中，$\phi_{Fe3+/Fe2+}^{\ominus'}=0.68V$，$\phi_{SnCl62-/SnCl42-}^{\ominus'}=0.14V$。

解：此反应为$n_1=1$，$n_2=2$的反应

$2Fe^{3+}+Sn^{2+} \rightleftharpoons 2Fe^{2+}+Sn^{4+}$

从理论计算上看：$\Delta\phi^{\ominus} \geqslant 0.177(1+2)/1\times2V=0.27V$

或者$lgK=3(n_1+n_2)=3(1+2)=9$就可以反应完全。

而实际上：$\Delta\phi^{\ominus}=(0.68-0.14)V=0.54V>0.27V$

$LgK=n(\phi_1^{\ominus'}-\phi_2^{\ominus'})/0.059=18.30>9$

根据反应方程式，在计量点时有如下关系

$[Fe^{2+}]/[Sn^{3+}]=2/1$，$[Fe^{3+}]/[Sn^{2+}]=2/1$

所以$lgK=lg\{[Sn^{4+}][Fe^{2+}]^2/[Sn^{2+}][Fe^{3+}]^2\}=18.30$

$[Fe^{2+}]/[Fe^{3+}]=1.2\times10^6$

$[Fe^{2+}]/\{[Fe^{2+}]+[Fe^{3+}]\}=1.2\times10^6/(1.2\times10^6+1)=99.9999\%$

可见，反应进行非常完全。

四、影响氧化还原反应速度的因素

在氧化还原中，根据两个电对电位的大小，可以判断反应进行的方向。但这只能指出反应进行的可能性，并不能指出反应进行的速度。实际上不同的氧化还原反应，其反应速度存在着很大的差别。有的反应速度较快，有的反应速度较慢，有的反应虽然从理论上看是可以进行的，但实际上由于反应速度太慢而可以认为它们之间并没有发生反应。所以在氧化还原滴定分析中，从平衡观点出发，不仅要考虑反应的可能性，还要从反应速度来考虑反应的现实性。因此对影响反应速度的因素必须有一定的了解。

氧化还原反应是电子传递的反应。氧化剂和还原剂之间的电子传递会遇到很多阻力。如溶液中的溶剂分子和各种配位体，物质之间的静电作用力，反应后因价态变化引起化学键和物质组成的变化等。因此，氧化还原反应速度不仅取决于氧化剂和还原剂的性质，而且还取决于反应物的浓度、反应的温度、催化剂等条件。

（一）氧化剂和还原剂的性质

不同性质的氧化剂和还原剂，其反应速度相差极大。这与它们的电子层结构、条件电位的差别和反应历程等因素有关。对此问题，由于理论复杂，不宜在本课程中讨论。

（二）反应物的浓度

根据质量作用定律，反应速度与反应物浓度的乘积成正比。在氧化还原反应中，由于反应机理比较复杂，反应往往是分步进行的。因此，在考虑总反应的反应速度

时，不能简单地按质量作用定律处理。但一般说来，反应物的浓度愈大，反应的速度愈快。例如，在酸性溶液中，一定量的$K_2Cr_2O_7$和KI反应：

$$Cr_2O_7^{2-}+6I^-+14H^+ \rightleftharpoons 2Cr^{3+}+3I_2+7H_2O$$

增大I^-的浓度或提高溶液的酸度，都可以使反应速度加快。但酸度不能过高，否则空气中的氧对I^-的氧化速度也会加快，产生副反应，给测定结果带来误差：

$$4I^-+O_2+4H^+ \rightleftharpoons 2I_2+2H_2O$$

（三）温度

对大多数反应来说，升高溶液的温度，可提高反应速度。通常溶液的温度每增高10℃，反应速度约增大2～3倍。例如，在酸性条件下用草酸标定高锰酸钾溶液的反应：

$$2MnO_4^-+5C_2O_4^{2-}+16H^+ \rightleftharpoons 2Mn^{2+}+10CO_2+8H_2O$$

在室温下，反应速度缓慢。如果将溶液加热，反应速度便大大加快。所以，通常是将此溶液加热至75～85℃时进行标定。当温度过高时，会使$H_2C_2O_4$分解：

$$H_2C_2O_4 \rightleftharpoons CO_2+CO+H_2O$$

因此必须根据不同反应物的特点，来确定反应的适宜温度。

应该注意，不是所有的反应都能用升高温度的办法来加快反应的速度。有些物质（如I_2）具有较大的挥发性，如将溶液加热，则会引起挥发损失；有些物质（如Sn^{2+}、Fe^{2+}等）很容易被空气中的氧所氧化，如将溶液加热就会促进氧化，从而引起误差。为此，就只有采用别的方法来提高反应的速度。

（四）催化剂

催化剂有正催化剂和负催化剂之分。正催化剂加快反应速度，负催化剂减慢反应速度。在水质分析中，经常利用催化剂来改变氧化还原反应的速度。

在催化反应中，由于催化剂的存在，可能产生一些不稳定的中间价态的离子、游离基或活泼的中间络合物，从而改变了原来的氧化还原反应历程，或者降低了原来进行反应时所需的活化能，使反应速度发生变化。

例如，$KMnO_4$与$H_2C_2O_4$的反应，即使是在强酸性溶液（75～85℃）中，最初的反应速度也较慢，溶液的褪色亦很缓慢。当反应生成微量Mn^{2+}后，随着$KMnO_4$溶液的继续加入，反应速度逐渐加快，溶液的褪色也逐渐加快。在此反应中，Mn^{2+}起了催化剂的作用。这种生成物本身起催化作用的反应，叫做自动催化反应。

又如，化学需氧量的测定，在用$K_2Cr_2O_7$氧化有机物时，常加入Ag_2SO_4作催化剂。由于Ag^+的催化作用，可使$K_2Cr_2O_7$与有机物的氧化还原反应速度大大加快。

在氧化还原反应中，有时由于某一个氧化还原反应的发生，促进了另一个氧化还原反应的进行，这种现象称为诱导作用。例如，$KMnO_4$氧化Cl^-的速度很慢，但是当溶液中有Fe^{2+}存在时，$KMnO_4$与Fe^{2+}的反应可以加速$KMnO_4$与Cl^-的反应：

$$MnO_4^-+5Fe^{2+}+8H^+ \rightarrow Mn^{2+}+5Fe^{3+}+4H_2O$$

$$2MnO_4+10Cl^-+16H^+ \rightarrow 2Mn^{2+}+5Cl^-+8H_2O$$

这里MnO_4^-与Fe^{2+}的反应称为诱导反应，而MnO_4^-与Cl^-的反应称为受诱反应。其中

MnO_4^-称为作用体，Fe^{2+}称为诱导体，Cl^-称为受诱体。所以用$KMnO_4$法测定Fe^{2+}时，一般不用HCl作酸性介质。但是，如果溶液中同时存在大量Mn^{2+}，由于Mn^{2+}的催化作用，使$KMnO_4$基本上不与Cl^-起反应。因此，用$KMnO_4$法测定Fe^{2+}时，若在被测溶液中加入一定量的$MnSO_4$，则反应可在HCl酸性介质中进行。

诱导反应和催化反应是不相同的。在催化反应中，催化剂参加反应后，又变回原来的组成；在诱导反应中，诱导体参加反应后，变为其他物质。

第二节　氧化还原滴定

在氧化还原滴定中，随着滴定剂的加入，被滴定物质的氧化态和还原态的浓度逐渐改变，电对的电位也随之不断变化，并且在化学计量点附近有一个突跃。这种电位变化的情况可用滴定曲线表示。滴定曲线一般通过实验方法测得，但也可以根据能斯特方程式，从理论上进行计算。

一、滴定曲线

现以$c_{(1/6K_2Cr_2O_7)}$=0.1000mol/L的$K_2Cr_2O_7$标准溶液滴定20.00mL0.1000mol/LFe^{2+}溶液为例，说明滴定过程中电位的计算方法。其滴定反应为

$$Cr_2O_7^{2-}+6Fe^{2+}+14H^+ \rightleftharpoons 6Fe^{3+}+2Cr^{3+}+7H_2O$$

（一）滴定前

滴定前，由于空气中的氧的氧化作用，溶液中可能有极少量Fe^{2+}被氧化为Fe^{3+}，组成Fe^{3+}/Fe^{2+}电对。但由于不知道Fe^{3+}的浓度，故此时的电位无法计算。

（二）滴定开始至化学计量点前

在这个阶段，溶液中存在Fe^{3+}/Fe^{2+}和$Cr_2O_7^{2-}/Cr^{3+}$两个电对。当反应达到平衡时，两个电对的电位相等。由于此时溶液中$Cr_2O_7^{2-}$浓度很小，不易直接求得。故可利用Fe^{3+}/Fe^{2+}电对来计算溶液的电位，则

$$\phi=\phi_{Fe^{3+}/Fe^{2+}}^{\ominus}+0.059\lg\{[Fe^{3+}]/[Fe^{2+}]\}$$

若滴加10mL$K_2Cr_2O_7$溶液，则溶液中将有50%Fe^{2+}被氧化为Fe^{3+}，此时电位为

$$\phi=(0.77+0.059\lg 50/50)\ V=0.77V$$

当滴加19.98mL$K_2Cr_2O_7$溶液时，则溶液中有99.9%的Fe^{2+}被氧化为Fe^{3+}，用同样方法可计算电位为

$$\phi=(0.77+0.059\lg 99.9/0.1)\ V=0.94V$$

（三）化学计量点时

化学计量点时，加入$K_2Cr_2O_7$溶液为20.00mL（即100%），溶液中Fe^{2+}和$Cr_2O_7^{2-}$以化学计量关系作用完全。此时溶液中Fe^{2+}和$Cr_2O_7^{2-}$的浓度都很小，但不能看做零。因此，溶液的电位应该用两个电对来计算：

$$\phi_{Fe^{3+}/Fe^{2+}}=\phi_{Fe^{3+}/Fe^{2+}}^{\ominus}+0.059\lg\{[Fe^{3+}]/[Fe^{2+}]\}\quad(7-7)$$

$$\phi_{Cr_2O_7^{2-}/Cr^{3+}}=\phi_{Cr_2O_7^{2-}/Cr^{3+}}^{\ominus}+0.059/6\lg\{[Cr_2O_7^{2-}][H^+]^{14}/[Cr^{3+}]^2\}\quad(7-8)$$

将式（7-8）乘以6得

$6\phi_{Cr2072-/Cr3+}=6\phi_{Cr2072-/Cr3+}^{\ominus}+0.059lg\{[Cr_2O_7^{2-}][H^+]^{14}/[Cr^{3+}]^2\}$（7-9）

然后将式（7-7）与式（7-9）相加，得

$\phi_{Fe3+/Fe2+}+6\phi_{Cr2072-/Cr3+}=\phi_{Fe3+/Fe2+}^{\ominus}+6\phi_{Cr2072-/Cr3+}^{\ominus}+0.059lg\{[Fe^{3+}][Cr_2O_7^{2-}][H^+]^{14}/[Fe^{2+}][Cr^{3+}]^2\}$（7-10）

化学计量点时，两个电对的电位相等记为ϕ_{sp}

$\phi_{sp}=\phi_{Fe3+/Fe2+}=\phi_{Cr2072-/Cr3+}$

从$Cr_2O_7^{2-}$与Fe^{2+}的反应式可知，一个$Cr_2O_7^{2-}$与六个Fe^{2+}反应生成两个Cr^{3+}与六个Fe^{3+}，在化学计量点时它们的浓度符合以下关系：

$[Fe^{2+}]=6[Cr_2O_7^{2-}]$，$[Fe^{3+}]=3[Cr^{3+}]$

假设在化学计量点时［H+］=1mol/L，将上述条件代入式（7-10），则得

$7\phi_{sp}=(0.77+6\times1.33+0.059lg\{3[Cr^{3+}][Cr_2O_7^{2-}]/6[Cr_2O_7^{2-}][Cr^{3+}]^2\}$ V

$\phi_{sp}=1/7(0.77+7.98+0.059lg1/2[Cr^{3+}])$ V（7-11）

已知$K_2Cr_2O_7$标准溶液的浓度$c_{K2Cr2O7}=1/6\times0.1000mol/L$，又因溶液体积增加一倍，所以

$[Cr^{3+}]=(0.1000\times1/6\times1/2)\times2mol/L=0.1000/6mol/L$（7-12）

将式（7-12）代入式（7-11），有

$\phi_{sp}=1/7[0.77+7.98+0.059lg(1/2\times0.100/6)]$ V=1.26V

（四）化学计量点后

化学计量点后，由于$Cr_2O_7^{2-}$过量，溶液电位的变化由$Cr_2O_7^{2-}/Cr^{3+}$电对来计算，则

$\phi=(\phi_{Cr2072-/Cr3+}+0.059/6lg\{[Cr_2O_7^{2-}][H^+]^{14}/[Cr^{3+}]^2\})$ V

若滴加$K_2Cr_2O_7$溶液20.02mL，过量0.02mL（即过量0.1%），此时溶液中$Cr_2O_7^{2-}$和Cr^3+浓度分别为

$[Cr_2O_7^{2-}]=(0.1000\times0.1\%\times1/6\times1/2)$ mol/L=8.3×10^{-6}mol/L

$[Cr^{3+}]=(0.1000\times1/6\times1/2\times2)$ mol/L=1.7×10^{-2}mol/L

假设溶液中$[H^+]$=1mol/L，则溶液的电位

$\phi=[\phi_{Cr2072-/Cr3+}+0.059/6lg(8.3\times10^{-6}/(1.7\times10^{-2})^2)]$ V=（1.33-0.02）V=1.31V

将滴定过程中电位计算的结果绘制成滴定曲线，称为氧化还原滴定曲线。图7-1是$K_2Cr_2O_7$滴定Fe^{2+}的滴定曲线。从图中可以看出，滴定曲线在0.94～1.31V之间产生突跃，化学计量点在突跃范围内。

氧化还原滴定曲线突跃范围的大小，与氧化剂和还原剂两个电对的条件电位（或标准电位）相差值有关。两个电对电位相差愈大，化学计量点附近电位的突跃也愈大，愈容易准确地确定化学计量点。在氧化还原滴定中，通常是借助氧化还原指示剂来指示滴定终点。一般要求化学计量点附近有0.2V以上的电位突跃，才有可能进行滴定。

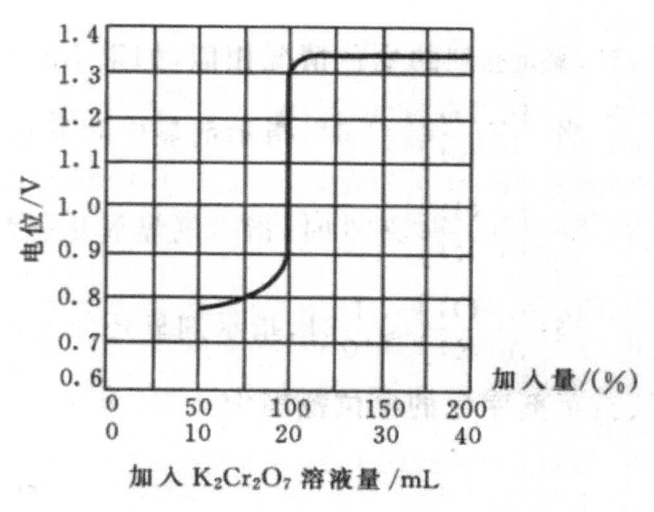

图 7-1 $K_2Cr_2O_7$ 滴定 Fe^{2+} 的滴定曲线

二、氧化还原滴定中的指示剂

在氧化还原滴定中，除了用电位法确定终点外，还可利用某些物质在化学计量点附近颜色的变化来指示滴定终点。这些物质可用作氧化还原滴定中的指示剂，按使用类型常有以下三种。

（一）自身指示剂

在氧化还原滴定中，有些标准溶液或被滴定物质本身有颜色，而反应后可变为无色或浅色，那么滴定时就不必另加指示剂，可利用本身颜色的变化来指示滴定终点。例如，在高锰酸钾法中，MnO_4^-本身显紫红色，反应后MnO_4^-被还原为Mn^{2+}，而Mn^{2+}几乎是无色的。所以用$KMnO_4$滴定无色或浅色的还原剂溶液时，就不必另加指示剂。当滴定到达化学计量点后，只要MnO_4^-稍微过量，就可以使溶液显粉红色，表示已经到达了滴定终点。实验证明，$c_{(1/5KMnO4)}$的浓度约为10^{-5}mol/L时，就可以看到溶液呈粉红色。

（二）显色指示剂

指示剂本身并不具有氧化还原性，但它能与氧化剂或还原剂发生显色反应，产生特殊的颜色，以指示滴定的终点。例如，在碘量法中，用淀粉作指示剂，可溶性淀粉与I_2反应，生成深蓝色的络合物，当I_2被还原为I^-时，深蓝色消失。根据蓝色的出现或消失来表示滴定的终点。在室温下，用淀粉可检出约10^{-5}mol/L的碘溶液。温度升高，显色灵敏度降低。

（三）氧化还原指示剂

氧化还原指示剂本身是具有氧化还原性质的有机化合物，其氧化态和还原态具有不同的颜色。在滴定过程中，指示剂由氧化态变为还原态，或由还原态变为氧化态，根据颜色的突变来指示滴定终点。如果用In（O）和In（R）分别表示指示剂的氧化态和还原态，其氧化还原电对反应为

In（O）+ne⇌In（R）

随着滴定过程中溶液电位值的变化，指示剂氧化态和还原态的浓度按能斯特方程式所示的关系变化：

$\phi=\phi_{In}^{\ominus}+0.059/n\lg\{In[O]/In[R]\}$

与酸碱指示剂的变色情况相似，如果In（O）和In（R）的颜色强度相差不大，则

当In［O］/In［R］=1时，指示剂显中间颜色，此时 $\phi=\phi_{In}^{\ominus}$，称为指示剂的理论变色点；

当In［O］/In［R］⩾10时，指示剂显氧化态颜色，此时 $\phi\geqslant\phi_{In}^{\ominus}+0.059/n$；

当In［O］/In［R］⩽1/10时，指示剂显还原态颜色，此时 $\phi\leqslant\phi_{In}^{\ominus}+0.059/n$。

故指示剂变色的电位范围为

$\phi_{In}^{\ominus}\pm0.059/n\,V$

在实际工作中，采用条件电位比较合适，故得到指示剂变色的电位范围为

$\phi_{In}^{\ominus'}\pm0.059/n\,V$

当n=1时，指示剂变色的电位范围为 $\phi_{In}^{\ominus'}\pm0.059V$；n=2时，为 $\phi_{In}^{\ominus'}\pm0.030V$。由于此范围甚小，一般情况下，可用指示剂的条件电位来估计指示剂变色的电位范围。

在氧化还原滴定中，选择指示剂变色的电位范围应在滴定电位的突跃范围之内，或指示剂的条件电位尽量与滴定的化学计量点电位一致。

例如，邻二氮菲-亚铁指示剂，简称试亚铁灵。邻二氮菲与Fe^{2+}生成深红色的络离子，被氧化剂氧化后形成浅蓝色Fe^{3+}的络离子：

$Fe(C_{12}H_8N_2)_3^{3+}+e\rightleftharpoons Fe(C_{12}H_8N_2)_3^{2+}\quad\phi^{\ominus'}=1.06V$

（浅蓝色）　　　　　　　　（深红色）

由于指示剂的条件电位较高，所以特别适合于用强氧化剂作滴定剂时用作指示剂。如用$K_2Cr_2O_7$滴定Fe^{2+}时，通常选用邻二氮菲-亚铁指示剂。强酸以及能与邻二氮菲形成稳定络合物的金属离子（如Co^{2+}、Ni^{2+}、Cu^{2+}、Zn^{2+}、Cd^{2+}等），会破坏邻二氮菲-亚铁络合物。

现将常用的氧化还原指示剂列于表7-1中。

表7-1 常用的氧化还原指示剂

指示剂	$\phi_{In}^{\ominus}/V$ ［H^+］=1mol/L	颜色变化	
		氧化态	还原态
次甲基蓝	0.36	蓝	无色
二苯胺	0.76	紫	无色
二苯胺磺酸钠	0.84	紫红	无色
邻苯氨基苯甲酸	0.89	紫红	无色
邻二氮菲-亚铁	1.06	浅蓝	红
硝基邻二氮菲-亚铁	1.25	浅蓝	紫红

第三节 应用

一、高锰酸钾法水中耗氧量的测定

（一）概述

高锰酸钾是一种强氧化剂。它的氧化作用与溶液的酸度有关。在强酸性溶液中，高锰酸钾与还原剂作用，MnO_4^-被还原为Mn^{2+}：

$MnO_4^-+8H^++5e \rightleftharpoons Mn^{2+}+4H_2O \quad \phi^{\ominus}=1.51V$

在微酸性、中性或弱碱性溶液中，MnO_4^-被还原为MnO_2：

$MnO_4^-+2H_2O+3e \rightleftharpoons MnO_2+4OH^- \quad \phi^{\ominus}=0.588V$

由于生成褐色的水合二氧化锰（$MnO_2 \cdot H_2O$）沉淀，影响滴定终点的观察，因而用高锰酸钾标准溶液进行滴定时，一般是在强酸性溶液中进行。

在不同的酸溶液中，MnO_4^-还原为Mn^{2+}的条件电位不同。如在8mol/LH_3PO_4溶液中，$\phi^{\ominus'}=1.27V$；在4.5～7.5mol/LH_2SO_4溶液中=1.49～1.50V。通常选用H_2SO_4作酸性介质，避免使用HCl或HNO_3。因为Cl^-具有还原性，能与MnO_4^-作用；HNO_3具有氧化性，能氧化某些被滴定的物质。

在强碱性（NaOH浓度大于2mol/L）溶液中，MnO_4^-易与某些有机物反应，其反应速度比在酸性条件下快。所以用高锰酸钾法测定有机物，常在强碱性溶液中进行。此时，MnO_4^-被还原为MnO_4^{2-}：

$MnO_4^-+e \rightleftharpoons MnO_4^- \quad \phi^{\ominus}=0.564V$

高锰酸钾法的优点是氧化能力强，因而应用广泛；MnO_4^-本身有颜色，一般不需另加指示剂。高锰酸钾法的主要缺点是试剂常含有少量杂质，使溶液不够稳定；由于其氧化能力强，可以和很多还原性物质发生反应，所以干扰也较严重。

（二）高锰酸钾标准溶液

高锰酸钾试剂中常含有少量MnO_2和其他杂质，而且蒸馏水中也常含有微量的还原性物质，它们可与MnO_4^-反应而析出$MnO(OH)_2$沉淀；同时，热、光、酸、碱等也能促进高锰酸钾溶液的分解。因此，不能直接用高锰酸钾试剂配制标准溶液。通常是先配制一近似浓度的溶液，然后再进行标定。

为了配制较稳定的高锰酸钾溶液，常采用下列措施：

①取稍多于理论计算量的高锰酸钾，溶解在规定体积的蒸馏水中。如配制$c_{1/5KMnO4}$=0.1mol/L$KMnO_4$溶液1L，一般称取固体高锰酸钾3.3～3.5g。

②将配好的高锰酸钾溶液加热至沸，并保持微沸1小时，然后放置2～3天，使溶液中各种还原性物质完全氧化。

③用微孔玻璃漏斗过滤，滤去析出的沉淀。

④将过滤后的高锰酸钾溶液贮存在棕色试剂瓶中，并存放于暗处，以待标定。

如需要浓度较稀的高锰酸钾溶液，可用蒸馏水将$c_{1/5KMnO4}$=0.1mol/L$KMnO_4$溶液随时进行稀释和标定后使用，但不宜长期贮存。

标定高锰酸钾溶液的基准物质较多，如$Na_2C_2O_4$、As_2O_3、$H_2C_2O_4 \cdot 2H_2O$、$(NH_4)C_2O_4$等。其中$Na_2C_2O_4$是最常用的基准物质。因为它容易提纯、性质稳定、不含结晶水，在105～110℃下烘干约2小时，冷却后即可使用。

在H_2SO_4溶液中，MnO_4^-与$C_2O_4^{2-}$的反应如下：

$$MnO_4^- + 5C_2O_4^{2-} + 16H^+ = 2Mn^{2+} + 10CO_2 + 8H_2O$$

为了使这个反应能够定量较快地进行，必须注意下列条件：

（1）温度

在室温下反应速度缓慢，须将溶液加热至75～85℃时进行滴定。

（2）酸度

为了使滴定反应能够正常进行，溶液应保持一定的酸度。一般在开始滴定时，溶液的酸度为0.5～1mol/L；滴定终了时，酸度为0.2～0.5mol/L。若酸度太小，容易产生副反应：

$$2MnO_4^- + 3C_2O_4^{2-} + 8H^+ = 2MnO_2 + 6CO_2 + 4H_2O$$

生成MnO_2沉淀，影响滴定的准确度。若酸度过高，则会使部分$H_2C_2O_4$分解。

（3）滴定速度

由于MnO_4^-与$C_2O_4^{2-}$的反应是自动催化反应，开始滴定时，速度不宜太快，在$KMnO_4$红色没有褪去之前，不宜加入第二滴。待几滴$KMnO_4$溶液已产生作用之后，滴定速度可稍微加快，但不能过快，否则加入的$KMnO_4$溶液还来不及与$C_2O_4^{2-}$反应就会发生分解，从而产生滴定误差。

$$4MnO_4^- + 12H^+ = 4Mn^{2+} + 5O_2 + 6H_2O$$

（4）滴定终点

用$KMnO_4$溶液滴定的终点颜色不稳定，这是因为空气中的还原性气体和尘埃等杂质落入溶液中，使$KMnO_4$缓慢还原，故溶液的粉红色逐渐消失。所以，在正常情况下，若出现的粉红色在1分钟内不褪色，就可认为已经到达滴定终点。

（三）水中耗氧量的测定

耗氧量是指1L水中的还原性物质（无机物和有机物），在一定条件下被高锰酸钾氧化所消耗高锰酸钾的量，以氧的毫克数表示（O_2mg/L），称为高锰酸盐指数。

天然水中主要存在的无机还原性物质有Fe^{2+}、NO_2^-、S^{2-}、SO_3^{2-}等，而有机还原性物质的组成比较复杂，主要来源于腐烂的动植物体，以及所排放的生活污水和工业废水。水中有机物含量的多少，在一定程度上反映了水被污染的状况。由于天然水中所含的无机还原性物质很少，因此一般可用耗氧量间接表示水中有机物的含量。测定水中耗氧量，是饮用水和工业用水的一项重要水质指标。

在测定条件下，高锰酸钾并不能使水中所有的有机物全部氧化，如对含碳有机物易氧化，而对含氮有机物却不易氧化。因此，耗氧量只能反映水中有机物的相对含量。但是，用它来比较不同地区和不同时间间隔的原水的水质，仍具有很大的实际意义。

耗氧量的测定一般采用酸性高锰酸钾法。测定时必须严格控制反应条件。将被测

水样在酸性条件下，加入一定量的$KMnO_4$标准溶液，加热至沸，促进$KMnO_4$的氧化作用。其反应为

$$4MnO_4^-+5C+12H^+=4Mn^{2+}+5CO_2+6H_2O$$

水样中污染物质被$KMnO_4$氧化后，再加入一定量的$Na_2C_2O_4$标准溶液还原剩余的$KMnO_4$，其反应为

$$2MnO_4^-+5C_2O_4^{2-}+16H^+=2Mn^{2+}+10CO_2+8H_2O$$

最后再用$KMnO_4$标准溶液回滴过量的$Na_2C_2O_4$，使溶液呈粉红色时为止。根据高锰酸钾的用量计算高锰酸盐指数。

当水样中含有大量氯化物（300mg/L以上）时，由于$KMnO_4$与$Na_2C_2O_4$的反应，也促进了$KMnO_4$与Cl^-的反应：

$$2MnO_4^-+10Cl^-+16H^+=2Mn^{2+}+5Cl_2+8H_2O$$

从而使耗氧量的测定结果偏高。为此，水样可用蒸馏水稀释，使氯化物浓度降低，或是采用碱性高锰酸钾法。

采用碱性高锰酸钾法时，将被测水样在碱性条件下，加入一定量的$KMnO_4$标准溶液，加热至沸，并准确煮沸一定时间，其反应为

$$4MnO_4^-+3C+2H_2O=4MnO_2+3CO_2+4OH^-$$

待水样中的污染物质被氧化后，再向溶液中加入一定量的H_2SO_4溶液和$Na_2C_2O_4$标准溶液。其滴定程序与酸性高锰酸钾法相似。这时加入的$Na_2C_2O_4$除了还原剩余的$KMnO_4$外，还可以使生成的MnO_2还原，其反应为

$$MnO_4^-+C_2O_4^{2-}+4H^+=Mn^{2+}+2CO_2+2H_2O$$

显然，氧化同样多的有机物，在碱性条件下比在酸性条件下消耗的$KMnO_4$的量要多。然而这一多消耗的量，被后来从MnO_2还原为Mn^{2+}时所需消耗的$C_2O_4^{2-}$的量所抵消。因此，对于同一水样，采用酸性法或碱性法，所测得的耗氧量是相同的。

二、重铬酸钾法——水中化学需氧量的测定

（一）概述

重铬酸钾是一种常用的较强氧化剂，在酸性溶液中，$K_2Cr_2O_7$与还原剂作用，$Cr_2O_7^{2-}$被还原为Cr^{3+}：

$$Cr_2O_7^{2-}+14H^++6e\rightleftharpoons 2Cr^{3+}+7H_2O \quad \phi^{\ominus}=1.33V$$

在酸性溶液中，$K_2Cr_2O_7$还原时的条件电位常比标准电位小。如在4mol/LH_2SO_4溶液中，$\phi^{\ominus'}=1.15V$；在3mol/LHCl溶液中，$\phi^{\ominus'}=1.08V$；在1mol/L$HClO_4$溶液中，$\phi^{\ominus'}=1.025V$。溶液酸度增大，$K_2Cr_2O_7$的条件电位亦随之增大。

重铬酸钾法有以下优点：$K_2Cr_2O_7$容易提纯，在140～150℃下干燥后，可以直接称量、配制标准溶液；$K_2Cr_2O_7$标准溶液非常稳定，长期密闭贮存浓度不变；$K_2Cr_2O_7$的氧化能力比$KMnO_4$稍弱（在1mol/LHCl溶液中$\phi^{\ominus'}=1.00V$），室温下不会氧化Cl^-（$\phi Cl_2/Cl^{-\ominus}=1.36V$），因此可在HCl介质中用$K_2Cr_2O_7$滴定$Fe^{2+}$。

在重铬酸钾法中，虽然橙黄色的$Cr_2O_7^{2-}$还原后能转化为绿色的Cr^{3+}，但当$Cr_2O_7^{2-}$浓度很小时其颜色很浅，所以不能根据它本身的颜色变化来确定滴定终点，而需采用氧

化还原指示剂，如二苯胺磺酸钠、邻二氮菲-亚铁等。

重铬酸钾法可以用来测定铁的含量。通常在测定中，用二苯胺磺酸钠作指示剂，并向被测溶液中加入H_3PO_4。由于H_3PO_4能与Fe^{3+}形成无色而稳定的$[Fe(HPO_4)]^+$络离子，降低了Fe^{3+}/Fe^{2+}电对的电位，使滴定的突跃范围增大，从而使指示剂能够准确指示滴定终点。

在水质分析中，重铬酸钾法最重要的应用是测定化学需氧量。

（二）水中化学需氧量的测定

化学需氧量是指1L水中的还原性物质（无机物和有机物），在一定条件下被$K_2Cr_2O_7$氧化所消耗$K_2Cr_2O_7$的量，以氧的毫克数表示（O_2mg/L）。通常用符号COD表示化学需氧量。

重铬酸钾在强酸性条件下，可使水中绝大部分有机物和还原态无机物氧化，若加入催化剂（硫酸银），可使直链烃类化合物的氧化达到85%～95%以上，但对芳香烃类化合物仍难以氧化，如苯、甲苯、吡啶等。总的说来，化学需氧量中有机物的氧化率，要远高于高锰酸钾法。因此，对于严重污染水、生活污水和工业废水等，常以化学需氧量来表示水中污染物质（主要是有机污染物）的相对含量。所以，重铬酸钾法测定化学需氧量是各种污水分析的最重要的水质指标之一。在测定中，为了得到准确的结果，同高锰酸钾法一样，必须严格控制反应的条件。

化学需氧量的测定是在被测水样中，加入一定量的强酸（一般用H_2SO_4）和一定量的$K_2Cr_2O_7$标准溶液，以Ag_2SO_4作催化剂，加热煮沸，并冷凝回流2小时，使重铬酸钾与水中还原性污染物质充分作用，其反应为

$$2Cr_2O_7^{2-}+3C+16H^+=4Cr^{3+}+3CO_2+8H_2O$$

然后，以邻二氮菲-亚铁作指标剂，用硫酸亚铁铵$[(NH_4)_2Fe(SC)_4)_2]$标准溶液滴定剩余的$K_2Cr_2O_7$，其反应为

$$Cr_2O_7^{2-}+6Fe^{2+}+14H^+=2Cr^{3+}+6Fe^{3+}+7H_2O$$

同时，为避免因操作中引入有机物而造成的误差，应按同样程序，以蒸馏水代替水样进行空白试验，从而得到水样中有机物被氧化所消耗的$K_2Cr_2O_7$量，以氧的毫克数表示（O_2mg/L）。

如果只要求用化学需氧量表示水中有机物的含量，但水中又含有较多的无机还原性物质时，则应个别求出各无机还原性物质的含量，然后再减去这部分还原性物质对$K_2Cr_2O_7$的消耗量。有时也可采用排除无机还原性物质干扰的方法进行测定，例如当水中氯化物含量高于30mg/L时，可加硫酸汞形成可溶性络合物，避免Cl^-的干扰。一般情况下，硫酸汞加入量为Cl^-量的10倍。又如当亚硝酸盐干扰较大时，应加入氨基磺酸排除干扰，氨基磺酸加入量为亚硝酸盐量的10倍。为方便起见，最好把氨基磺酸加到重铬酸钾标准溶液内，与被测水样一起加热回流，其反应为

$$NH_2SO_2OH+NO_2^-=HSO_4^-+N_2+H_2O$$

对此进行空白试验，氨基磺酸也应加在蒸馏水空白内。

三、碘量法——水中溶解氧、生化需氧量的测定

（一）概述

碘量法是利用I_2的氧化性和I^-的还原性来进行滴定的方法。固体I_2在水中的溶解度很小（0.00133mol/L），故通常将I_2溶解在KI溶液中，此时I_2以I_3^-形式存在于溶液中：

$I_2+I^- \rightleftharpoons I_3^-$

为方便起见，一般简写为I_2。因此，碘量法的基本反应是

$I_3^-+2e \rightleftharpoons 3I^-$ $\phi^\ominus=0.545V$

I_2是较弱的氧化剂，能与较强的还原剂作用；而I^-是中等强度的还原剂，能与许多氧化剂作用。因此，碘量法又可分为直接碘量法和间接碘量法。

直接碘量法（或称碘滴定法）：是利用I_2标准溶液直接滴定较强的还原性物质，如SO_2、SO_3^{2-}、$S_2O_3^{2-}$，AsO_3^{3-}、Sn（II）、Sb（III）等。然而，由于I_2的氧化能力较弱，在酸性溶液中，只有少数还原性强、不受H^+浓度影响的物质才能发生定量反应。所以，直接碘量法的应用受到限制。应该指出，直接碘量法不能在碱性溶液中进行，这是因为会发生下列歧化反应：

$3I_2+6OH^-=IO_3^-+5I^-+3H_2O$

间接碘量法（或称滴定碘法是利用I^-在一定条件下还原氧化性物质后，定量析出与之相当的I_2，然后用$Na_2S_2O_3$标准溶液滴定所析出的I_2。例如，$KMnO_4$在酸性溶液中，与过量的KI作用，析出I_2，再用$Na_2S_2O_3$标准溶液滴定：

$2MnO_4^-+10I^-+16H^+=2Mn^{2+}+5I_2+8H_2O$

$I_2+2S_2O_3^{2-}=2I^-+S_4O_6^{2-}$

利用这一方法可以测定$KMnO_4$的含量。由于I^-是中等强度的还原剂，能被一般氧化剂定量氧化而析出I_2，因此间接碘量法的应用相当广泛，可用于测定Cu^{2+}、CrO_4^{2-}、$Cr_2O_7^{2-}$、IO_3^-、BrO_3^-、AsO_4^{3-}、SbO_4^{3-}、ClO^-、NO_2^-、H_2O_2等。

在碘量法中，为了提高分析结果的准确度，必须注意以下问题：

（1）控制溶液的酸度

$S_2O_3^{2-}$与I_2的反应迅速、完全，但必须在中性或弱酸性溶液中进行。因为在碱性溶液中，$S_2O_3^{2-}$将与I_2发生下列副反应：

$S_2O_3^{2-}+4I_2+10OH^-=2SO_4^{2-}+8I^-+5H_2O$

而且I_2在碱性溶液中还会发生歧化反应。

在强酸性溶液中，$Na_2S_2O_3$会发生分解：

$S_2O_3^{2-}+2H^+=SO_2+S+H_2O$

同时，I^-在强酸性溶液中易被空气中的氧所氧化：

$4I^-+4H^++O_2=2I_2+2H_2O$

光线照射能促进上述氧化作用。

（2）防止碘的挥发和空气中的氧氧化I^-

溶液中应加入过量的KI，使I_2以I_3^-形式存在于溶液中，这样可减少I_2的挥发；反

应时溶液的温度不能过高，一般在室温下进行；滴定时最好在碘量瓶中进行，且不要剧烈摇动溶液。

为防止I^-被空气中的氧所氧化，溶液的酸度不能过高；析出I_2以后，不能让溶液放置过久，一般放置5分钟后，即用$Na_2S_2O_3$溶液滴定；滴定速度应适当加快；在整个测定过程中应避免阳光直接照射。

（二）硫代硫酸钠标准溶液

固体$Na_2S_2O_3 \cdot 5H_2O$常含有少量S、S^{2-}、SO_3^{2-}、CO_3^{2-}、Cl^-等杂质，同时还容易风化、潮解。因此，不能用直接称量的方法来配制标准溶液，只能先配成近似浓度的溶液，然后再进行标定。

$Na_2S_2O_3$溶液不稳定，易分解，其原因：

（1）细菌的作用

$Na_2S_2O_3 \rightarrow Na_2SO_3 + S$

（2）溶解的CO_2的作用

$Na_2S_2O_3$在中性或弱碱性溶液中较稳定，在$pH<4.6$时不稳定。当溶液中有CO_2时，则

$S_2O_3^{2-} + CO_2 + H_2O = HCO_3^- + HSO_3^- + S$

因此，配制好的$Na_2S_2O_3$溶液应放置几天后，再进行标定为宜。

（3）空气的氧化作用

$2S_2O_3^{2-} + O_2 \rightarrow 2SO_4^{2-} + 2S$

综上所述，配制$Na_2S_2O_3$溶液时，需要用新近煮沸（除去CO_2并杀死细菌）并冷却了的蒸馏水，再加入少量$Na_2S_2O_3$使溶液呈弱碱性，以防止$Na_2S_2O_3$的分解。

日光能促进$Na_2S_2O_3$的分解，所以$Na_2S_2O_3$溶液应贮存在棕色瓶中，并放置在暗处，每隔一定时间，应重新加以标定。如果发现溶液变浑浊，就应该过滤后再标定，或者重新配制溶液。

标定$Na_2S_2O_3$溶液的基准物质有$K_2Cr_2O_7$、KIO_3、$KBrO_3$等。称取一定量的基准物质，在酸性溶液中与过量KI作用，析出与之相当的I_2，以淀粉为指示剂，用$Na_2S_2O_3$溶液滴定至蓝色恰好消失为止，即为滴定终点。有关反应式如下：

$Cr_2O_7^{2-} + 6I^- + 14H^+ = 2Cr^{3+} + 3I_2 + 7H_2O$

或

$IO_3^- + 5I^- + 6H^+ = 3I_2 + 3H_2O$

或

$BrO_3^- + 6I^- + 6H^+ = 3I_2 + Br^- + 3H_2O$

$K_2Cr_2O_7$与KI的反应速度较慢，应将溶液在暗处放置一定时间（5分钟），待反应完全后再用$Na_2S_2O_3$溶液滴定。KIO_3与KI的反应较快，应及时进行滴定。在以淀粉作指示剂时，应先用$Na_2S_2O_3$滴定至溶液呈浅黄色（大部分I_2已作用）后，才加入淀粉溶液。淀粉若加入太早，影响I_2与$Na_2S_2O_3$的反应速度，使滴定产生误差。

滴定至终点后，经过5分钟以上，溶液又会出现蓝色，这是由于空气中的氧对I^-氧化引起的，不影响分析结果。

在水质分析中，碘量法最重要的应用是测定溶解氧和生化需氧量。

（三）水中溶解氧的测定

溶解于水中的氧称为溶解氧，常用符号DO表示。水中溶解氧的含量与大气压力、空气中氧的分压、水的温度有密切关系。大气压力（氧的分压）减小，溶解氧量也减少；温度升高，溶解氧量也显著下降。表7-2是在0.1MPa下，空气中含氧量为20.9%（体积）时，氧在淡水中不同水温下的溶解度（mg/L）。

当大气压力变化时，可以按照下列公式计算溶解氧的含量：

s’=s×p’/p

式中，s’为大气压力在p’MPa时氧的溶解度（mg/L）为大气压力为0.1MPa时氧的溶解度（mg/L）；p为大气压力为0.1MPa；p’为测定时的大气压力（MPa）。

表7-2 溶解氧与水温的关系

温度/℃	溶解氧/（mg/L）	温度/℃	溶解氧/（mg/L）	温度/℃	溶解氧/（mg/L）	温度/℃	溶解氧/（mg/L）
0	14.62	10	11.33	20	9.17	30	7.63
1	14.23	11	11.08	21	8.99	31	7.5
2	13.84	12	10.83	22	8.83	32	7.4
3	13.48	13	10.60	23	8.68	33	7.3
4	13.13	14	10.37	24	8.53	34	7.2
5	12.80	15	10.15	25	8.38	35	7.1
6	12.48	16	9.95	26	8.22	36	7.0
7	12.17	17	9.74	27	8.07	37	6.9
8	11.87	18	9.54	28	7.92	38	6.8
9	11.59	19	9.35	29	7.77	39	6.7

水体中溶解氧量的多少，在一定程度上能够反映出水体受污染的程度。由于地面水敞露于空气中，因而在正常情况下，清洁的地面水所含溶解氧量接近饱和状态。水中含有藻类时，由于光合作用而放出氧，就可能使水中的溶解氧量为过饱和状态。湖塘水的溶解氧量，在一般情况下与水层的深度成反比。地下水往往只含有少量的溶解氧，深层地下水甚至不含有溶解氧，这是因为地下水很少与空气接触，而且当地下水渗透时，可与土壤中某些物质起氧化作用，从而消耗了水中的溶解氧。当水体受到污染时，由于氧化污染物质需要耗氧，水中溶解氧量就逐渐减少。当污染严重时，氧化作用加快，水体还来不及从空气中吸收足够的氧来补充消耗的氧，以致使水中溶解氧量趋近于零。在这种情况下，厌氧细菌迅速繁殖并活跃起来，水中有机污染物质发生腐败作用，使水体变黑发臭。

水中溶解氧与水生动植物的生存以及水中的某些工业设备的使用寿命有密切关系。例如当水中溶解氧量过低（低于4mg/L）时，许多鱼类就可能发生窒息而死亡。又如当水中溶解氧量过高时，则对工业用水中的金属设备和水中的金属构筑物有较强的腐蚀作用，促使铁被氧化而溶解：

$2Fe+O_2+2H_2O=2Fe(OH)_2$

水中溶解氧量的多少对水源自净作用的研究也有着极其密切的关系。在一条流动的河水中，取不同地段的水样测定溶解氧量，可以帮助了解该水源不同地段的自净作用的效率和速度，为建立自来水厂提供参数。

综上所述，水中溶解氧的测定对环境保护、用水和废水处理等方面有着重要的意义，它是衡量水体污染的一个重要指标。

溶解氧的测定一般采用间接碘量法。测定时，在被测水样中加入硫酸锰及碱性碘化钾（由NaOH和KI组成）溶液，发生以下反应：

$MnSO_4+2NaOH=Mn(OH)_2\downarrow$（白色）$+Na_2SO_4$

$2Mn(OH)_2+O_2=2MnO(OH)_2\downarrow$

生成的$MnO(OH)_2$也可写为H_2MnO_3，是棕色沉淀。当溶解氧愈多时，其沉淀的颜色愈深。

加入浓硫酸，使沉淀溶解，析出与溶解氧相当的I_2，以淀粉为指示剂，用$Na_2S_2O_3$标准溶液进行滴定，其反应为

$MnO(OH)_2+2I^-+4H^+=I_2+Mn^{2+}+3H_2O$

$2Na_2S_2O_3+I_2=Na_2S_4O_6+2NaI$

此法适用于清洁的地面水或地下水。测定时可能受到许多物质的干扰，例如NO_2^-、Fe^{3+}、Cl_2均能使I^-氧化为I_2，使测定结果偏高。如NO_2^-存在时有下列反应：

$2NO_2^-+2I^-+4H^+==I_2+2NO+2H_2O$

在测定过程中水样易与空气接触，又会溶入一些氧，并与NO作用，转化为NO_2^-：

$4NO+O_2+2H_2O=4HNO_2$

这种循环过程将导致极大的偏差。又如SO_3^{2-}、S^{2-}、Fe^{2+}均能使I_2还原成I^-，而使测定结果偏低。如SO_3^{2-}存在时有下列反应：

$SO_3^{2-}+2I_2+6H^+=S+4I^-+3H_2O$

为消除各种干扰，常采用下列方法：

叠氮化钠（NaN_3）法消除NO_2^-的干扰。NaN_3可在配制碱性碘化钾溶液时同时加入，当加入硫酸后，有如下反应：

$NaN_3+H_+=HN_3+Na^+$

$HN_3+NO_2^-+H^+=N_2+N_2O+H_2O$

高锰酸钾法消除有机物、Fe^{2+}、NO_2^-的干扰。在测定溶解氧之前，先加入过量的$KMnO_4$和H_2SO_4，使上述还原态物质氧化，其反应如下：

$5C+4MnO_4^-+12H^+=5CO_2+4Mn^{2+}+6H_2O$

$5Fe^{2+}+MnO_4^-+8H^+=5Fe^{3+}+Mn^{2+}+4H_2O$

$5NO_2^-+2MnO_4^-+6H^+=5NO_3^-+2Mn^{2+}+3H_2O$

剩余的$KMnO_4$再用$Na_2C_2O_4$除去。

消除Fe^{3+}的干扰，可加入KF，形成稳定的FeF_6^{3-}络合物，以降低Fe^{3+}的浓度。

对于生活污水和含有较多干扰物质的工业废水，采用间接碘量法测定溶解氧有困难，这时可采用膜电极法进行测定，即以溶解氧测定仪测定水中溶解氧。此法快速、

简便，可连续进行测定，适宜室外工作。

（四）生化需氧量的测定

生化需氧量（或称生物化学需氧量）是指在有氧的条件下，由于微生物（主要是细菌）的作用，1L水中可以分解的有机物完全氧化分解时所需要的溶解氧量。用氧的毫克数表示（O_2mg/L）。常用符号BOD表示生化需氧量。

有机物在微生物的作用下，逐步氧化分解而达到无机化的过程称为生物氧化过程。水中存在着大量的微生物，细菌也是其中之一，具有分解、氧化有机物的巨大能力。在这个过程中，细菌从有机物的氧化反应中获得能量，被称为呼吸作用。细菌在呼吸时按其对氧的需要，可以分为好氧菌和厌氧菌。好氧菌是指生活时需要氧的细菌，它进行的呼吸作用称为好气生物氧化过程。厌氧菌是指在缺氧的环境中才能生活的细菌，它进行的呼吸作用称为厌气生物氧化过程。

当含有有机物的生活污水和工业废水排入天然水体后，细菌就开始利用水中的溶解氧进行好气分解。如果有机物的含量不高，而且水中的溶解氧不断得到补充，则好气氧化过程将一直继续下去，直到有机物完全无机化，水体恢复到原有的清洁程度为止。这就是水体的自净作用。如果有机物的含量较高，好气分解所消耗的溶解氧量甚多，而水体无法及时补充溶解氧时，则水中溶解氧就会减少甚至达到无氧状态，于是有机物的分解就转而成为厌气过程。厌气分解的产物中有CH_4和H_2S等气体，可造成水体的腐化发臭。同时由于缺氧，使水中依靠溶解氧生存的生物衰亡，造成水体更加严重的污染。因此，通常用在有氧条件下，有机物被好氧菌分解所消耗的溶解氧来间接表示水中有机物的含量，这一指标称为生化需氧量。所消耗的溶解氧量愈多，生化需氧量愈高，则表示水中有机物的含量愈多。所以，生化需氧量是衡量生活污水和工业废水中有机污染的一个重要指标。

在有氧的条件下，水中有机物生物氧化过程可分为两个阶段。第一阶段（称碳化阶段）中，主要是有机物在好氧菌的作用下转变为CO_2、H_2O和NH_3。这个阶段主要是不含氮的碳水有机物的氧化，也包括含氮有机物的氨化以及氨化后生成的不含氮有机物的继续氧化过程。第二阶段（称硝化阶段）中，主要是氨被硝化菌转化为亚硝酸盐和硝酸盐。由于氨已经是无机物，即使不进一步氧化，对水体的环境卫生影响也不大。因此，生化需氧量通常只指第一阶段有机物生物氧化所需的氧量。

因为微生物的活动与温度有关，所以测定生化需氧量常以20℃作为测定的标准温度。当温度为20℃时，一般的有机物需要20天左右就能基本完成第一阶段的氧化过程。若要全部完成整个生物氧化过程则需100多天。这么长的氧化时间，显然没有实际意义。因此，在实际工作中，把温度在20℃时，生物氧化的时间规定为五天，作为测定生化需氧量的标准条件。这时测得的生化需氧量称为五天生化需氧量，用符号BOD_5表示。对于生活污水和一般工业废水来说，BOD_5约为全部生化需氧量的65%～80%。因此，用BOD_5来反映水中有机物污染的程度，具有一定的代表性和相对性。

生化需氧量的测定可采用下列方法。

（1）化学测定法。

与测定溶解氧相同，生化需氧量的测定也是应用间接碘量法。将水样在20℃的温度下培养五天，测定水样培养前和培养后的溶解氧，二者之差即为生物氧化过程中所消耗的氧。

如果水中有机物较多，所含的溶解氧不够培养五天所需，则在测定前需将水样用含有一定养料和饱和溶解氧的稀释水进行适当的稀释，使水中含有足够的溶解氧，以满足五天的生化需氧量。一般要求稀释水样在20℃下培养五天后，使溶解氧减少40%～70%为宜，并且以溶解氧减少40%～70%的稀释水样来计算水样的生化需氧量，其计算式为

$$BOD_5=\frac{(D_1-D_2)-(B_1-B_2)f_1}{f_2}\text{mg/L}$$

式中，D_1为稀释水样在培养前的溶解氧；D_2为稀释水样在培养后的溶解氧；B_1为稀释水在培养前的溶解氧；B_2为稀释水在培养后的溶解氧；f_1为稀释水在稀释水样中所占的比例；f_2为水样在稀释水样中所占的比例。

【例7-7】测定某生活污水水样的五天生化需氧量情况如下：水样用稀释水稀释，稀释比为3%；稀释水样培养前的溶解氧为9.71mg/L，稀释水样培养后的溶解氧为4.50mg/L，稀释水培养前的溶解氧为9.90mg/L，稀释水培养后的溶解氧为9.70mg/L。求BOD_5。

解：先求培养五天后溶解氧减少的百分数：

$$\frac{D_1-D_2}{D_1}\times 100\%=\frac{9.71-4.50}{9.71}\times 100\%=54\%$$

由此可知，溶解氧的减少量在所要求的范围内，所以可求BOD_5。由稀释比为3%，可知稀释水样是由3份生活污水和97份稀释水组成的。则f_1=0.97，f_2=0.03，故

$$BOD_5=\frac{(9.71-4.50)-(9.90-9.70)\times 0.97}{0.03}\text{mg/L}=167\text{mg/L}$$

为了提高生化需氧量测定结果的准确性，必须注意以下几个问题。

①稀释水的选择和配制。

因为稀释水不能含有有毒物质或污染杂质，所以一般选用蒸馏水来配制稀释水。

稀释水应呈中性，以保证微生物有良好的生长和活动环境，故在稀释水中需加入磷酸盐缓冲溶液。

稀释水中必须有供微生物生长的营养料，故在稀释水中应加入氯化铵、硫酸镁、氯化铁、氯化钙等，以保证各种营养成分。

稀释水要保证有充足的溶解氧，以供微生物氧化分解有机物之用。因此，稀释水要经过曝气，使水中溶解氧接近饱和。

如果被测水样中缺乏微生物时（如一些有毒的工业废水），则应在稀释水中投加适量的微生物（或称接种液）。一般以每升稀释水加1～2mL经过沉淀除去悬浮物的生活污水和河水作为接种液。如果工业废水中的有机物只能被某些特殊的微生物氧化分解，而一般的生活污水和河水中又不一定含有这种微生物时，则常在这种工业废水排入河道的下游处采取其接种液。这是因为工业废水的排入，会在河道的下游附近繁殖足量的能使有机物氧化分解的微生物。

稀释水一般不应含有机物，但当加入接种液后，就会引进有机物。为了保证测定

结果的准确性，一般应作空白试验，并要求稀释水的BOD_5最好不超过0.2mg/L。

②稀释倍数的确定。

较清洁的水无需稀释，但一般受污染的水、生活污水、工业废水都应根据污染程度的不同，进行不同程度的稀释。稀释倍数应根据培养后溶解氧减少的量而定。对于同一水样，应同时进行3～4种不同稀释倍数的实验。通常选择培养五天后，溶解氧减小40%～70%的稀释水样的稀释倍数，作为计算水中BOD_5的数据。

在实际工作中，一般对污染严重的水样，可稀释100～1000倍；对普通污水和沉淀过的污水，可稀释20～100倍；对受到污染的河水，可稀释1～4倍。如果对水样污染性质不了解，则可用$K_2Cr_2O_7$法测得的COD值除以5或6，所得到的商值，作为稀释倍数的参考数据。

③防止空气中的氧引起的误差。

在测定过程中，为防止空气中的氧进入水样，应该用虹吸法采取水样和稀释水样。当培养瓶溢满水样后，需将瓶口塞紧，并用水封口，与空气隔绝。

（2）BOD仪器测定法。

①BOD库仑仪。

BOD库仑仪是利用电化学分析法（库仑法），测定生化需氧量的装置，如图7-2所示。它由培养瓶、电解瓶、电极式压力计、电自动控制仪、记录仪等部件组成。与化学测定法相比，此种装置能够克服稀释过程中的供氧困难，保证不断地供氧，使有机物完全氧化分解。因此，此法简单，误差小，准确度高。

测定时，首先将水样装入培养瓶中，在20℃的恒温下，利用电磁搅拌器进行搅拌。当水样中的有机物被微生物分解时，水中溶解氧被消耗，同时产生CO_2。此时，由培养瓶内气相部分扩散来的氧溶解入水样中，以补充所消耗的溶解氧；而CO_2则被瓶内上端的吸收剂所吸收。因此，培养瓶内气相中的压力下降。

压力的下降由电极式压力计检出，并转换成电讯号，使恒电流电解$CuSO_4$溶液。在电解瓶内的两个电极上产生如下反应：

负极 $Cu^{2+}+2e \rightleftharpoons Cu$

正极 $SO_4^{2-}+H_2O \rightleftharpoons H_2SO_4+1/2O_2+2e$

电解过程中产生的氧用以补充培养瓶中氧的消耗，使培养瓶内的压力恢复到原来的压力。此时，电极式压力计的电信号使电路断开，从而使$CuSO_4$溶液停止电解供氧。根据在恒电流的条件下，电解产生的氧与电解时间成正比的关系，对电解时间进行积分，并转换为毫伏信号输出，由记录仪指示出氧的消耗量。

②BOD 100F型测定仪。

BOD 100F型测定仪是利用水浴恒温，气体压力平衡原理，测定生化需氧量的装置。此种装置较BOD库仑仪结构简单、使用方便，如图7-3所示。它由培养瓶、水浴恒温、压力平衡等部件组成。

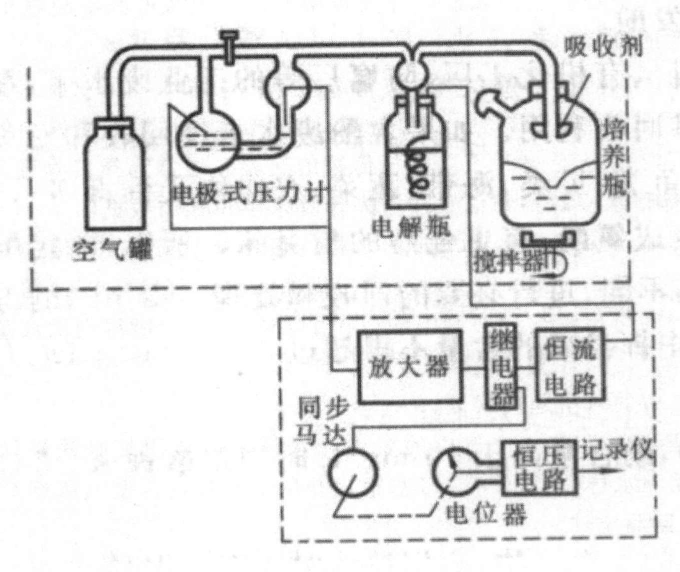

图 7-2 BOD 库仑仪

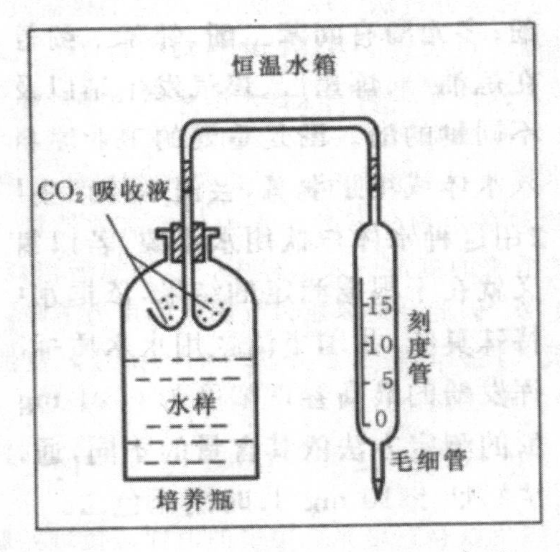

图 7-3 BOD 100F 型测定仪示意图

测定时，将水样装入培养瓶中，在 20℃的恒温水箱内培养五天。当水样中的有机物被微生物分解时，水中溶解氧被消耗而放出 CO_2，CO_2 被强碱（KOH 或 NaOH）吸收液吸收。所消耗的溶解氧，由培养瓶中气相部分的氧溶解于水样中进行补充。此时，气相部分的氧分压和总压力下降。为了保持一定的压力平衡，与培养瓶相通的刻度毛细管则从恒温水箱内吸水，使气液压力维持平衡。这时，毛细管吸水的体积相当于补充溶解氧的体积。根据这一体积，可由气态方程式 $pV=nRT$ 换算成氧的消耗量。

四、溴酸钾法——水中酚的测定

（一）概述

溴酸钾是一种强氧化剂。在酸性溶液中，$KBrO_3$与还原性物质作用时，BrO_3^-还被原为Br^-：

$BrO_3^-+6H^++6e \rightleftharpoons Br^-+3H_2O \quad \varphi^{\ominus}=1.44V$

在水溶液中$KBrO_3$易再结晶提纯，在180℃下烘干后，可以直接配制标准溶液。$KBrO_3$溶液的浓度也可以用碘量法进行标定。在酸性溶液中，一定量的$KBrO_3$与过量的KI作用，析出I_2：

$BrO_3^-+6I^-+6H^+=Br^-+3I_2+3H_2O$

然后以淀粉作指示剂，用$Na_2S_2O_3$标准溶液滴定。

用溴酸钾法可以直接测定一些还原性物质，如Sb^{3+}、ASO_3^{3-}、Tl^+等。在酸性溶液中，以甲基橙作指示剂，BrO_3^-与Sb^{3+}有如下反应：

$3Sb^{3+}+BrO_3^-+6H^+=3Sb^{5+}+Br^-+3H_2O$

微过量的$KBrO_3$溶液，产生Br_2，使甲基橙氧化而褪色，从而指示滴定终点。

溴酸钾法主要用于测定有机物。通常在$KBrO_3$标准溶液中，加入过量的KBr，再将溶液酸化后，BrO_3^-与Br^-有如下反应：

$BrO_3^-+5Br^-+6H^+=3Br_2+3H_2O$

生成的Br_2能够与某些有机物反应，从而可以直接测定许多有机物或间接测定某些金属离子的含量。现以测定酚为例来说明溴酸钾法的应用。

（二）酚的测定

酚是苯的羟基衍生物。因此酚有多种。如一元酚有苯酚、间甲酚、邻甲酚、对甲酚等多系挥发酚；多元酚有间苯二酚、邻苯二酚等多系不挥发酚。

在炼油厂、炼焦厂、煤气发生站以及化学制药厂、有机化工厂、防腐厂等的工业废水中，都含有不同量的酚。酚是重要的工业原料，应该尽量回收利用。如果含酚废水未经回收和处理就排入水体或用于灌溉，会使水体产生酚臭味，使鱼类、贝类、海带、蔬菜、农作物受到毒害、污染；如用这种水体作饮用水水源，若以氯消毒，会生成氯酚，有更强烈的酚臭味。所以，测定酚的意义就在于根据测定的结果，依据水中酚含量的不同，进行必要的回收和处理。由于酚的毒性和特殊臭味，我国生活饮用水水质标准规定，水中挥发酚的含量不得超过0.002mg/L；地面水中挥发酚的最高容许浓度为0.01mg/L。

酚的测定方法依其含量的不同，通常分为两种，酚含量高于10mg/L时用溴酸钾法（或称溴化法），低于10mg/L时用比色法。

在溴酸钾法测酚中，由于水中的酚大多是各种酚的混合物，它们溴化时所需的溴量是各不相同的。例如

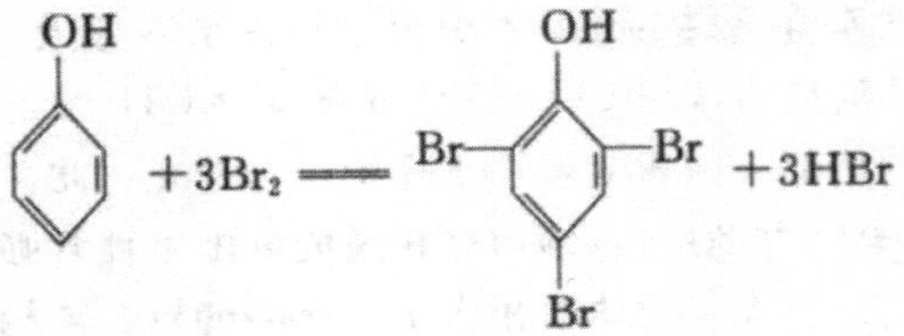

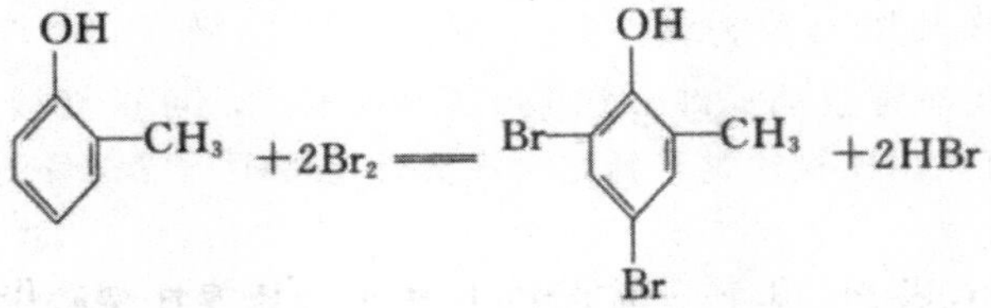

OH OH

$+3Br_2$ —— Br Br $+3HBr$

Br

OH OH

CH_3 $+2Br_2$ —— Br CH_3 $+2HBr$

OHOH

Br

然而，水中酚的测定通常都是以苯酚量来表示其测定结果的。所以，这种测定结果得到的只能是酚的相对含量，而不能表示绝对含量。

测定时，在含酚的水样中，加入一定过量的$KBrO_3$-KBr标准溶液。酸化后，$KBrO_3$与KBr作用生成Br_2。此时，溴的一部分使苯酚溴化成三溴酚；剩余的一部分溴与碘化钾（过量）作用析出I_2，然后再用$Na_2S_2O_3$标准溶液滴定，以淀粉溶液作指示剂指示滴定终点。

故1mol苯酚与1mol$KBrO_3$相当，所以苯酚的量$n_{苯酚}$为

$$n_{苯酚}=(cV)_{KBr03}-6(cV)_{Na2S203}$$

$$酚(以苯酚计)=\frac{\left[(cV)_{KBr03}-\frac{1}{6}(cV)_{Na2S203}\right]M_{C6H5OH}}{V_{水样}}\times 1000mg/L$$

第八章　比色分光光度法

第一节　概述

许多物质本身具有明显的颜色，例如$KMnO_4$溶液呈紫红色，$K_2Cr_2O_7$溶液呈橙色等。还有一些物质本身没有颜色，或者颜色很淡，可是当它们与某些化学试剂反应后，则可生成具有明显颜色的物质。如Fe^{2+}与邻二氮菲形成稳定的红色络合物，Hg^{2+}与双硫腙在酸性溶液中形成稳定的橙色络合物等。这些有色物质颜色的深浅与有色物质的浓度有关。溶液愈浓，颜色愈深。因此，在分析中，可以用比较颜色的深浅来测定溶液中该种有色物质的浓度，这种测定方法称为比色分析法。

随着近代测试仪器的发展，多年来已普遍使用分光光度计进行比色分析，这种方法称为分光光度法。

比色法和分光光度法通常用于试样中微量与痕量组分的测定。其方法的主要特点是：

（1）灵敏度高。适于测定试样中含量为10^{-3}%～1%的微量组分，甚至还可测定含量为10^{-5}%左右的痕量组分。

（2）准确度较高。一般比色分析法的相对误差为5%～10%，分光光度法为2%～5%。对于常量组分的测定，其准确度虽比滴定分析法低，但对微量组分的测定，还是比较满意的。因为对于微量组分，用滴定分析法测定时，误差也较大，甚至是无法测定的。

（3）操作简便，测定速度快。在比色法或分光光度法中，由于应用了选择性高的显色剂和适当的显色条件，一般不经分离，就可避免干扰，直接进行测定。测定的仪器设备也比较简单，且操作方便、快速。

（4）应用广泛。大多数无机离子和许多有机化合物均可直接或间接地用比色法或分光光度法进行测定。在水质分析中，由于有机显色剂的广泛采用，使比色法或分光光度法的应用更加广泛和重要。

第二节　原理

一、物质对光的选择性吸收

光是一种电磁波。根据波长的不同，可以分为紫外区光谱（10～400nm），可见区光谱（400～760nm）和红外区光谱（760～3×10^5nm）。不同波长的光，其能量不同。波长愈短，光的能量愈大。由不同波长的光组成的光称为复合光。具有单一波长的光称为单色光。

人们日常所见的白光（如日光、白炽灯光）称为可见光。它是由红、橙、黄、绿、青、蓝、紫等色光按一定比例混合而成的，而且每一种颜色的光具有一定的波长范围。各种色光的近似波长范围如表8-1。如果把适当颜色的两种光，按一定比例混合，可以成为白光，我们称这两种光为互补色光。在图8-1中，处于直线关系的两种色光为互补色光，如绿光和紫光可混合成白光等。

图8-1 互补色光示意图

各种溶液会呈现不同的颜色，其原因是溶液对不同波长的光选择性吸收的结果。当白光照射某一溶液时，某些波长的光被溶液吸收，其余波长的光则透过溶液，溶液的颜色就是透过的这部分波长的光所呈现的颜色。如果溶液对各种波长的光全部吸收，则溶液呈黑色；如果全部不吸收或对各种波长的光的透过程度相同，则溶液呈无色；如果只吸收或最大程度吸收某种波长的光，则溶液呈现的是这种波长光的补色光。例如高锰酸钾溶液因吸收或最大程度吸收了白光中的绿色光而呈紫色。表8-2是物质颜色和吸收光颜色的关系。

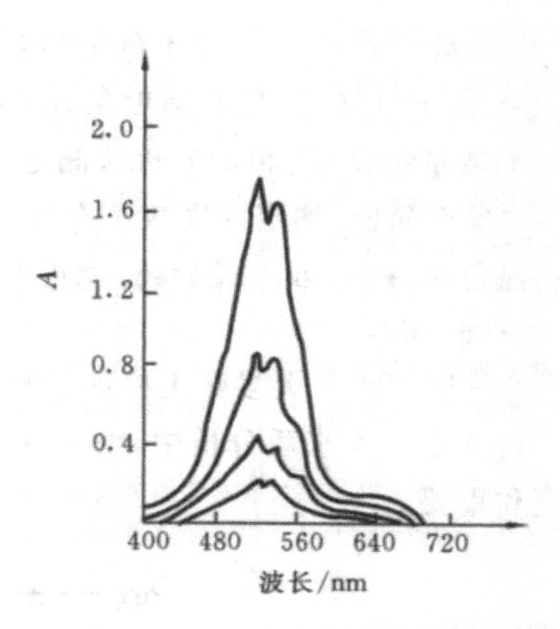

图 8-2 $KMnO_4$溶液的光吸收曲线

表 8-1 各种色光的近似波长

颜色	波长/nm
红	620～760
橙	590～620
黄	560～590
绿	500～560
青	480～500
蓝	430～480
紫	400～430

表 8-2 物质颜色和吸收光颜色的关系

物质颜色	吸收光	
	颜色	波长/nm
黄绿	紫	400～450
黄	蓝	450～480
橙	绿蓝	480～490
红	蓝绿	490～500
紫红	绿	500～560
紫	黄绿	560～580
蓝	黄	580～600
绿蓝	橙	600～650
蓝绿	红	650～750

以上仅粗略地用溶液对各种光的选择性吸收来说明溶液呈现的颜色。其实，任何一种溶液对其他不同波长的光也是有吸收的，只是吸收的程度不同而已。如果将各种波长的单色光，依次通过一定浓度的某一溶液，即可测得该溶液对各种单色光的吸收程度（即吸光度）。以波长为横坐标，吸光度A为纵坐标作图，可得到一条能清楚地描述物质对光吸收情况的曲线，称为光吸收曲线或吸收光谱曲线。

图8-2是四个不同浓度的$KMnO_4$溶液的光吸收曲线。从图中可以看出：

（1）四条光吸收曲线的形状相似。在可见光范围内，$KMnO_4$溶液对波长525nm附近的绿色光吸收最大，而对紫色和红色光则吸收很少。因此，$KMnO_4$溶液呈紫红色。光吸收程度最大处的波长叫做最大吸收波长，常用$\lambda_{最大}$表示。$KMnO_4$溶液的$\lambda_{最大}$=525nm。浓度不同时，其最大吸收波长不变。各种物质都有其特征吸收曲线和最大吸收波长$\lambda_{最大}$。

（2）$KMnO_4$溶液的浓度不同，因此，溶液对光的吸收程度不同。溶液浓度愈大，溶液对光的吸收程度愈大，即吸光度愈大。这说明溶液的吸光度与溶液的浓度有一定的关系。

二、光吸收的基本定律

（一）朗伯-比耳定律

当一束平行的单色光照射到溶液时，光的一部分被吸收，一部分透过溶液，一部分被比色皿的表面反射回来。如果入射光的强度为I_0，吸收光的强度为I_a，透过光的强度为I_t，反射光的强度为I_r，则

$I_0=I_a+I_t+I_r$

在比色分析中，盛溶液的比色皿都是采用相同质料的光学玻璃制成的。因此反射光的强度相同，其影响可以相互抵消，故上式可简化为

$I_0=I_a+I_r$

透过光强度（I_t）与入射光强度（I_0）之比称为透光率或透光度，常用T表示：

$$T=I_t/I_0 \tag{8-1}$$

溶液的透光率常用百分数表示。当入射光强度I_0一定时，I_t愈大，表示溶液对光的吸收I_a愈小；反之，I_t愈小，表示I_a愈大。

实践证明，溶液对光的吸收程度，与该溶液的浓度、液层厚度及入射光强度等因素有关。在比色分析中，如果保持入射光的强度不变，则溶液对光的吸收程度只与溶液浓度和液层厚度有关。朗伯和比耳分别研究了光的吸收与溶液浓度和液层厚度的定量关系，这个定量关系称为光的吸收定律，或称朗伯-比耳定律。

1. 朗伯定律——液层厚度和光吸收的关系

当一束单色光通过液层厚度为l的溶液后，由于溶液吸收了一部分光能，透过光的强度就要减弱。若将厚度为l的液层分成无限小的相等薄层，每一薄层的厚度为如图8-3所示。设照射到每一薄层上的光强度为I，则当光通过该薄层时，光的减弱-dI与dl及I成正比，即

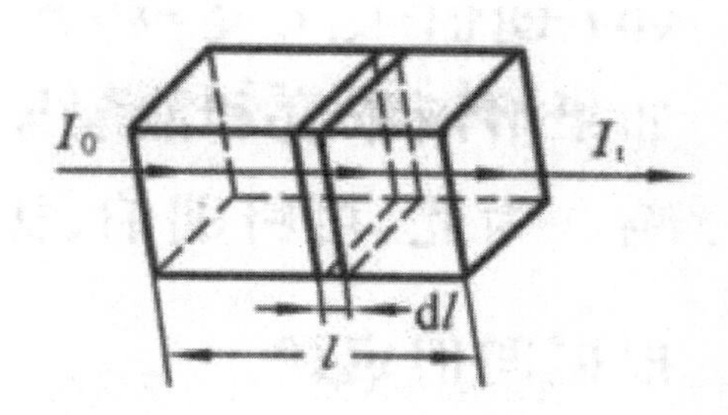

图 8-3 光吸收示意图

$-dI \propto Idl$，$-dI=aIdl$，$dI/I=-adl$

式中，a为比例常数。若入射光强度为I_0，透过光强度为I_t，液层总厚度为l，将上式取定积分得

$$\int_{I_0}^{I_t}\frac{dI}{I}=-a\int_{I_0}^{I_t}dl，\ln\frac{I_t}{I}=-al$$

将自然对数换成常用对数，得

$$\lg\frac{I_t}{I_0}=-\frac{a}{2.303}l=-k'l$$

或

$$\lg\frac{I_0}{I_t}=-k'l(8-2)$$

从式（8-2）可以看出，如果$I_t=I_0$，则$\lg(I_0/I_t)=0$，说明单色光通过溶液时完全不被吸收；如果I_t愈小，$\lg(I_0/I_t)$的值则愈大，说明吸收程度愈大。因此$\lg(I_0/I_t)$即表示单色光通过溶液时被吸收的程度，称为吸光度（或称消光度），用A表示，即

$$A=\lg\frac{I_0}{I_t}=k'l \tag{8-3}$$

式（8-3）称为朗伯定律。表示当入射光强度和溶液浓度一定时，光的吸收与液层厚度成正比。式中k’为比例常数，它与入射光的波长和溶液的性质、浓度及温度有关。

2. 比耳定律——溶液浓度和光吸收的关系

当一束单色光通过液层厚度一定的有色溶液时，溶液的浓度愈大，则光被吸收的程度愈大。如果溶液浓度增加dc，则入射光通过溶液后，强度减弱为-dI，而-dI与照在dc上的光强度I和dc成正比，即

$-dI \propto Idc$，$-dI=bIdc$，$dI/I=-bdc$

式中，b为比例常数。若入射光强度为I_0，透过光强度为I_t，溶液浓度为c，将上式取定积分可得

$$\int_{I_0}^{I_t}\frac{dI}{I}=-b\int_{I_0}^{I_t}dc，\ln\frac{I_t}{I_0}=-bc$$

将自然对数换成常用对数，得

$$\lg\frac{I_t}{I_0}=-\frac{b}{2.303}c=-k''c$$

或

$$\lg\frac{I_0}{I_t}=-k''c \tag{8-4}$$

所以

$$A=\lg\frac{I_0}{I_t}=k''c \tag{8-5}$$

式（8-5）称为比耳定律。表示当入射光强度和液层厚度一定时，光的吸收与溶液浓度成正比。式中k”为比例常数，它与入射光波长、液层厚度、溶液的性质和温度有关。

3. 朗伯-比耳定律（光的吸收定律）

如果溶液浓度和液层厚度都是可变的，就要同时考虑溶液浓度c和液层厚度l对光吸收的影响。为此，可将朗伯、比耳定律综合为光的吸收定律，称为朗伯-比耳定律。

根据朗伯定律$A=\lg\frac{I_0}{I_t}=k'l$

根据比耳定律$A=\lg\frac{I_0}{I_t}=-k''c$

因此朗伯-比耳定律为$A=\lg\frac{I_0}{I_t}=kcl$ （8-6）

式（8-6）是光吸收定律的数学表达式。它表明：当一束平行的单色光通过溶液时，溶液对光的吸收程度与溶液浓度及液层厚度的乘积成正比。式中k为比例常数，称为吸光系数或消光系数。k与入射光的波长、溶液的性质和温度有关。如果溶液浓度c以mol/L表示，液层厚度l以cm表示，则常数k称为摩尔吸光系数，并用ε表示。此时，式（8-6）可表示为

$$A=\varepsilon cl \tag{8-7}$$

式中，ε表示c=1mol/L，l=1cm时，溶液的吸光度，即A=ε。ε的单位为L/mol·cm。显然，摩尔吸光系数ε值，反映了在一定条件下，有色溶液对某一波长光的吸收能力。同一物质与不同显色剂反应，生成不同的有色物质时，具有不同的ε值。表8-3列出了Al^{3+}与不同显色剂反应形成络合物的ε值。

表8-3 Al^{3+}与不同显色剂反应的ε值

显色剂	显色条件pH	溶剂	$\Lambda_{最大}$/nm	ε值
铬天菁S	6.4	H_2O	567.5	2.2×10^4
铝试剂	5.0～5.5	H_2O	525	2.4×10^4
铬菁R	6.2～6.5	H_2O	535	6.5×10^4
8-羟基喹啉	4.8～5.2	CHCla	390	7.0×10^3

ε值愈大，表示溶液对光的吸收能力愈大，显色反应愈灵敏，比色测定的灵敏度也就愈高。因此，在比色分析中，为提高分析的灵敏度，在无干扰的情况下，必须选择ε值大的有色物质，并以具有最大吸收波长的光作为入射光。

在实际测定中，由于不能直接以1mol/L这样高的浓度来测定其摩尔吸光系数 ε，所以只能在低浓度时测定吸光度，然后通过计算求得 ε 值。

（二）偏离朗伯-比耳定律的原因

在分光光度分析中，通常以固定液层厚度和入射光的波长，来测定一系列不同浓度标准溶液的吸光度。以吸光度为纵坐标，浓度为横坐标作图，得到一条通过原点的直线，称为标准曲线或工作曲线。但在实际工作图比色分析的工作曲线中，经常出现标准曲线不成直线的情况，如图虚线所示。特别是当溶液浓度比较高时，明显地看到标准曲线向浓度轴弯曲的情况（个别情况向吸光度轴弯曲）。这种情况称为偏离朗伯-比耳定律。在一般情况下，当标准曲线弯曲程度不严重时，仍可用于定量分析。否则在标准曲线严重弯曲部分进行测定时，将会引起较大的误差。

引起偏离朗伯-比耳定律的原因，主要来自所用仪器和溶液两个方面。现讨论如下：

1. 由于非单色光引起的偏离

严格地说，朗伯-比耳定律只适用于单色光。但目前一般用单色光器所得到的入射光并非纯的单色光，而是波长范围较窄的复合光，因而导致对朗伯-比耳定律的偏离。对于这种非单色光引起偏离朗伯-比耳定律的原因。

在实际工作中，通常选用一束吸光度随波长变化不大的复合光作入射光，或选用吸光物质的最大吸收波长光作入射光进行测定。由于 ε 变化不大，所引起的偏离就小，标准曲线基本上成直线，测定时有较高的灵敏度。所以比色分析并不严格要求用很纯的单色光，只要入射光所包含的波长范围在被测溶液的吸收曲线较平直的部分，也可以得到较好的线性关系。图8-4说明了复合光对比耳定律的影响。图8-4（a）为吸光度与选用谱带关系，图8-4（b）为工作曲线。若选用吸光度随波长变化不大的谱带A的复合光进行测定，由于 ε 的变化较小，A与c基本呈直线关系，引起的偏离也较小。若选用谱带B的复合光进行测定，A随波长变化较大， ε 的变化也较大，A与c不成直线关系，因此出现明显的偏离。

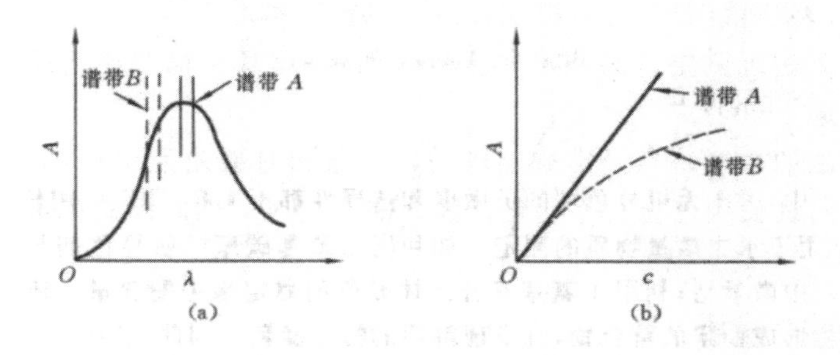

图8-4 复合光对比耳定律的影响

2. 由于溶液本身的原因引起的偏离

一般认为，朗伯-比耳定律仅适用于稀溶液。这是因为稀溶液是均相的，对光具有吸收作用，而不具有反射和散射作用。如果溶液介质不均匀，以胶体、乳浊、悬浊状态存在，则入射光透过溶液后，除一部分被吸收外，还有一部分被反射和散射，使透光率减少。因而实际测得的吸光度增加，导致偏离朗伯-比耳定律。

此外，溶液中的吸光物质因离解、缔合、互变异构、络合物的逐级形成、溶剂化作用等，都将导致偏离朗伯-比耳定律。

第三节　分析方法与仪器

一、目视比色法

用眼睛观察、比较被测试液同标准溶液颜色的深浅，以测定试液中组分含量的方法，称为目视比色法。

常用的目视比色法是标准系列法。用一套由相同玻璃质料制成的、形状大小相同的比色管（容量有10，25，50，100mL等几种），将一系列不同量的标准溶液依次加入各比色管中，再分别加入等量的显色剂及其他试剂。控制其他实验条件相同，然后稀释至同一刻度，即形成颜色由浅到深的标准色阶。将一定量被测试液置于另一比色管中，在同样条件下进行显色，并稀释至同一刻度。然后从管口垂直向下观察，并与标准色阶比较。若试液与色阶中某一溶液的颜色深度相同，说明两者浓度相等；若试液颜色的深度介于两标准溶液之间，则被测试液浓度约为此两标准溶液浓度的平均值。

目视比色法的原理可根据朗伯-比耳定律推导如下：

设入射光的强度为I_0，透过标准溶液和试液后的光强度分别为$I_{标}$和$I_{试}$，则

$I_{标}=I_0 10^{-\varepsilon_{标} l_{标} c_{标}}$，$I_{标}=I_0 10^{-\varepsilon_{试} l_{试} c_{试}}$

当溶液颜色深度相同时：

$I_{标}=I_{试}$，$\varepsilon_{标} l_{标} c_{标}=\varepsilon_{试} l_{试} c_{试}$

由于在相同条件下显色，且是同一种有色物质，所以$\varepsilon_{标}=\varepsilon_{试}$；又因液层厚度相等，即$l_{标}=l_{试}$，故

$c_{标}=c_{试}$

标准系列法的优点是：仪器设备简单，操作简便，适宜于大批试样分析；由于比色管液层较厚，使观察颜色的灵敏度较高，适宜于稀溶液中微量组分的测定；可在复合光（日光）下进行测定，某些不完全符合朗伯-比耳定律的显色反应，仍可用目视比色法进行测定。

标准系列法的主要缺点是准确度较差，一般相对误差为5%～20%。标准系列溶液不能久存，时间过长颜色会发生变化，因此在测定时需同时配制标准溶液，比较费时且费事。

二、光电比色法

（一）光电比色法的原理

此法是利用光电效应，测量光通过有色溶液透过光的强度，以求出被测组分含量的方法。由光源发出的白光，经过滤光片，得到一定波长宽度的近似单色光。让单色光通过有色溶液，透过光投射到光电池上，产生光电流，其大小与透过光的强度成正

比。光电流的大小用灵敏检流计测量，在检流计上可读出相应的透光率或吸光度。当透过光强度愈弱，则光电流愈小，其吸光度值就愈大。

进行光电比色测定时，测定大批试样常采用工作曲线法，测定少数个别试样则采用比较法。

工作曲线法是配制一系列标准有色溶液，在一定波长下分别测其吸光度。以吸光度为纵坐标，浓度为横坐标作图，得到一条通过原点的直线，称为工作曲线或标准曲线。然后在同一条件下，测量被测试液的吸光度，在工作曲线上即可查到试液的浓度。

比较法是在同一条件下，分别测定标准溶液和被测试液的吸光度，从而计算出被测试液的浓度。根据朗伯-比耳定律，在入射光波长一定和液层厚度相等的条件下，溶液的吸光度与其浓度成正比。即

$A_{标}=\varepsilon_{标}lc_{标}$，$A_{试}=\varepsilon_{试}lc_{试}$

由于标准溶液与被测试液的性质一致、温度一致、入射光波长一致，故

$\varepsilon_{标}=\varepsilon_{试}$

将两式相比，则得

$A_{标}/A_{试}=c_{标}/c_{试}$

应当注意，应用比较法进行计算时，只有当$c_{试}$与$c_{标}$相接近时结果才是可靠的，否则将有一定的误差。

与目视比色法相比，光电比色法的优点是：用光电池代替人的眼睛进行测量，提高了准确度；当测定溶液中有某些有色物质共存时，可选用适当的滤光片或适当的参比溶液来消除干扰，因而提高了选择性；由于使用了工作曲线，分析大批试样时快速、简便。

（二）光电比色计

进行光电比色测定的仪器叫光电比色计。一般光电比色计是由光源、滤光片、比色皿、光电池和检流计五个部件构成。现简单介绍它们的作用。

1. 光源

通常用6～12V钨丝灯作光源。为得到准确的测量结果，光源应该稳定。这就要求电源电压保持稳定，可采用磁饱和稳压器作为电源。

为使光源发出的光，成为平行光束通过比色皿，应在光源前附有聚光透镜。

2. 滤光片

滤光片由有色玻璃片制成，它只允许和它颜色相同的光通过，得到的是近似的单色光。例如图8-5是一个标有“470nm”的蓝色滤光片的透光度曲线。曲线表明通过滤光片可以得到具有较窄波长范围（420～520nm）的光，其最大透过光波长为470nm。滤光片的质量用“半宽度”表示，即最大透光度的一半处曲线的宽度（图中在线的中点P处作水平线，与透光度曲线相交于C、D两点，则C、D间距离就是透过峰1/2高度处的宽度）。上述蓝色滤光片的半宽度约为60nm（440～500nm）。滤光片质量愈好，半宽度愈窄，透过的单色光就愈纯。一般滤光片半宽度大于30nm。

选择滤光片的原则是：滤光片最大透过的波长光，应该是有色溶液最大吸收的波

长光。即滤光片的颜色和溶液的颜色应互为补色。例如黄色溶液应该选用蓝色滤光片。

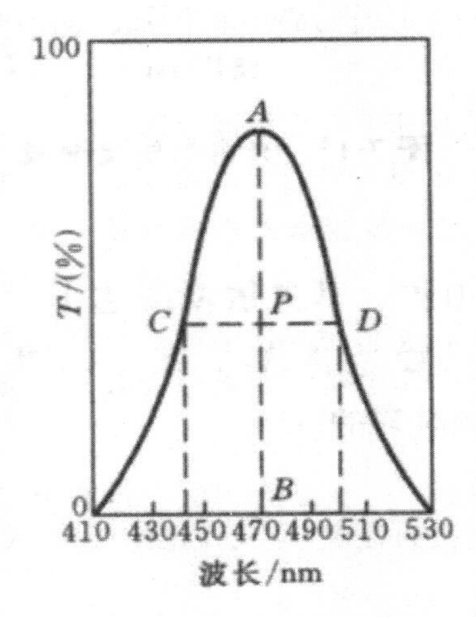

图 8-5 滤光片的透光度曲线和半宽度

3. 比色皿

比色皿是盛比色溶液的器皿，通常是用无色透明、能耐腐蚀的光学玻璃制成。由于比色测定时液层厚度是固定的，所以应选用型号相同、厚度相等的比色皿。检查比色皿厚度是否相等的方法，是把同一浓度的有色溶液置于同种厚度的比色皿内，用光电比色计在相同条件下测量透光率。如果测得的透光率相等，即表示各比色皿的厚度相等。同种厚度的各比色皿间的透光率相差若小于0.5%，还可使用，否则不能使用。比色皿必须保持十分干净，注意保护其透光面，指纹、油腻或皿壁上其他沉积物都会影响透光率。常用稀HCl或有机溶剂浸泡，再用蒸溜水洗净，避免用碱和过强的氧化剂洗涤。

4. 光电池

光电池是一种将光能转换成电能的装置。光电比色计中一般是用硒光电池，如图8-6所示。它是由三层物质构成的薄片。上层是导电性能良好的可透光金属（如金、铂等）薄膜，中层是具有光电效应的半导体材料硒，底层是铁片。

当光照射到硒光电池上时，就有电子从半导体硒的表面逸出。由于半导体具有单向导电性，电子只能向金属薄膜流动，因而使金属薄膜带负电，成为光电池的负极。硒层失去电子后带正电，因而使铁片带正电，成为光电池的正极。这样，在金属薄膜和铁片之间就产生了电位差，线路接通后便产生光电流。当照射光的强度不很大，且光电池外电路电阻较小时，光电流与照射光的强度成正比。

光电池受强光照射或长久连续使用时，会产生“疲劳”现象，灵敏度降低。如遇这种情况，应暂停使用，可放置暗处使它复原。同时，光电池应注意防潮。

硒光电池对于各种不同波长的光，其感光灵敏度不同，称为“光谱灵敏度”，其光谱灵敏度曲线如图8-7所示。硒光电池感光的波长范围为300～800nm，以波长为550nm左右的光灵敏度最高。

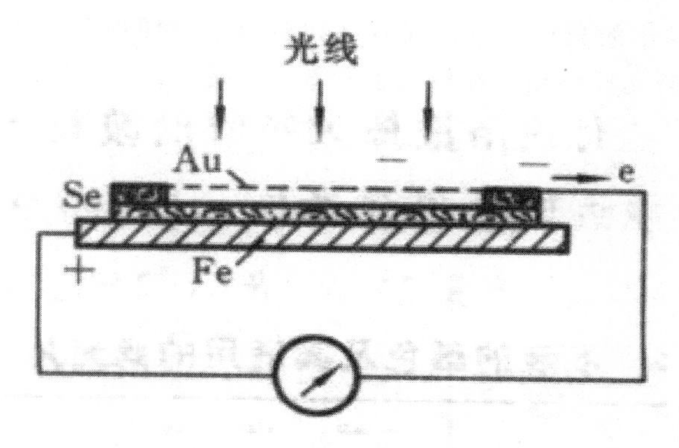

图 8-6 硒光电池示意图

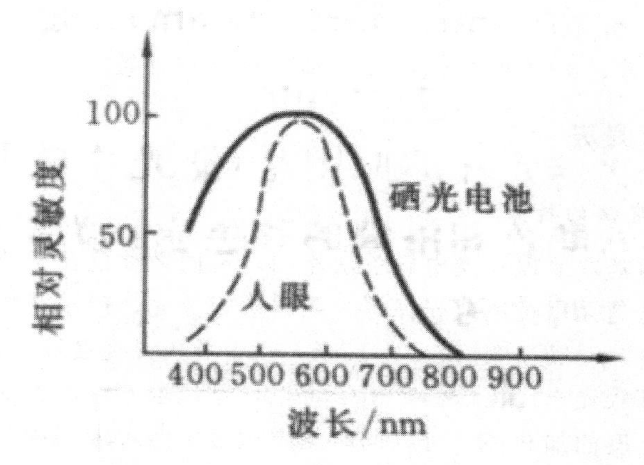

图 8-7 光谱灵敏度曲线

5. 检流计

通常使用悬镜式光点反射检流计，测量光电池产生的光电流。其灵敏度高达 10^{-9} 安培/格。检流计上的标尺有两种刻度：一种是百分透光率T，另一种是吸光度A，如图8-8所示。由于吸光度与透光率是负对数关系，因此吸光度标尺的刻度是不均匀的。

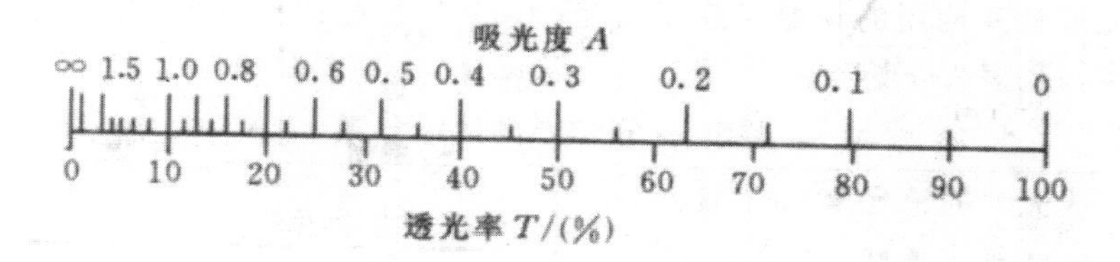

图 8-8 A和T的关系

例如，当T=100%时，由

$T=I_t/I_0$，$A=\lg(1/T)=-\lg T$

有 $A=-\lg(100/100)=0$

当T=50%时，

$A=-\lg(50/100)=0.301$

光电比色计的种类很多，而普遍使用的是国产581-G型光电比色计，其结构如图

8-9所示。由光源发出的光，通过滤光片和比色皿后，照射到光电池上，产生的光电流大小引起检流计的光标移动，在标尺上读取吸光度A或透光率T。

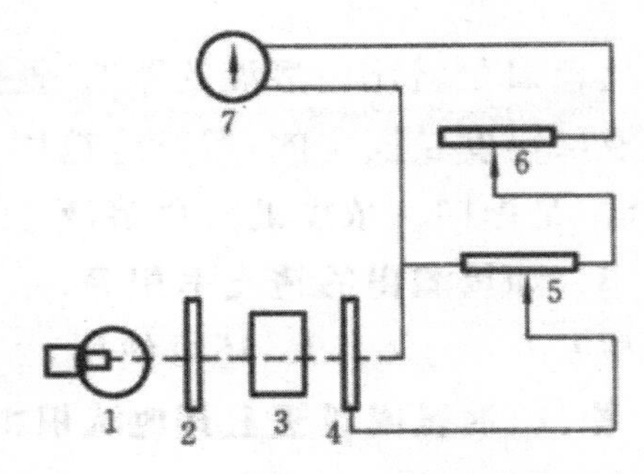

图 8-9 581-G型光电比色计结构示意图

1-光源；2-滤光片；3-比色皿；4-光电池；5-粗调节器；6-细调节器；7-检流计

三、分光光度法

（一）分光光度法的特点

分光光度法的基本原理与光电比色法相同，不同之处仅在于获得单色光的方法不相同。分光光度法是采用棱镜或光栅等分光器进行分光，所获得的单色光的波长范围比滤光片要窄得多，一般半宽度在5～10nm。由于单色光纯度高，因而测定的灵敏度、选择性和准确度都较光电比色法高。由于可以任意选取某种波长的单色光，故在一定条件下，利用吸光度的加和性，可以同时测定试液中两种或两种以上的组分。因为入射光的波长范围扩大了，测量范围不局限于可见光区和有色溶液，可扩展到紫外光区、红外光区。所以，许多无色物质只要在紫外光区或红外光区内有吸收峰，都可以用分光光度法进行测定。

根据以上特点，在水质分析中分光光度法较比色法有更加广泛的应用。

（二）分光光度计

分光光度法所应用的仪器叫分光光度计。分光光度计种类很多，一般按测定的波长范围分类，如表8-4所示。

表 8-4 分光光度计的分类

分类	工作波长范围/nm	光源	单色器	接受器	型号
可见分光光度计	420～700 360～700	钨灯 钨灯	玻璃棱镜 玻璃棱镜	硒光电池光电管	72型 721型
紫外、可见和近红外分光光度计	200～1000	氢灯及钨灯	石英棱镜或光栅	光电管或光电倍增管	751型 WFD-8型
红外分光光度计	760～40000	硅碳棒或辉光灯	岩盐或荧石棱镜	热电堆或测辐射热器	WFD-3型 WFD-7型

紫外，可见分光光度计主要用于无机物和有机物含量的测定，红外分光光度计主

要用于结构分析。

1.72型分光光度计

72型分光光度计是目前普遍使用的一种简易型可见分光光度计。它由磁饱和稳压器、单色光器和检流计三大件组成，其光学系统如图8-10所示。

由光源发出的可见光经过进光狭缝、反射镜和透镜后，成为平行光束进入棱镜。经棱镜色散后，各种波长的光被反射镜反射，再经透镜聚光于出光狭缝上。由于反射镜和透镜与刻有波长的转盘相连，转动转盘即可转动反射镜，使所需要的单色光通过出光狭缝，单色光的波长可以从转盘上的刻度读出。此单色光再通过比色皿和光量调节器，照射到硒光电池上，产生的光电流输入检流计，即得出吸光度读数。

2.751型分光光度计

751型分光光度计是紫外、可见和近红外分光光度计，其工作波长范围较宽（200～1000nm），精密度较高。它的光学系统如图8-11所示。

从光源发出的光由反射镜反射，使光经狭缝的下半部和准光镜进入单色器内，再经棱镜色散后，由准光镜将光聚焦于狭缝上半部而射出，经过比色皿后再照射到光电管上。由此可知，仪器用同一狭缝作入光和出光的狭缝，它们始终具有相同的宽度。通常，波长在200～320nm范围内用氢灯作光源；波长在320～1000nm范围内用钨丝灯作光源；波长在200～625nm范围内用蓝敏光电管（GD-5）测量透射光强度；波长在625～1000nm范围内用红敏光电管（GD-6）测量透射光强度。

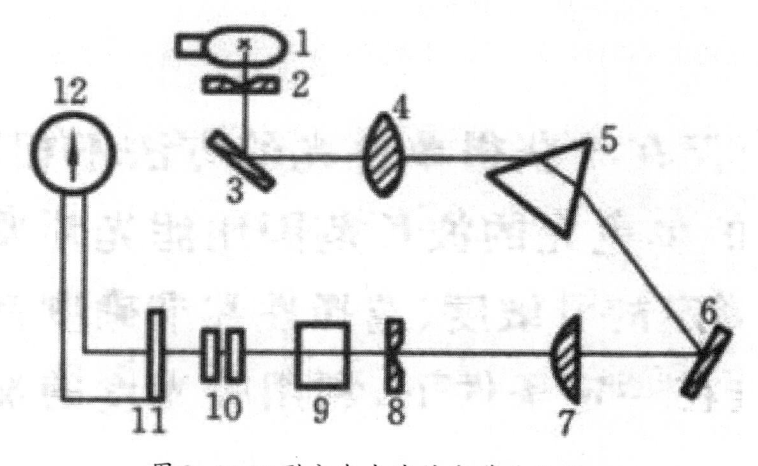

图8-10 72型分光光度计光学系统图

1-光源；2-进光狭缝；3，6-反射镜；4，7-透镜；5-棱镜；8-出光狭缝；9-比色皿；10-光量调节器；11-硒光电池；12-检流计

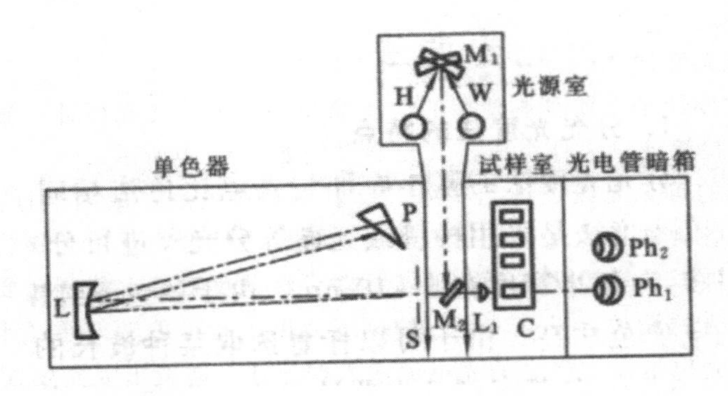

图 8-11 751型分光光度计光学系统图

H-氢灯；W-钨灯；M_1-凹面反射镜；M_2-平面反射镜；L-准光镜；

P-石英棱镜；S-狭缝 L_1-透镜；C-比色皿；Ph_1-蓝敏光电管；Ph_2-红敏光电管

第四节 应用

在水质分析中，比色分析法广泛用于单一组分的测定，也可用于多组分的测定。通常各种水中的微量或痕量组分，如K^+、Mn^{2+}、Cu^{2+}、Zn^{2+}、Fe^{3+}、Al^{3+}、F^-、I^-、S^{2-}、PO_4^{3-}等都用比色分析法测定。就是水中重要的有害污染物质，如铅、铬、汞、镉、砷、氰化物、酚、有机农药、苯基烷烃类等也常用比色分析法测定。甚至反映水中氮素有机物污染的水质指标，如氨氮、亚硝酸盐氮、硝酸盐氮等，也是利用比色分析法测定的。

下面以水中氮素化合物、汞和余氯的测定为例，简要介绍比色分析法的应用。

一、水中氮素化合物及其测定

水中有机物主要是指含碳、氢、氧、氮、磷等元素的化合物，其中以氮素有机物最不稳定。它们最初进入水中时，大多是复杂的有机氮形式，如蛋白质。由于受水中微生物的分解作用，逐渐变成简单的无机物，即由蛋白质分解为氨基酸，最后产生氨，在水中呈游离态NH_3和NH_4^+。

由于上述分解过程的不断进行，使水中有机氮素化合物不断减少，而无机氮素化合物不断增加。若无氧存在，氨即为最终产物。若有氧存在，氨继续氧化并被微生物转化成亚硝酸盐（NO_2^-）、硝酸盐（NO_3^-），此作用称为硝化作用。这时氮素化合物已由复杂的有机物变成无机性硝酸盐，这是最终分解产物。可以说，有机氮素化合物已完成了“无机化”作用。

水中有机氮素化合物经过分解作用后，常以无机物NH_3、NH_4^+、NO_2^-，NO_3^-形态存在，各组分含量又常以含氮量计算。故NH_3-NH_4^+称为氨氮，NO_2^-称为亚硝酸盐氮，NO_3^-称为硝酸盐氮。测定各类氮素化合物的含量，对探讨水污染和进行水处理（如生物处理法）有很大的实际意义。如果水中氨氮含量很高，说明水在不久前被严重污染过。如果水中硝酸盐氮含量增加的同时，还含有亚硝酸盐氮和氨氮含量，说明水不仅过去被污染，而且现在还继续被污染。如果水中硝酸盐氮含量很高，而亚硝酸盐氮和氨氮的含量极微甚至没有，说明水曾受过污染，但现在已经完全自净。总之，它们在水中的相对含量，在一定程度上可反映出水受到有机氮素化合物污染的程度和污染的时间，进而可以判断水处理的进程和效果。

水中氮素化合物有时也可能来自无机物。如氮素矿物盐溶解于地下水而含有硝酸盐氮；大气中的氮被氧化为亚硝酸盐氮和硝酸盐氮，随雨水落到地面，流入水中。这种情况与氮素有机物污染无关。因此对测定结果应进行具体分析，以便对水质作出正确的评价。

（一）氨氮的测定（纳氏试剂比色法）

水中氨氮含量在2mg/L以下时，用直接比色法或蒸馏比色法进行测定。直接比色法适用于无色、透明、含氨氮量较高的清洁水样。对于有色、混浊、含干扰物质较多、氨氮含量较少的水样，可用蒸馏比色法，即将被测试液蒸馏，使氨在弱碱性溶液中呈气态逸出，冷凝后用酸性溶液收集蒸馏液，再用比色法测定。

测定原理为氨与碘化汞钾（或称纳氏试剂）在碱性溶液中作用，生成淡黄色到红棕色的氨基汞络离子的碘衍生物。具体反应如下：

$2K_2[HgI_4]+NH_3+3KOH=[Hg_2O\cdot NH2]I+7KI+2H_2O$

根据溶液颜色的深浅程度，与氨氮标准溶液色阶进行比色，从而可求得水中氨氮的含量。

氨氮的测定可用目视比色法，或用光电比色计（选用蓝色滤光片）、分光光度计进行。当氨氮含量大于2mg/L时，可将试液稀释，或改用容量法测定。

当水样中含有Ca^{2+}、Mg^{2+}、Fe^{3+}、酮、醛、醇和S^{2-}等物质时，加入纳氏试剂后，会使试液变浑浊而干扰测定。Ca^{2+}、Mg^{2+}、Fe^{3+}等离子可用酒石酸钾钠掩蔽，使其形成无色络合物。酮、醛、醇等可在低pH值下，用煮沸的方法消除。S^{2-}可在试液中加入$PbCO_3$后进行蒸馏消除。其他干扰物质可用蒸馏比色法消除。

若水样中含有余氯，则可能与氨反应生成氯胺：

$NH_3+HOCl=NH_2Cl+H_2O$

所以需在水样中加入$Na_2S_2O_3$，脱氯后，才能进行氨氮的测定。

由于纳氏试剂对氨的反应极为灵敏，所以必须防止外界的氨（如空气和试剂中的氨）进入水样中。一般用无氨蒸馏水来配制各种溶液。

（二）亚硝酸盐氮的测定（α-萘胺比色法）

在酸性条件下，水中的NO_2^-与对氨基苯磺酸起重氮化反应，然后再与α-萘胺起偶氮反应，生成紫红色偶氮染料。具体反应如下：

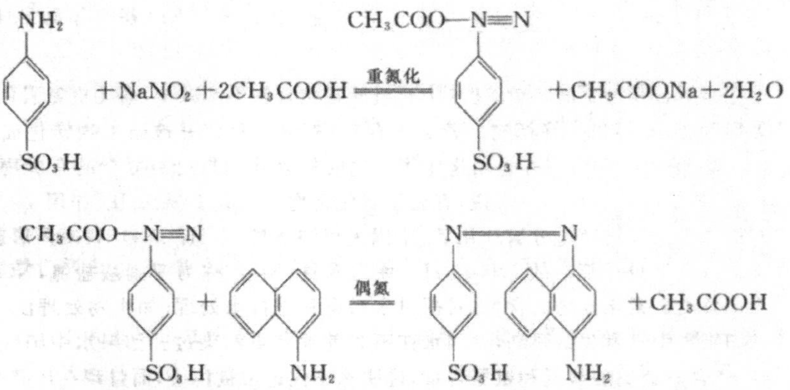

NH_2、SO_3H（对氨基苯磺酸）$+NaNO_2+2CH_3COOH \xrightarrow{重氮化}$ $CH_3COO—N≡N$、SO_3H $+CH_3COONa+2H_2O$

$CH_3COO—N≡N$、SO_3H $+$ NH_2 $\xrightarrow{偶氮}$ $N═N$、SO_3H、NH_2 $+CH_3COOH$

该紫红色染料颜色的深浅与亚硝酸盐含量成正比，可与标准亚硝酸盐溶液在同一条件下制备的标准色阶进行比较，求出水中亚硝酸盐氮的含量。

当水样浑浊或有色时，可加入适量$Al(OH)_3$悬浮液进行处理，然后取上部清液进行比色测定。

水样中含有三氯胺时，在测定中会产生红色干扰物。若将加试剂的次序颠倒，即先加α-萘胺，后加对氨基苯磺酸，则可减少其影响，但三氯胺含量高时，仍然会有干扰。水样中的Fe^{3+}在1mg/L以上，Cu^{2+}在5mg/L以上时，也会产生干扰，此时可用NaF或EDTA消除其干扰。

（三）硝酸盐氮的测定（二磺酸酚比色法）

浓H_2SO_4与酚作用生成二磺酸酚：

$C_6H_5OH+2H_2SO_4 \rightarrow C_6H_8(OH)(SO_3H)_2+2H_2O$

在无水情况下二磺酸酚与硝酸盐作用，然后调至碱性，产生分子重排，生成黄色化合物。具体反应如下：

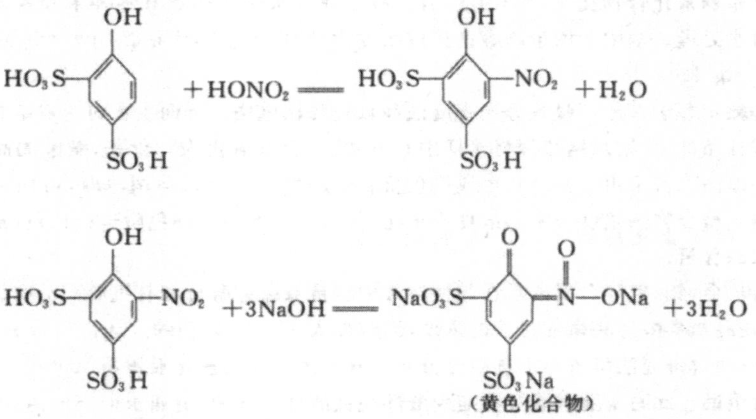

OH、HO_3S、SO_3H $+HONO_2$ ═ OH、HO_3S、NO_2、SO_3H $+H_2O$

OH、HO_3S、NO_2、SO_3H $+3NaOH$ ═ O、NaO_3S、O、$N—ONa$、SO_3Na $+3H_2O$

（黄色化合物）

该黄色化合物颜色的深浅与硝酸盐含量成正比。将其与标准硝酸盐溶液在同一条件下制备的标准色阶进行比较，求得水中硝酸盐氮的含量。

水中常见的Cl^-、NO_2^-和NH_4^+均对此测定有干扰。

水中Cl^-在强酸性条件下可与NO_3^-反应，生成NO：

$6Cl^- + 2NO_3^- + 8H^+ \rightarrow 3Cl_2 + 2NO + 4H_2O$

因而使NO_3^-减少，测定结果偏低。为排除Cl^-干扰，可加适量Ag_2SO_4，使Cl^-转化为AgCl沉淀。

水中NO_2^-在强含氧酸（H_2SO_4）存在下，可生成极不稳定的HNO_2，并立即分解为HNO_3和NO：

$HNO_2 \rightarrow HNO_3 + 2NO + H_2O$

因而使NO_3^-增多，测定结果偏高。此时可用适量$KMnO_4$将NO_2^-氧化为NO_3^-，然后再从测定结果中减去NO_2^-的含量。

水中NH_4^+与NO_3^-在加热过程中可生成N_2O，特别是在有Ag^+存在时更加速了此反应的进行，因而使NO_3^-减少，测定结果偏低。其反应如下：

$NH_4^+ + NO_3^- \rightarrow N_2O + 2H_2O$

只要将水样调至碱性后再加热，即可消除此干扰。

在一般清洁水中，NO_2^-和NH_4^+同时存在，当含量都很低时，由此产生的正、负误差，可部分抵消。

二、汞及汞的测定（双硫腙比色法）

汞在常温下是唯一的液体金属，俗称水银。汞离子的价态有+1和+2。一价离子是二聚体（-Hg-Hg-），写成Hg_2^{2+}，如Hg_2Cl_2俗称甘汞。二价汞化合物常起氧化剂的作用，如$HgCl_2$俗称升汞。升汞有剧毒，略溶于水。

汞和汞化合物都有毒，能够破坏人体的造血功能和神经系统，严重中毒会引起死亡。汞的无机物和汞的苯基化合物的毒性相对来说要小些，而汞的烷基化合物则有剧毒。水中的无机汞在微生物的作用下能转化成剧毒的甲基汞［$(CH_3)_2Hg$］。水体中的汞和汞化合物常被鱼类等水生物富集，食用这些鱼类易引起汞中毒。

由于汞和汞化合物在工业上用途广泛，故工业废水中往往含有各种汞和汞化合物，对此，必须进行水处理。水中汞的最高容许排放浓度为0.05mg/L，生活饮用水水质标准规定不超过0.001mg/L。

汞的测定方法有原子吸收分光光度法和双硫腙比色法。下面主要讨论双硫腙比色法。

在酸性条件下，用高锰酸钾将水样中有机汞、一价汞氧化为二价汞，剩余的高锰酸钾用盐酸羟胺还原。二价汞再与双硫腙形成橙色螯合物。然后用有机溶剂萃取，再用碱液洗去过量的双硫腙。螯合物的色度与汞的浓度成正比，将其与标准溶液的色阶进行比色，从而可测定出水样中汞的含量。

铜、银、金、铂、钯等金属离子在酸性溶液中也被双硫腙螯合和有机溶剂萃取。故常用氯仿为溶剂，提高水样酸度和碱性洗液的浓度，同时加入EDTA以消除上述微量金属离子的干扰。此外，还可通过蒸馏法将汞与干扰组分分离。其方法是先用氯化亚锡将二价汞还原为金属汞，然后进行蒸馏。此时汞随水蒸气蒸馏到酸性高锰酸钾溶液中，金属汞即被分离，并被高锰酸钾氧化为二价汞。

汞的比色测定方法很灵敏。因此配制溶液时应用重蒸馏水或无离子水，玻璃器皿应十分洁净。

三、余氯及余氯的测定

饮用水必须经过消毒，除去水中的病原菌。目前一般常用的是氯消毒法，即加入氯或氯化合物（如漂白粉），利用这些药剂的强氧化能力起杀菌作用。

氯加入水中后，不仅与细菌作用，而且还可与水中的其他物质作用，如与氨作用，可以生成各种氯胺（一氯胺、二氯胺、三氯胺等）：

$$Cl_2+H_2O \rightleftharpoons HOCl+H^++Cl^-$$

$$NH_3+HOCl \rightleftharpoons NH_2Cl+H_2O$$

$$NH_3+2HOCl \rightleftharpoons NHCl_2+2H_2O$$

$$NH_3+3HOCl \rightleftharpoons NHCl_3+3H_2O$$

各种氯胺经过水解作用后，仍具有氧化能力，因此也有杀菌作用。但其杀菌能力没有次氯酸强，而且杀菌作用进行缓慢，故杀菌的持续时间较长。为使氯充分与细菌作用，达到除去水中病原菌的目的，所以水经过氯消毒后，还应留有适量剩余的氯，以保证持续的杀菌能力。这种氯称为余氯，或活性氯。

余氯可分为下列三种形式：

（1）总余氯：包括$HOCl^-$、OCl^-、NH_2Cl、$NHCl_2$等。

（2）化合性余氯：包括NH_2Cl、$NHCl_2$及其他氯胺类化合物。

（3）游离性余氯：包括$HOCl$、OCl^-等。

在水处理的消毒过程中，水中加氯量是由水中余氯量和余氯存在的形式决定的。加氯量过少，不能完全达到消毒的目的；加氯量过多，既是浪费，又使水产生异味，影响水质。因此余氯的测定对水处理中的氯消毒有着重要的意义。

（一）邻联甲苯胺比色法

此法可以测定水中游离性余氯及总余氯。在酸性溶液中，余氯与邻联甲苯胺反应，生成3，3’-二甲基-4，4’-联苯二亚胺盐酸盐的黄色化合物，其色度与余氯量成正比。此时可与永久性余氯标准溶液色阶进行比色。由于邻联甲苯胺与游离性余氯作用生成黄色化合物的反应十分迅速，而与氯胺的作用慢得多。因此，可以利用显色反应的时间快慢，采用加入显色剂后立即进行比色和放置10分钟后进行比色的方法，分别测得水中游离性余氯和总余氯。

如果水中余氯浓度过高，与邻联甲苯胺显色时生成红色化合物，此时应将水样稀释，以控制其只生成黄色化合物。

（二）邻联甲苯胺亚砷酸盐比色法

此法利用邻联甲苯胺和游离性余氯的反应是瞬间完成的，而与化合性余氯的反应是缓慢进行的性质，根据亚砷酸盐及邻联甲苯胺加入的顺序，并控制不同的显色时间，可以测定和计算出游离性余氯、总余氯、化合性余氯的含量。

当在水样中加入邻联甲苯胺后，立刻加入亚砷酸盐溶液。此时游离性余氯已与邻联甲苯胺发生了显色反应，而化合性余氯还未来得及与邻联甲苯胺发生显色反应，就被亚砷酸盐分解并还原成氯化物。因此，这时比色测定的仅是游离性余氯的含量。由邻联甲苯胺比色法测得的总余氯含量减去游离性余氯含量，就得到化合性余氯含量。

第九章　仪器分析方法

第一节　电位分析法

电位分析法是一种电化学分析方法。它包括直接电位法和电位滴定法。直接电位法是通过测量原电池的电动势进行定量分析的方法；电位滴定法是根据滴定过程中指示电极的电极电位变化来确定滴定终点的方法。近十几年来，由于各种离子选择性电极相继出现，使电位分析法，尤其是直接电位法的应用得到了新的发展。

一、电位分析法的基本原理

在电位分析法中，构成原电池的两个电极，其中一个电极的电位随被测离子的活度（或浓度）而变化，能指示被测离子的活度（或浓度），称为指示电极；而另一个电极的电位则不受试液组成变化的影响，具有较恒定的数值，称为参比电极。当一指示电极和一参比电极共同浸入试液中构成原电池时，通过测定原电池的电动势，由电极电位基本公式一能斯特方程式，即可求得被测离子的活度（或浓度）。

应当指出，某电极是指示电极还是参比电极，不是绝对的。在一定情况下用作指示电极的，在另一情况下也可用作参比电极。指示电极和参比电极的种类很多，以下将分别进行讨论。

（一）指示电极

1. 第一类电极

由金属浸在同种金属离子的溶液中构成。这类电极能反映阳离子浓度的变化。如银丝插入银盐溶液中组成银电极，其电极反应和电极电位为

$Ag^{+}+e \rightleftharpoons Ag$

$$\phi=\phi^{\ominus'}+0.059lg[Ag^{+}] \qquad (9-1)$$

此银电极不但可用于测定银离子的活度（或浓度），而且还可用于因沉淀或络合等反应而引起银离子浓度变化的电位滴定。

2. 第二类电极

由金属及其难溶盐浸入此难溶盐的阴离子溶液中构成。这类电极能间接反映与金

属离子生成难溶盐的阴离子的浓度。如Ag-AgCl电极可用于测定Cl^-的浓度，该电极可表示为：Ag，AgCl（固）|Cl^-。其电极反应和电极电位如下：

$AgCl+e \rightleftharpoons Ag+Cl^-$

$\phi = \phi_{AgCl/Ag}^{\ominus'} - 0.0591g\ [Cl^-]$　　(9-2)

3. 惰性金属电极

由一种性质稳定的惰性金属构成，如铂电极。在溶液中，电极本身并不参加反应，仅作为导体，是物质的氧化态和还原态交换电子的场所。通过它可以显示出溶液中氧化还原体系的平衡电位。如铂丝插入含有Fe^{3+}和Fe^{2+}的溶液中组成惰性铂电极：Pt|Fe^{3+}，Fe^{2+}。其电极反应和电极电位为

$Fe^{3+}+e \rightleftharpoons Fe^{2+}$

$\phi = \phi_{Fe3+,\ Fe2+}^{\ominus'} - 0.0591g\ [Fe^{3+}]\ /\ [Fe^{2+}]$　　(9-3)

4. 膜电极

这类电极是以固态或液态膜作为传感器，它能指示溶液中某种离子的浓度。膜电位和离子浓度符合能斯特方程式的关系。但是，膜电位的产生机理不同于上述各类电极，其电极上没有电子的转移，而电极电位的产生是由于离子的交换和扩散的结果。各种离子选择性电极属于这类指示电极，如玻璃电极。

（二）参比电极

参比电极是测量电极电位的相对标准。因此要求参比电极的电极电位恒定、再现性好。通常把标准氢电极作为参比电极的一级标准。但因制备和使用不方便，已很少用它作参比电极，取而代之的是易于制备、使用又很方便的甘汞电极。

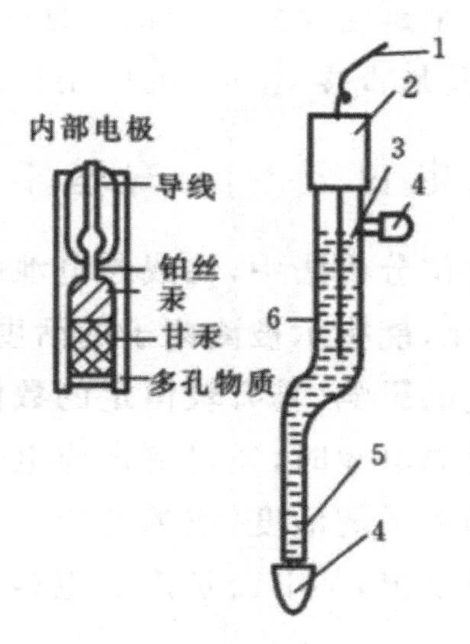

图9-1 甘汞电极

1-导线；2-绝缘体；3-内部电极；4-橡皮帽；5-多孔物质；6-饱和KCl溶液

甘汞电极由金属汞和甘汞Hg_2Cl_2及KCl溶液等构成，它的结构如图9-1所示。电极由两个玻璃套管组成。内玻璃管中封一根铂丝，插入纯汞中，下置一层甘汞和汞混合的糊状物。外玻璃管中装入KCl溶液。电极下端与待测溶液接触部位是素烧陶芯或玻

璃砂芯等微孔物质，构成使溶液互相连接的通路。

甘汞电极可表示如下：

Hg，Hg_2Cl_2（固）|Cl^-

电极反应：$Hg_2Cl_2+2e \rightleftharpoons 2Hg+2Cl^-$

电极电位：$\phi=\phi_{Hg2Cl2/Hg}^{\ominus'}-0.0591g\,[Cl^-]$

或作 ϕ 甘汞$=\phi_{甘汞g}^{\ominus}-0.0591ga_{Cl^-}$ (9-4)

由上式可以看出，当温度一定时，甘汞电极的电极电位主要取决于Cl^-离子的浓度或活度。不同浓度的KCl溶液可使它的电位具有不同的恒定值。在25℃时，不同浓度的KCl溶液甘汞电极的电位（以标准氢电极作标准）如下：

KCl溶液浓度0.1mol/L 1mol/L 饱和

电极电位E/V +0.3365 +0.2828 +0.2888

实际工作中最常用的是饱和溶液甘汞电极。

二、pH值的电位测定方法

（一）玻璃电极

玻璃电极是H^+的指示电极，它通常不受溶液中氧化剂或还原剂的影响。玻璃电极的结构如图9-2所示。它的主要部分是一个玻璃泡，泡的下半部是具有特殊成分的玻璃制成的玻璃薄膜，其厚度小于0.1mm。玻璃泡内装有pH值一定的缓冲溶液，作为内参比溶液。在溶液中插入一支Ag-AgCl电极作为内参比电极。

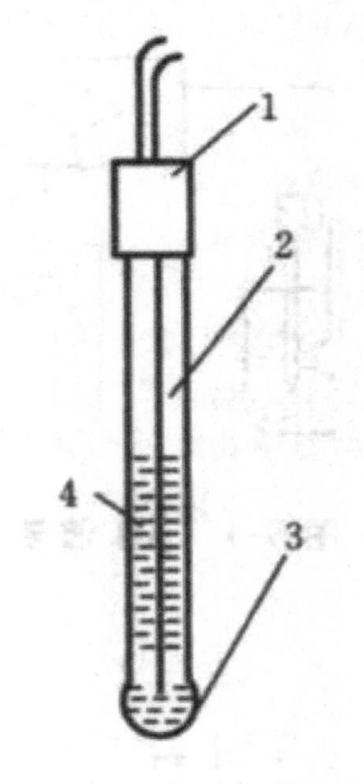

图9-2 玻璃电极

1-绝缘套；2-Ag-AgCl电极；3-玻璃膜；4-内部缓冲液

图 9-3 膜电位示意图

当玻璃电极浸入被测溶液中时，玻璃膜处于H^+活度一定的内参比溶液和试液之间。此时，膜内水化层与内参比溶液间产生相界电位 $\phi_{内}$；膜外水化层与试液间产生相界电位 $\phi_{外}$；这种跨越玻璃膜在两个溶液之间产生的电位差，称为膜电位 $\phi_{膜}$，如图 9-3 所示。$\phi_{膜}$值仅与膜外试液中的 $a_{H^+(试)}$ 有关，并符合能斯特方程式：

$$\phi_{膜}=\phi_{外}-\phi_{内}=0.059\lg a_{H^+(试)}/a_{H^+(内)} \quad (9-5)$$

由于内参比溶液是缓冲溶液，$a_{H^+(内)}$ 为一常数，则

$$\phi_{膜}=K+0.059\lg a_{H^+(试)}=K-0.059pH_{(试)} \quad (9-6)$$

式中，K 为常数，它是由玻璃电极本身决定的。上式说明，在一定温度下，玻璃电极的膜电位 $\phi_{膜}$与试液的 pH 值成直线关系。

应该指出，膜电位是由离子（此处H^+是离子）在溶液和膜界面间进行扩散和交换的结果。这种特殊玻璃膜是由带负电荷的硅酸盐晶格组成骨架，在晶格中存在体积较小但活动能力较强的Na^+，由于Na^+的活动而起导电作用。当玻璃电极长期浸泡于溶液中时，玻璃膜表面就形成很薄的水化层，水化层表面的H^+取代了Na^+。当水化层与试液接触时，水化层中的H^+与溶液中的H^+发生交换，建立下列平衡：

$H_{水化层}^{+} \rightleftharpoons H$试液

由于水化层和溶液中的H^+离子浓度不同，有额外的H^+由溶液进入水化层或由水化层进入溶液，改变了固-液二相界面的电荷分布，从而产生了相界电位 $\phi_{外}$。同理，也产生相界电位 $\phi_{内}$。由于膜内溶液的 $a_{H^+(内)}$ 保持恒定，则相界电位 $\phi_{内}$恒定。因此，玻璃电极的 $\phi_{膜}$只与 $\phi_{外}$有关，即仅与 $a_{H^+(试)}$ 有关。

由式（9-5）可知，当 $a_{H^+(试)}=a_{H^+(内)}$ 时，$\phi_{膜}=0$。但实际上 $\phi_{膜}$并不等于零，因为此时玻璃膜内外侧仍有一定的电位差。这种膜电位称为不对称电位（$\phi_{不对称}$）。它是由于膜内外两个表面不对称（如组成不均匀、表面张力不同、水化程度不同等）而引起的。不对称电位的数值为 1～30mV。对于同一个玻璃电极来说，条件一定时，$\phi_{不对称}$也是一个常数。

实践证明，一个玻璃电极的薄膜必须经过水化才对H^+有敏感响应，未经水浸泡的玻璃电极并不显示 pH 功能。因此，玻璃电极使用前应置于蒸馏水中浸泡 24 小时以上，

使其“活化”。每次测量后应置于清水中保存，使其稳定并达到最小值。

（二）pH值的电位测定法

用电位法测量溶液的pH值，是以玻璃电极作指示电极，饱和甘汞电极作参比电极，浸入待测溶液中，组成工作原电池的。用酸度计（pH计）直接测量此原电池的电动势后，与已知pH值的标准缓冲溶液进行比较，就能在酸度计上直接读出待测溶液的pH值，如图9-4所示。

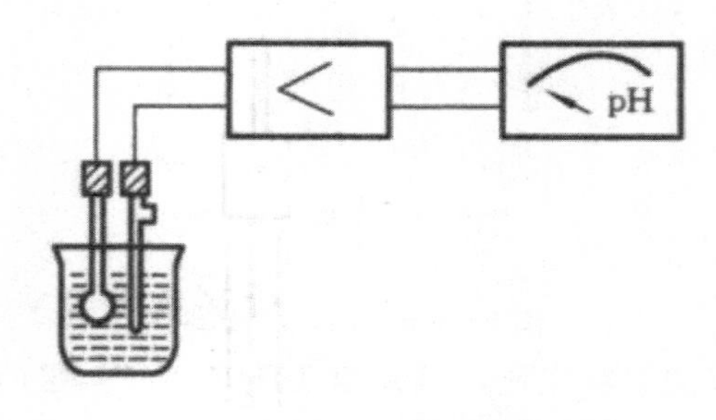

图9-4 pH值测定装置示意图

上述原电池可表示如下：

Ag，AgCl（固）|内参比溶液|玻璃膜|试液||KCl（饱和）|Hg_2Cl_2，Hg（+）

若试液与饱和KCl溶液的液接电位忽略不计，则其原电池电动势为

$$\Phi_{电池}=\Phi_{甘汞}-(\Phi_{AgCl/Ag}+\Phi_{膜})=\Phi_{甘汞}-\Phi_{AgCl}-K+0.059pH_{(试)} \quad (9-7)$$

在一定的实验条件下，$\Phi_{甘汞}$、$\Phi_{AgCl/Ag}$、K可合并为新常数K'，即式（9-7）变为

$$\Phi_{电池}=K'+0.059pH_{(试)} \quad (9-8)$$

式（9-8）表示，在一定温度下原电池的电动势与试液的PH值呈直线关系。在25℃时，溶液的pH值改变1个单位，则原电池的电动势随之改变59mV。为了使用方便，酸度计的指示标度可以直接以pH值来表示。

测量时，先用pH标准缓冲溶液来校正仪器上的标度，使指针所指示的标度值恰为标准溶液的pH值；然后换上待测溶液，便可直接测得其pH值。为了减小误差，选用的pH标准缓冲溶液的pH值应与待测溶液的pH值相接近。这种采用pH标准缓冲溶液作基准，来确定待测溶液的pH值的方法，称为“两次测量法”。酸度计上附有温度补偿装置。根据试液的实际温度，可用它调整pH标度的电位系数。

用玻璃电极测定pH值的优点，是它对H^+具有高度的选择性，不受溶液中氧化剂或还原剂的影响。且玻璃电极不易因杂质的作用而中毒，能在有色、浑浊或胶体溶液中应用。也可用它作指示电极，进行酸碱电位滴定。它的缺点是本身具有很高的电阻，必须辅以电子放大装置才能进行测定。在酸度过高（$pH<1$）的溶液中，测定值偏高，这种误差称为“酸差”，产生的原因尚不清楚。在碱度过高（$pH>10$）的溶液中，因为H^+浓度很小，可能由于其他阳离子在溶液和界面间进行交换而使测定值偏低，尤其Na^+的干扰较显著，这种误差称为“碱差”或“钠差”。

三、离子选择性电极测定法

离子选择性电极亦称薄膜电极。是一种利用选择性薄膜对特定离子产生选择性响应，以测量或指示溶液中离子活度（或浓度）的电极。如pH玻璃电极就是使用最早的一种H^+离子选择性电极。随着科学技术的发展，各种新型的离子选择性电极相继出现，发展迅速，应用广泛。离子选择性电极常用作指示电极，进行电位分析，具有简便、快速和灵敏的特点，尤其是适用于用某些方法难以测定的离子。

（一）离子选择性电极的种类

1. 固态膜电极

玻璃膜电极：除pH玻璃电极外，改变玻璃的组成，可得到Na^+、K^+、Li^+、Ag^+等离子有选择性响应的玻璃膜电极。

这类电极结构与pH玻璃电极相似。使用时，它们在一定程度上也对H^+有响应，故必须在pH值足够高时才能应用。

单晶膜电极：用难溶盐单晶体制成固体薄膜的电极。如氟离子选择性电极，是把氟化镧单晶膜封在塑料管的一端，管内装0.1mol/LNaF-0.1mol/LNaCl溶液，以Ag-AgCl电极作内参比电极，其结构如图9-5所示。

与pH玻璃电极的膜电位相似，氟离子选择性电极的膜电位仅与a_{F^-}有关。即

$\Phi_{膜}=K-0.059\lg a_{F^-}$

测定时，当溶液的pH值较高或较低时，均对分析结果有影响。为此，必须使用缓冲剂，控制溶液的pH值在5～6之间。

多晶膜电极：由难溶盐的沉淀粉末（可以是几种晶体）在高温高压下制成固体薄膜的电极。如$CuS-Ag_2S$压片制成Cu^{2+}电极，$CdS-Ag_2S$压片制成Cd^{2+}电极，$PbS-Ag_2S$压片制成Pb^{2+}电极等。

非均相固态膜电极：把难溶盐的沉淀粉末均匀地分布在惰性材料（如硅橡胶、聚苯乙烯等）中，制成电极膜。高分子材料一般起粘合支持物的作用，用于改善膜的机械性能，此类电极多用于多价阴离子（S^{2-}、SO_4^{2-}、NO_3^-、PO_4^{3-}）或阳离子（Cu^{2+}、Pb^{2+}）的分析。但由于电阻高，所以响应速度慢，并且不能在有机溶剂中使用。

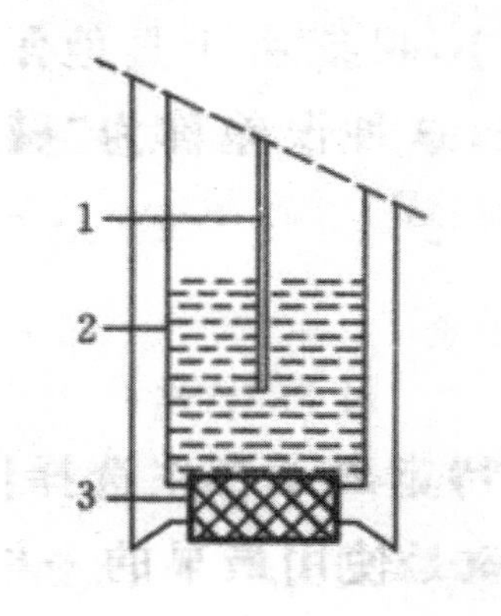

图9-5 氟离子选择性电极
1-内部参比电极Ag-AgCl电极
2-内部参比溶液NaF-NaCl溶液
3-氟化镧单晶膜

2. 液态膜电极

液态膜电极的主要机理是离子交换作用。这类电极的薄膜，是由离子交换剂或络合剂溶解在憎水性的有机溶剂中，再把此种有机溶液渗透到惰性多孔材料的孔隙内而制成的。Ca^{2+}选择性电极是这类电极的代表，其结构如图9-6所示。

电极内装有两种溶液，一种是内参比溶液（0.1mol/L$CaCl_2$水溶液），其中插入Ag-AgCl内参比电极；另一种是液体离子交换剂的憎水性有机溶液，即0.1mol/L二癸基磷酸钙的苯基磷酸二辛酯溶液。底部用多孔材料如纤维素渗析管与待测溶液隔开。这种多孔材料也是憎水性的，仅支持离子交换剂液体形成一层液态膜。由于液态膜对Ca^{2+}有选择性，在薄膜内外的界面上，被测离子和离子交换剂发生离子交换，从而在膜内外的界面上形成电位差，即产生膜电位：

$\phi_{膜}=K+0.059/2\lg a_{Ca^{2+}}$

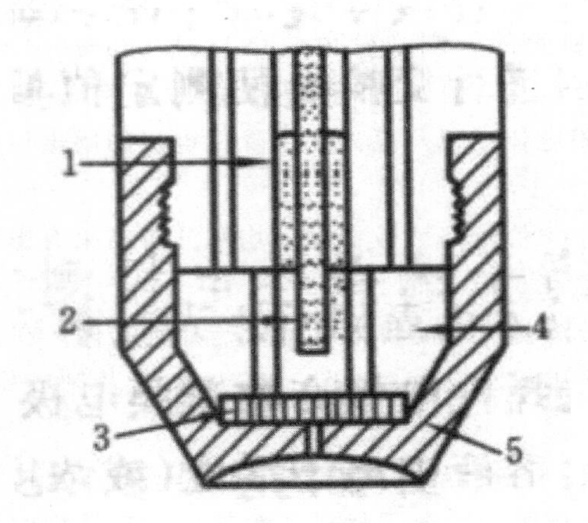

图9-6 Ca^{2+}选择性电极

（二）离子选择性电极的测量原理及其选择性的估量

离子选择性电极有多种，它们的共同点是都有薄膜。电极薄膜中含有与待测离子相同的离子，电极的内参比溶液中又含有与电极薄膜相同的离子。由于离子在薄膜两边的交换平衡而产生膜电位。膜电位与待测离子活度的关系，符合能斯特方程式。一般来说，对阳离子有响应的电极，膜电位应为

$$\phi_{膜}=K+0.059/n\lg a_{阳离子} \quad (9-9)$$

对阴离子有响应的电极，膜电位应为

$$\phi_{膜}=K-0.059/n\lg a_{阴离子} \quad (9-10)$$

式中，K值为常数，它是由电极本身决定的。式（9-9）和式（9-10）说明膜电位与待测离子活度的对数值呈直线关系，其斜率为0.059/n，这是应用离子选择性电极测定离子活度的基础。当离子选择性电极与参比电极组成原电池时，原电池的电动势与离子活度的对数值也呈直线关系。因此，测量电动势即可求得离子的活度（或浓度）。图9-7是离子计的组成。

离子选择性电极的选择性是相对而言的。离子选择性电极除对待测离子有响应外，共存的其他离子也能与之响应产生膜电位。如pH玻璃电极，除对H^+有响应外，也

对Na^+等碱金属离子有响应，只是响应的程度不同而已。当待测的H^+浓度很低时，Na^+的影响就不能忽视。考虑了Na^+干扰的pH玻璃电极的膜电位方程式如下：

$$\Phi_{膜}=K+0.059\lg(a_{H^+}+K_{H^+,Na^+}\cdot a_{Na^+}) \quad (9-11)$$

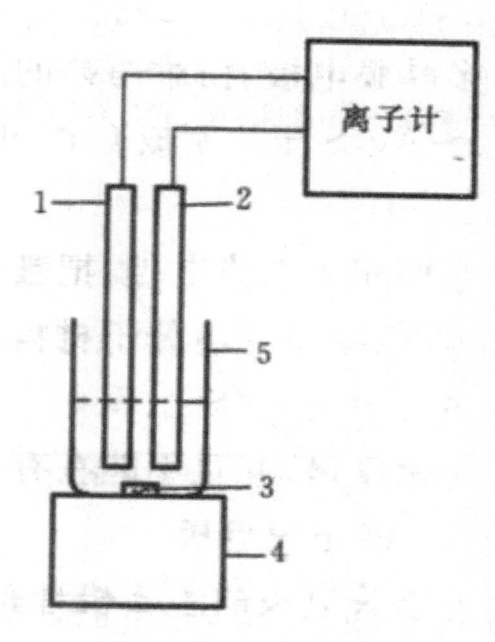

图9-7 离子计的组成。

1-离子电极；2-参比电极；3-铁芯搅拌棒；4-电磁搅拌器5-试液容器

对一般离子选择性电极来说，若待测离子为i，干扰离子为j，则考虑了干扰离子的膜电位方程式如下：

$$\Phi_{膜}=K+0.059\lg(a_i+K_{ij}a_j) \quad (9-12)$$

式（9-12）中K_{ij}称为电位选择系数。K_{ij}表示在其他条件相同时，产生相同电位的待测离子活度义和干扰离子活度a_j的比值a_i/a_j。例如当为0.01，即a_j等于a_i的100倍时，j离子所提供的膜电位才等于i离子所提供的膜电位。显然，对于任何离子选择性电极，K_{ij}愈小愈好，最好小于10^{-4}。K_{ij}愈小，表示选择性愈高，即受干扰离子的影响愈小。

式（9-12）适用于一价阳离子。对阳离子响应的电极，若待测离子i的电荷为n，干扰离子j的电荷为m，则

$$\Phi_{膜}=K+0.059/n\lg[a_i+K_{ij}(a_j)^{n/m}] \quad (9-13)$$

对阴离子响应的电极：

$$\Phi_{膜}=K-0.059/n\lg[a_i+K_{ij}(a_j)^{n/m}] \quad (9-14)$$

利用选择系数K_{ij}，可以估量因某种干扰离子存在而引起的测定误差。K_{ij}通常由实验方法求得。

在一些文献中使用选择比描述电极的选择性。选择比是选择系数的倒数，通常大于1。

（三）测量离子活度（浓度）的方法

1. 标准曲线法

测量时，将离子选择性电极和参比电极同时插入一系列已知离子活度（浓度）的标准溶液中，测出各标准溶液的电池电动势 $\phi_{电池}$，然后以测得的 $\phi_{电池}$ 与相应的 $\lg a_i$（或 $\lg c_i$）值作图，得到一条直线，即标准曲线。在相同条件下测出待测溶液的 $E_{电池}$，便可从标准曲线上查得待测离子的活度或浓度。图9-8所示是用氟离子电极测定 F^- 时的标准曲线。

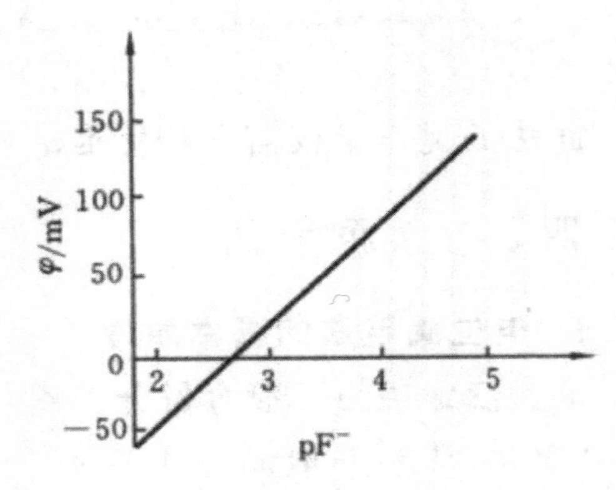

图9-8 标准曲线

标准溶液的活度可以根据所配制的溶液浓度用计算方法确定。某些已知活度的标准溶液的配制方法可以从文献中查到。

应该指出，实际工作中经常使用的是离子的浓度，而离子选择性电极的膜电位所反映的是离子的活度。如对阳离子响应的电极：

$\phi_{膜}=K+0.059/n\lg a_i$

只有当活度系数 γ_i 固定不变时，膜电位才与浓度 c_i 的对数值呈直线关系：

$$\phi_{膜}=K+0.059/n\lg \gamma_i c_i=K'+0.059/n\lg c_i \quad (9-15)$$

式中，K’是在一定离子强度下的新常数。

因此，实际工作中常把离子强度较大的溶液依次加入各标准溶液和待测溶液中，使溶液的离子强度保持固定值，从而使离子的活度系数不变。例如，用氟电极测量 F^- 浓度时，加入“总离子强度调节缓冲液”（简称TISAB液），它不仅起固定离子强度的作用，而且还起pH缓冲作用和掩蔽干扰离子的作用。

2. 标准加入法

标准加入法又称“已知增量法”。在待测溶液组成比较复杂的情况下，常用这种方法测量待测离子的总浓度，其准确度较高。

先测出待测溶液（设浓度为 c_x）原电池的电动势：

$$\phi_1=K\pm 0.059/n\lg \gamma_i c_x \quad (9-16)$$

再向待测溶液中加入已知量（约为试液体积的1/100）的待测离子的标准溶液，使其浓度增加△c。再次测得原电池的电动势：

$$\phi_2=K\pm 0.059/n\lg (\gamma_i c_x+\gamma_x \Delta c) \quad (9-17)$$

四、电位滴定法

（一）电位滴定法的基本原理

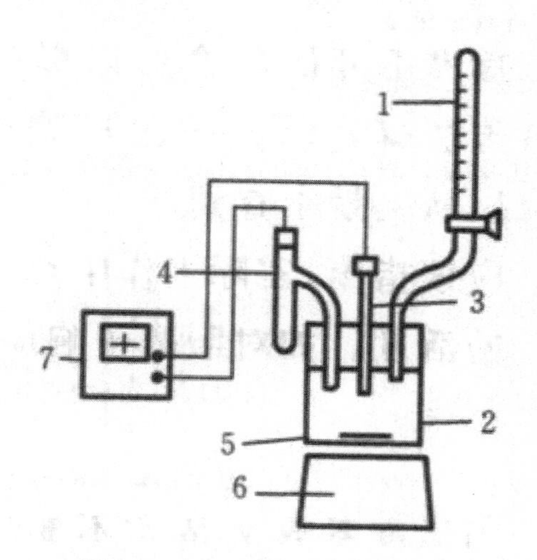

图 9-9 电位滴定装置示意图

1-滴定管；2-滴定池；3-指示电极；4-参比电极；5-搅拌棒；
6-电磁搅拌器；7-电位计

电位滴定法与一般容量分析滴定法的区别，仅在于指示终点的方法不同。它是用电极电位的“突跃”代替一般滴定中指示剂的变色，以指示化学计量点的到来。

电位滴定法的基本装置如图 9-9 所示。在待测溶液中，插入一支指示电极和一支参比电极，组成工作原电池。随着滴定剂的加入，待测离子的浓度不断发生变化，使指示电极的电位也相应地发生变化。在化学计量点附近，离子浓度发生突变，引起电位的突跃。因此，测量工作原电池的电动势变化，就可确定滴定终点。为了绘制比较精确的滴定曲线，每加入一定量的滴定剂后，就测量一次电动势。在化学计量点附近，滴定剂的加入量应少一些（每次 0.1mL)，以便精确显示滴定过程中电位的突跃。测量电动势的仪器可用电位计或 pH-mV 计。

电位滴定法可用于容量分析中的各类滴定反应，尤其适用于浑浊或有色溶液的滴定、没有合适指示剂的滴定以及非水溶液的滴定。但是，不同类型的滴定反应应当选用不同的指示电极和参比电极，详见表 9-1。

表 9-1 用于各种滴定法的电极

滴定方法	参比电极	指示电极
酸碱滴定	甘汞电极	玻璃电极，锑电极
沉淀滴定	甘汞电极，玻璃电极	银电极，硫化银薄膜电极，等离子选择性电极
氧化还原滴定	甘汞电极，钨电极，玻璃电极	铂电极
络合滴定	甘汞电极	铂电极，汞电极，银电极，氟离子、钙离子等离子选择性电极

电位滴定法比直接电位法和用指示剂确定终点的滴定方法更准确，但比较费时间。近年来应用自动电位滴定仪，对较复杂的计算使用计算机进行处理，同样可以达到简便、快速的要求。

（二）电位滴定终点的确定方法

滴定终点的确定，是以工作原电池电动势对滴定剂作图，从滴定曲线中求解的。确定终点的方法有三种：即E-V、ΔE/ΔV-V、$\Delta^2E/\Delta V^2$-V曲线法。以银电极作指示电极，饱和甘汞电极作参比电极，以0.100mol/L$AgNO_3$溶液滴定2.433mmol/LCl^-时所得电位滴定数据。现以它为例，讨论终点的确定方法。

1.E-V曲线法

以加入滴定剂$AgNO_3$的体积V（mL）为横坐标，测得相对应的电动势E（V）为纵坐标，绘制出如图9-10所示的E-V曲线。作两条与滴定曲线相切的45°倾斜直线，在两切线之间作一垂线，通过垂线中点作一条与切线相平行的直线，它与滴定曲线的交点即为滴定终点。

如果滴定曲线比较平坦，突跃不明显，则可绘制一阶微商曲线（ΔE/ΔVV）求得终点。

2.ΔE/ΔV-V曲线法

ΔE/ΔV表示随滴定剂体积变化（ΔV）。的电位变化值（ΔE），它是一阶微分dE/dV的估计值。例如，

当加入$AgNO_3$溶液的体积在24.10mL和24.20mL之间时，

ΔE/ΔV=（0.194-0.183）/（24.20-24.10）=0.11

即ΔE/ΔV=11时，所对应体积的平均值为24.15mL。各值与对应体积的平均值作图，如图9-11所示。曲线的最高点所对应的体积即为滴定终点体积。用此法确定终点较为准确，但手续较麻烦，故也可改用二阶微商法（$\Delta^2E/\Delta V^2$-V），通过计算求得滴定终点。

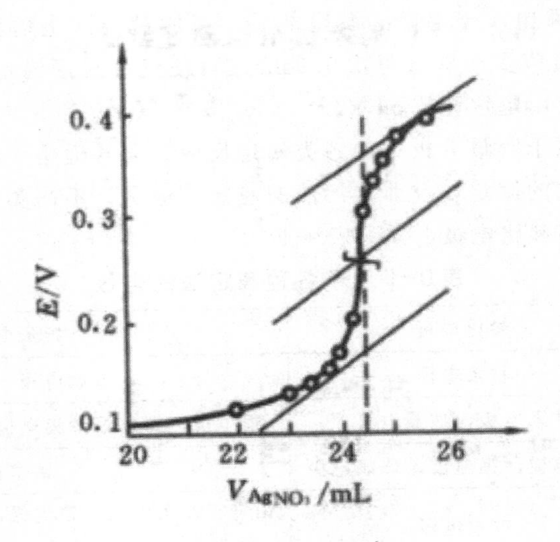

图9-10 E-V曲线

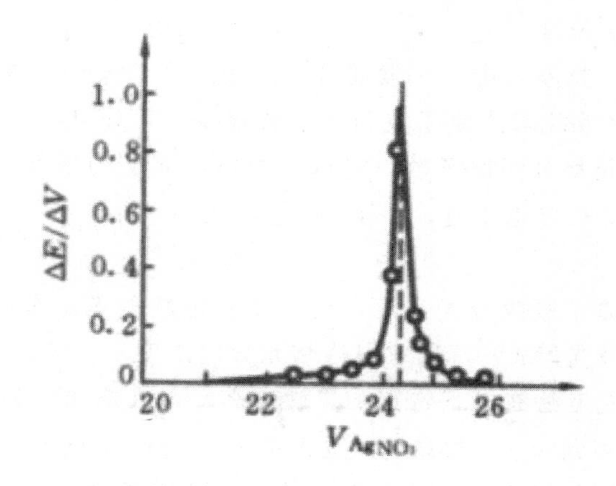

图 9-11 曲线

3. $\Delta^2E/\Delta V^2$-V 曲线法

这种方法基于 $\Delta E/\Delta V$-V 曲线的最高点正是二阶微商 $\Delta^2E/\Delta V^2$ 等于零处，即 $\Delta^2E/\Delta V^2=0$ 时对应的 V 值为滴定终点。因此，可以通过绘制二阶微商（$\Delta^2E/\Delta V^2$-V）曲线或通过计算求得终点。

第二节　原子吸收分光光度法

一、原子吸收分光光度法的基本原理

原子吸收分光光度法亦称原子吸收光谱法。此法是基于元素所产生的原子蒸气对同种元素所发射的特征谱线的吸收作用进行定量分析的。

原子吸收光谱的产生与原子发射光谱的产生是互相联系的两种相反的过程。原子发射光谱分析是测量由激发态原子（离子）发射光的强度，而原子吸收光谱分析则是测量被基态原子吸收光的强度。这是因为每一个元素的原子不仅可以发射一系列特征谱线（原子由激发态跃迁到基态或较低能态），而且也可以吸收相同波长的一系列特征谱线（原子由基态跃迁到激发态）。对吸收光谱来说，也常把被基态原子吸收的谱线称为“共振线”，即相当于从较低激发态跃迁到基态所产生的共振线。由于各种元素的共振线是元素所有谱线中最灵敏的谱线，且又各具特征性，故把这种共振线称为元素的特征谱线。当光源发射的某一特征波长的光通过原子蒸气时，基态原子将选择性地吸收其同种元素所发射的特征谱线，使入射光减弱。这就是利用处于基态的待测原子蒸气对从光源辐射的共振线的吸收而进行分析的原理。

共振线被基态原子吸收的程度与火焰层的长度及原子蒸气的浓度的关系，同比色分析一样，在一定条件下符合朗伯-比耳定律，即

$$A=\lg I_0/I=K'c'l \tag{9-18}$$

式中，A 为吸光度；I_0 为光源所发射的待测元素的共振线的强度；I 为被火焰中待测元素吸收后的透射光强度；K’为原子吸收系数；c’为蒸气中基态原子的浓度为共

振线所通过的火焰层长度。

在原子吸收分光光度法中，一般通过火焰使试样蒸发产生原子蒸气。火焰温度常小于3000K。火焰中激发态的原子数和离子数很少。可以认为，蒸气中的基态原子数实际上接近于被测元素总的原子数，与试样中待测元素的浓度c成正比。由于喷雾速度保持不变，火焰层长度也不变，l为一定值，故

$$A=Kc \tag{9-19}$$

式（9-19）是原子吸收分光光度法进行定量分析的基本公式，K在一定条件下是一常数。通过测定吸光度A就可以求得待测元素的浓度c。

原子吸收分光光度法有以下特点：灵敏度高，用火焰法可测到mg/L数量级，用无焰高温石墨炉法可测到μg/L数量级；选择性高，分析不同元素选用不同的光源，发射出待测元素特有的共振线，且元素吸收谱线又是特征的，很少有两种元素吸收同一波长的谱线，因此，不受其他元素的干扰；操作简单、快速，常常不需分离即可进行测定，它可适用于70种痕量元素的测定。

原子吸收分光光度法的缺点是同时进行多元素的分析还较困难，每分析一种元素，必须用该元素的空心阴极灯作光源；对共振线处于远紫外区的卤素、非金属元素、稀有气体以及固体试样的测定，目前尚有一定的困难。

二、原子吸收分光光度计

原子吸收分光光度计一般由光源、原子化器、单色器和检测装置四个部分组成，如图9-12所示。由光源发射出待测元素的共振线，被试样的原子蒸气吸收后，其透射光进入单色器分光，分离出来的待测元素的共振线再照射到检测器上，产生直流电信号，经放大器放大后，就可从读数器上读出吸光值。

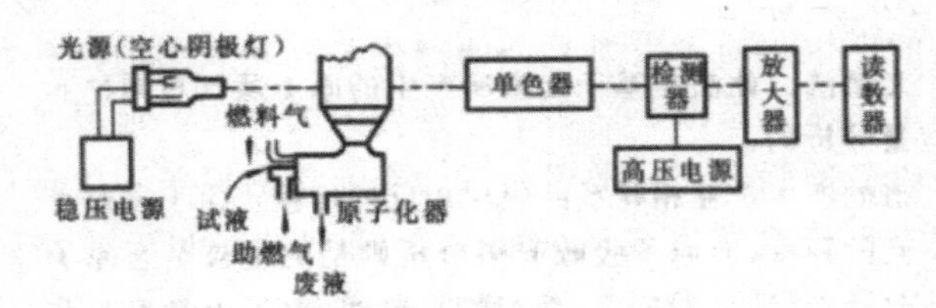

图9-12 原子吸收分光光度计示意图

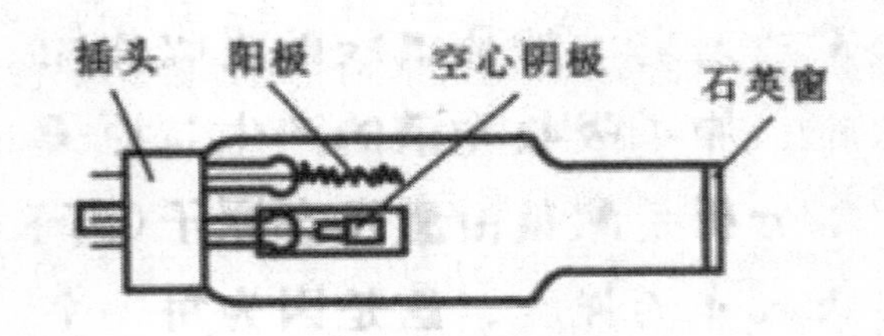

图9-13 空心阴极灯

（一）光源

光源的作用是发射待测元素的共振线。为了使测定能得到较高的灵敏度和准确

度，所使用的光源必须是能发射出比吸收线宽度更窄的高强度而稳定的锐线（最强共振线）光源。获得锐线光源的方法很多，目前多采用空心阴极灯作光源。

普通空心阴极灯是一种低压气体放电管，如图9-13所示。管中有一个阳极（钨棒）和一个空心圆柱形阴极（含有与待测元素相同的金属），两个电极密封于充有低压惰性气体（氖或氩）并带有石英窗的玻璃管中。通电后，电子从阴极高速射向阳极，并使填充的惰性气体电离成正离子。在电场的作用下，带正电荷的惰性气体离子强烈地轰击阴极表面，使阴极表面的原子发生溅射。溅射出来的原子再与电子、惰性气体原子及离子发生碰撞而被激发，发射出金属元素的共振线。如果采用不同待测元素作阴极材料，则可制成各种不同元素的空心阴极灯。

灯电源除了可使用直流、普通交流和方波电源供电外，还可采用短脉冲电源供电，以利于提高光源放电的稳定性及共振线发射的强度，并且延长灯的使用寿命。

（二）原子化器

原子化器的作用是产生原子蒸气，即使试样原子化。原子吸收分光光度法测定元素的灵敏度、准确度和干扰情况，在很大程度上取决于试样原子化的过程。通常要求原子化器有尽可能高的原子化效率，性能稳定，不受干扰，装置简单，易于操作。常用的原子化器有火焰原子化器和无火焰原子化器。

火焰原子化器主要包括雾化器、燃烧器、火焰和供气系统。由供气系统送来的助燃气将被测试液吸入雾化器，使其分散成很小的雾滴，并与燃料气（如乙炔、氢等）充分混匀，然后喷入燃烧器上燃烧。细雾被火焰蒸发并发生热分解，产生基态原子蒸气。

火焰是基态原子蒸气吸收光的介质，分析不同的元素，需要不同的火焰温度。表9-2列出了几种常见火焰的温度。火焰温度取决于所用燃料气和助燃气的种类和燃助比。对于大多数元素，可采用空气-乙炔火焰，其燃助比为1：4。这种火焰稳定，温度较高。由于火焰原子化器具有结构简单，易于操作、快速和测量精密度高等特点，因此在原子吸收分光光度法中广泛应用。不足之处是试样被火焰百万倍地稀释，因而降低了测定的灵敏度。

无火焰原子化器主要是使用电能等高温加热的方法，使试样得到足够的能量而原子化。由于原子化效率高和基态原子蒸气停留时间长，因此它的灵敏度可达10^{-14}g，比火焰原子化器高几个数量级。最常用的无火焰原子化器有两种，即石墨炉和钽舟电热原子化器。前者对保持在热的石墨管中的原子蒸气进行测定；后者在加热的钽片上端对原子蒸气进行测定。无火焰原子化器测量的精密度比火焰原子化器的差，操作不够简便、快速，装置也较复杂，这些不足之处都有待进一步研究解决。

表9-2 火焰的温度

燃烧气体	助燃气体	最高温度/℃	燃烧速度/（cm/s）
煤气	空气	1840	55
丙烷	空气	1925	82
氢气	空气	2050	320

续表

燃烧气体	助燃气体	最高温度/℃	燃烧速度/（cm/s）
乙炔	空气	2300	160
氢气	氧气	2700	900
乙炔	50%氧+50%氮	2815	640
乙炔	氧气	3060	1130
氰气	氧气	4640	140
乙炔	氧化亚氮	2955	180
乙炔	氧化氮	3095	90

（三）单色器

单色器的作用是将所需的共振线与邻近的其他谱线分开。由空心阴极灯光源发射的谱线，除了有待测元素的共振线之外，还含有该元素的非共振线、阴极材料中杂质的发射谱线及火焰本身的发射谱线等多种谱线。因此，需要用单色器将它们一一分开。单色器一般由色散元件（棱镜或光栅）、凹面镜和狭缝组成。由于原子吸收的共振线大部分集中在200～400nm的波长范围，故对一般元素的测定常采用石英材料制成的棱镜单色器，狭缝的宽度可在0.05～0.5mm范围。

（四）检测装置

检测装置主要由检测器、放大器、对数变换器和读数指示器组成。

检测器的作用是将单色器分出的微弱光信号进行光电转换。应用光电池、光电管或光敏晶体管都可以实现光电转换。原子吸收分光光度计常采用灵敏度很高的光电倍增管作为检测器。

放大器的作用是将光电倍增管输出的电信号进行放大，然后经过对数变换器，使放大的信号与含量之间呈直线关系，再由读数指示器指示测定值。

三、定量分析方法

原子吸收分光光度法定量分析的常用方法有标准曲线法、标准加入法和内标准法。其基本原理都是利用试样的吸光度和待测元素浓度之间的线性关系，由已知标准溶液的浓度求试样中待测元素的浓度。

原子吸收分光光度法所用的标准曲线法与比色分析法或可见光分光光度法一样，这里不再重述。现仅介绍标准加入法和内标准法。

（一）标准加入法

在前面已讨论过用此法测量离子的活度（浓度）。在原子吸收分光光度法中，标准加入法还可以利用标准曲线外推来求得试样溶液中待测元素的浓度。

测定时，取若干份（例如四份）体积相同的试样溶液，从第二份开始分别加入已知不同量的待测元素的标准溶液，然后用溶剂稀释至一定体积。设试样中待测元素的浓度为c_x，加入标准溶液后的各试样浓度分别为c_x+c_1，c_x+c_2、c_x+c_3，分别测得其吸光

度为 A_0、A_1、A_2 及 A_3，以 A 对 c 作图，将所得的标准曲线外推至吸光度为零处，所得横坐标的截距即为试样溶液中待测元素的浓度 c_x，如图 9-14 所示。

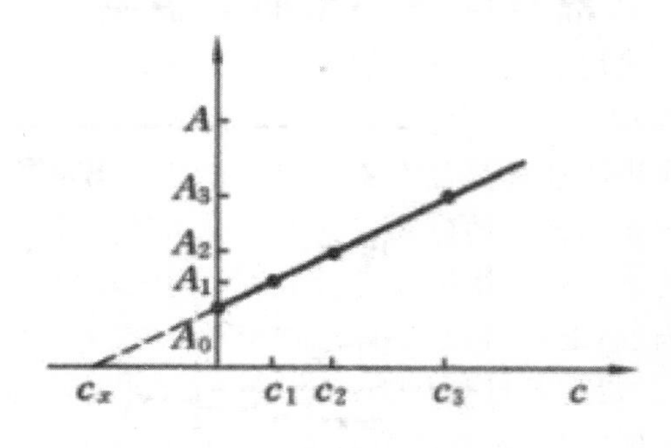

图 9-14 标准加入法

必须注意，标准溶液的加入量应适中，加入量过高易落入标准曲线的弯曲范围内，加入量过低则外推的误差大。所以，待测元素的浓度与其对应的吸光度应呈线性关系，通常至少采用四个点（包括试样溶液）来作外推曲线。

（二）内标准法

内标准法是在标准溶液和待测试样溶液中，分别加入一定量的试样中不存在的内标元素，同时分别测定各溶液中待测元素和内标元素的吸光度。以标准溶液中待测元素和内标元素的吸光度比值（$A_{待测}/A_{内标}$）对标准溶液中待测元素的浓度 $c_{待测}$ 作曲线，即（$A_{待测}/A_{内标}$）$-c_{待测}$ 标准曲线。再由测得的待测试样溶液中待测元素和内标元素的吸光度比值，从标准曲线上求得待测元素的浓度。

内标准法可补偿仪器工作条件的波动及基体的干扰，提高测量分析的精密度。但只有当所选用的内标元素在与基体、火焰有关的理化性质上与待测元素相近时，才能获得良好的补偿效果。因此，内标准法选择内标元素是十分重要的。表 9-3 所列内标元素的选择实例，可供参考。应用时，随着试样的组成不同、测定条件不同，所选择的内标元素也可能不同。

表 9-3 内标元素选择实例

待测元素	内标元素	待测元素	内标元素
Al	Cr	Mg	Cd
Au	Mn	Mn	Cd
Ca	Sr	Mo	Sn
Cd	Mn	Na	Li
Co	Cd	Ni	Cd
Cr	Mn	Pb	Zn
Cu	Cd、Zn、Mn	Si	V、Cr
Fe	Au、Mn	V	Cr
K	Li	Zn	Mn、Cd

第三节　气相色谱法

色谱法又名色层法或层析法。它是一种用以分离、分析微量多组分混合试样的极有效的物理及物理化学方法。

色谱法中起分离作用的柱称为色谱柱，固定在柱内的填充物（如活性炭、分子筛等）称为固定相，沿固定相流动的流体（如含氯化合物的水）称为流动相。用液体作为流动相的称为液相色谱，用气体作为流动相的称为气相色谱。

气相色谱法可分为气-液色谱和气-固色谱两种。前者是以气体为流动相（亦称载气），以液体为固定相；后者是以气体为流动相，而以固体为固定相。其中以气-液色谱应用较为普遍。下面仅对气-液色谱的装置、原理和分析方法进行叙述。

一、气相色谱分析的装置及流程

气相色谱分析的装置及流程如图9-15所示。

载气（用来载送试样的惰性气体，如N_2、H_2、He、Ar等）由高压钢瓶（1）供给，经减压阀（2）减压后，进入净化干燥管（3）干燥、净化。由针形阀（4）控制载气的压力和流量，在流量计（5）和压力表（6）上显示出流量的大小及压力值。载气再经过预热管（7）进入进样器和气化室（9）。试样就在进样器注入（如试样为液体，经气化室气化为气体），由载气携带进入色谱柱（10）进行分离。分离后的单个组分随载气先后进入检测器（8），然后放空。检测器通过测量电桥（12）将各组分的变化转变成电信号，由记录仪（13）记录下来，就可得到如图9-16所示的色谱图。图中峰1、2、3、4分别代表试样中的四个组分，以此作为定性、定量分析的依据。

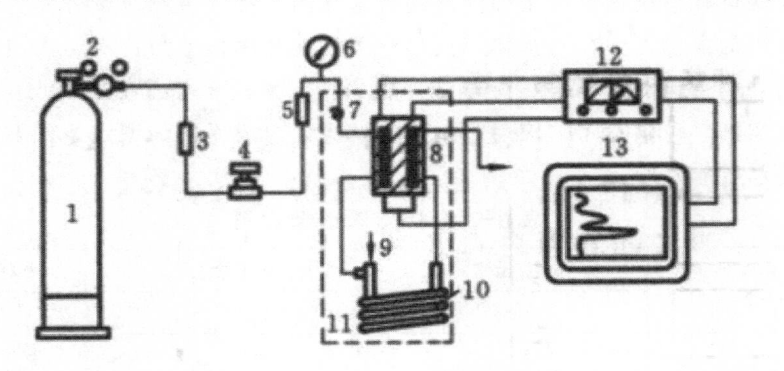

图9-15 气相色谱流程示意图

1-载气钢瓶；2-减压阀；3-净化干燥管；4-针形阀；5-流量计；
6-压力表；7-预热管；8-检测器；9-进样器和气化室；10-色谱柱；
11-恒温箱；12-测量电桥；13-记录仪

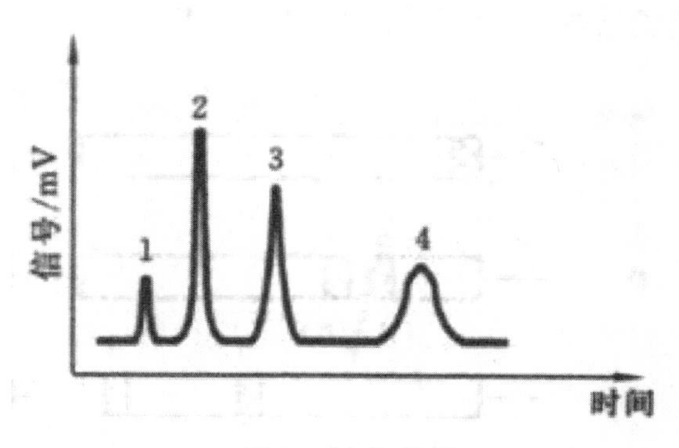

图 9-16 色谱图

气相色谱法的主要优点是：能分析组分复杂的混合物及性质相似的化合物，例如对水中污染物多氯联苯、有机汞等的分析，以及对同位素、异构体的分离都能获得良好的效果；灵敏度高，可检测出低至10^{-12}～10^{-14}g的物质；分析速度快，一般几分钟或几十分钟可完成一个试样的分析；应用范围广，分析的对象可以是无机的或有机的气态、液态、固态试样。缺点是：没有待测物纯品或相应的色谱定性数据作对照时，不能从色谱峰给出定性结果；分析高沸点、热稳定性差的物质还有困难。

近年来，色谱-质谱、色谱-红外光谱的联用，使气相色谱的强分离能力和质谱、红外光谱的强定性能力得到完美的结合，为气相色谱的应用开辟了新的途径，使气相色谱法已成为水质分析、环境监测中不可缺少的有力分析手段。

二、气-液色谱法的基本原理

在气-液色谱中，固定相是在化学惰性的固体微粒（此固体是用来支持固定液的，称为担体）表面涂上一层高沸点有机化合物的液膜，这种高沸点有机化合物称为固定液。在色谱柱内，被测物质各组分的分离是基于各组分在固定液中溶解度的不同。当载气携带被测组分进入色谱柱同固定液接触时，气相中的被测组分就溶解到固定液中去，载气连续流经色谱柱时，溶解在固定液中的被测组分会从固定液中挥发出来。随着载气的流动，已挥发到气相中的被测组分又会溶解在前面的固定液中。经过这样反复多次地溶解、挥发、再溶解、再挥发，溶解度大的组分停留在柱中的时间较长，往前移动得较慢；溶解度小的组分停留在柱中的时间较短，往前移动得较快。

物质在固定相和流动相之间发生溶解、挥发的过程，叫做分配过程。在一定温度下，组分在两相之间分配达到平衡时的浓度比称为分配系数K，即

K=组分在固定相中的浓度/组分在流动相中的浓度

显然，分配系数小的组分，每次分配后，在流动相中的浓度较大，因此可较早地流出色谱柱；而分配系数大的组分，每次分配后，在固定相中的浓度较大，因而流出色谱柱的时间较迟。当分配次数足够多时，就能将不同的组分分离出来。图9-17是试样在色谱柱中的分离过程。

分配系数小的组分A，被载气先带出，当A流入检测器时，色谱流出曲线（组分浓度流出时间关系曲线）突起，形成A峰；A组分完全通过检测器后，流出曲线恢复

平直（基线），继而分配系数大的组分B流出，形成B峰。

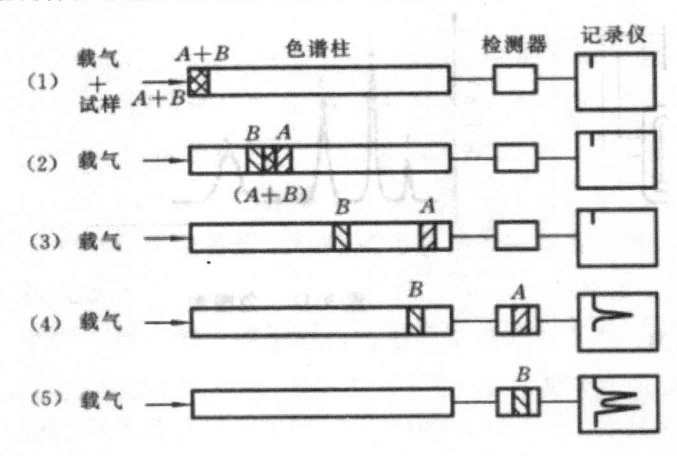

图9-17 试样在色谱柱中的分离过程

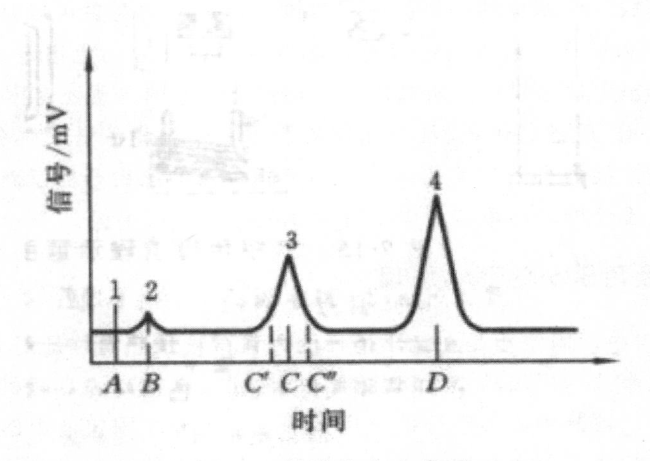

图9-18 色谱流出曲线图

1-注入样品；2-空气峰；3-标准物质峰；4-分析物质峰

三、气相色谱法的定性分析

根据色谱图，可以进行定性分析，即确定每个色谱峰所代表的物质。在实际工作中，常以保留时间或保留体积作为不同组分的定性指标。所谓保留时间，是指某一组分从进样到出现色谱峰的最高点为止所需要的时间。如在图9-18中，从注入样品A开始，至空气峰B出现的时间为止，称为死时间，以t°_{R}表示。t°_{R}是由仪器的进样器、色谱柱和检测器的空隙所决定。从注入样品开始，到被分离的物质出现的时间（物质峰最高点所对应的时间），即为各物质的保留时间，以t_R表示。将保留时间扣除死时间，称为某一物质的校正保留时间，以t'_R表示。图中BC和BD即相当于各物质的校正保留时间。在恒定流量的情况下，相当于校正保留时间的载气体积称为校正保留体积V'_R。V'_R为保留时间和载气流速的乘积。t'_R及V'_R均是物质的特征函数，以此进行定性分析。

利用保留值进行定性分析时，必须严格控制操作条件，否则重复性较差。若采用相对保留值作定性指标，则可以消除某些因操作条件而产生的影响。相对保留值是表示某一组分的校正保留值和另一基准物质（如正丁烷、正戊烷等）的校正保留值之比，即

$\gamma_{1,2}=t'_{R1}/t'_{R2}=V'_{R1}/V'_{R2}$

式中，t'_{R1}为试样中某一组分的校正保留时间；t'_{R1}为基准物质的校正保留时间；V'_{R1}为试样中某一组分的校正保留体积；V'_{R2}为基准物质的校正保留体积。

各种物质的$\gamma_{1,2}$值可从文献中查到，将测定值与文献值对照，就可以确定被测组分是何种物质。

四、气相色谱法的定量分析

（一）定量校正因子（f_i）

某被测组分i的量与该组分色谱峰的面积成正比：

$W_i=f_iA_i$（9-20）

式中，W_i为i组分的重量；A_i为i组分的峰面积；f_i为定量校正因子。

因此，要测定i组分的重量，必须准确测量峰面积和求出定量校正因子f_i。

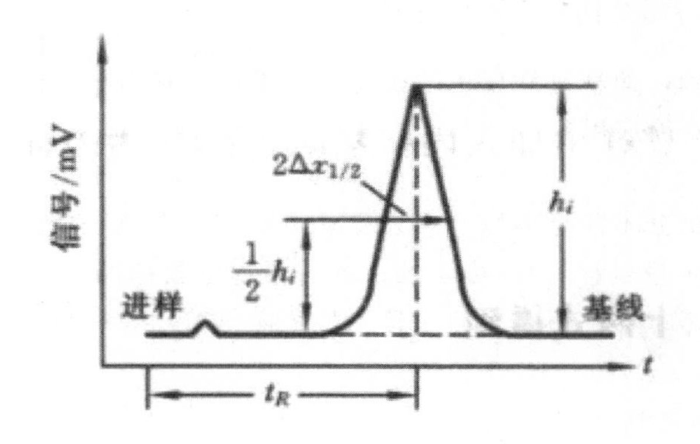

图9-19 单一组分色谱图

峰面积的计算方法有多种，常用的简便方法是峰高乘半峰宽法。如图9-19中，h_i为i组分的色谱峰峰高，$2\Delta x_{1/2}$为峰高一半处该色谱峰的宽度，其峰面积为

$A_i=h_i\times 2\Delta x_{1/2}$

h_i及$2\Delta x_{1/2}$通常用mm表示。

f_i可由i组分单位峰面积所相当的物质重量求得。

$$f_i=W_i/A_i \qquad (9\text{-}21)$$

式中，f_i称为绝对校正因子。它随色谱条件的变化而变化。既不易准确测定，也无法直接应用。在定量分析中常用的是相对校正因子，即i组分的与标准物质S的绝对校正因子之比：

$$f'_i=f_i/f_S=A_S/A_i\times W_i/W_S \qquad (9\text{-}22)$$

测定f'_i时，一般将纯的i组分与标准物质S按一定的比例混合，进行色谱分析，

求得两者相应的峰面积，即可计算出 f'_i。

（二）定量分析方法

气相色谱的定量分析方法很多，常用的有下列三种。

1. 归一化法

若试样中的所有组分都能产生相应的色谱峰，并且已知各组分的相对校正因子，则可用归一化法求出各组分的含量。所谓归一化，就是各组分的相对含量之和为1（即100%）。

设试样中有n个组分，各组分的重量分别为 W_1、W_2、…、W_i、…W_n，其中i组分的百分含量 P_i 为

$$P_i = \frac{W_1}{W_1 + W_2 + \cdots + W_i + \cdots + W_n} \times 100\% \qquad (9\text{-}23)$$

若试样中各组分的 f'_i 值很接近，就可直接按峰面积计算各组分的百分含量，则式（9-23）可简化为

$$P_i = \frac{W_1}{\sum_{i=1}^{n} A_i} \times 100\% \qquad (9\text{-}24)$$

式中，$\sum_{i=1}^{n} A_i$ 为各组分的峰面积的总和。

此法简便、准确，即使进样量不准确，对结果也没有影响。但若试样中所有组分不能全出峰时，就不能应用此法。

2. 内标准法

当试样中所有组分不能全出峰，或只要求测定试样中某一个或某几个组分时，可用此法。这时在一定量试样（W）中，加入一定量选定的标准物质（W_S'）作内标物。加入的内标物应该是试样中不存在的，且不与试样作用，并能与试样中各组分分离的物质。

设i组分的含量为 P_i，则

$$P_i = \frac{W_1}{W} \times 100\% \qquad (9\text{-}25)$$

当往试样中加入内标物时，设 P_S' 为内标物和试样的重量之比，即

$$P_S' = \frac{W_S'}{W} \times 100\% \qquad (9\text{-}26)$$

3. 外标准法

又称为已知样校正法。设被测试样中i组分的含量为 P_i，用纯的i组分配制一个已知含量为 P_S 的标准样。在相同的色谱条件下准确而定量地进样，得到相应的峰面积 A_i 和 A_S，则

$$P_i = \frac{A_i}{A_S} \times P_S \qquad (9\text{-}27)$$

外标准法的操作和计算都很简便，不需用校正因子。但要求操作条件稳定，准确进样，否则对分析结果影响较大。此法较适用于具有固定组分的定量分析。

第四节　激光诱导击穿光谱法

一、激光诱导击穿光谱技术原理分析

（一）激光诱导击穿光谱的基本原理和系统组成

激光诱导击穿光谱（LIBS）是非常典型的原子发射光谱，高强度脉冲光会聚到样品表面，样品受到激发后产生等离子体，对收集到的等离子体发射光谱进行处理，即可实现对样品成分的定性和定量测量，其原理图如图9-20所示。

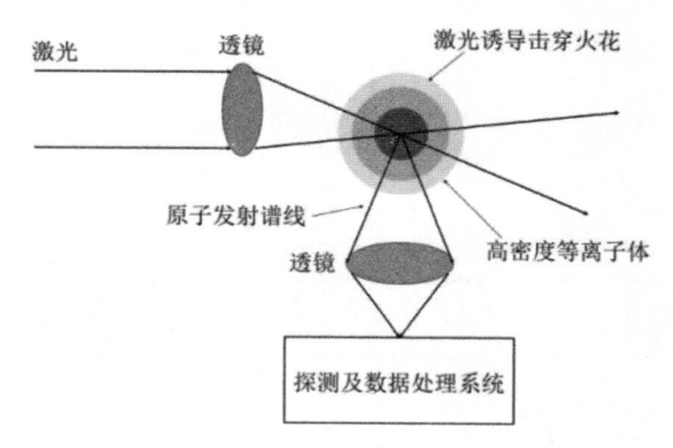

图9-20 原理图

受到脉冲激光聚焦作用后，待测物质产生局部高温并在高温下迅速雾化形成等离子体。受激原子、分子或离子中的电子，在等离子体中的不同能级间发生自上而下的跃迁时，会有特定频率的光子向外辐射。因为各类物质的能级结构不尽相同，所以它们的发射光谱也不同。这些发射光谱中的特定波长对应于特定元素，即可以获得样本的定性信息；而发射光谱的谱线强度或整体光谱信息与发射物质的浓度相关，即可以获得样本的定量信息。

激光诱导击穿光谱法的示意图如图9-21所示，一般包括图中的几个基本部分。激光器发射脉冲光，由聚焦系统聚焦后作用于待测样品，收集系统将包含特征信息的光信号收集，光信号通过光谱仪分光，最后有用信息由数据处理系统进行下一步计算。

在实际应用中的LIBS系统还需要外加系统控制模块，对激光光源系统和光谱收集系统进行综合调控，配置其采集的延迟、积分时间和门宽等必要参量。

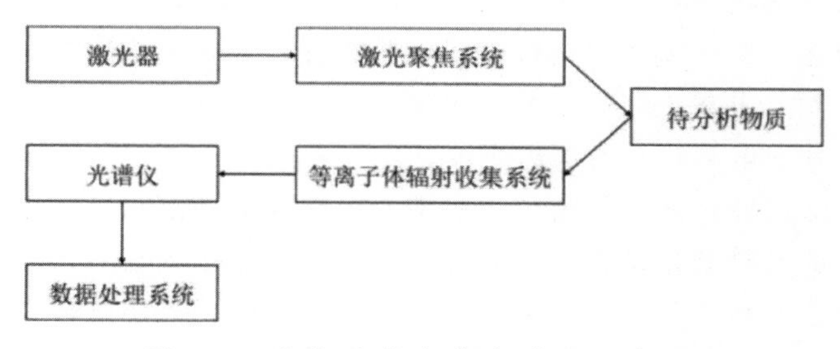

图9-21 激光诱导击穿光谱法示意图

（二）激光诱导等离子体

1. 激光诱导等离子体的产生机理

在物质的温度很高时，其分子中的原子获得的动能到达互相分离的阈值，也就是开始离解；在这个基础上的再度升温将原子核无法约束外围电子，这些电子变成自由电子带负电荷，而原子变成离子带正电荷，即所谓的电离过程。分子的热运动变得激烈并在不断的彼此撞击中电离，这时物质中的带正电离子、带负电电子和不带电中性粒子无约束运动并交互影响，物质的这种混合存在状态叫做等离子体。其中，电离度低于10%的称为弱电离等离子体，本文研究的LIBS技术涉及的一般为弱电离等离子体。

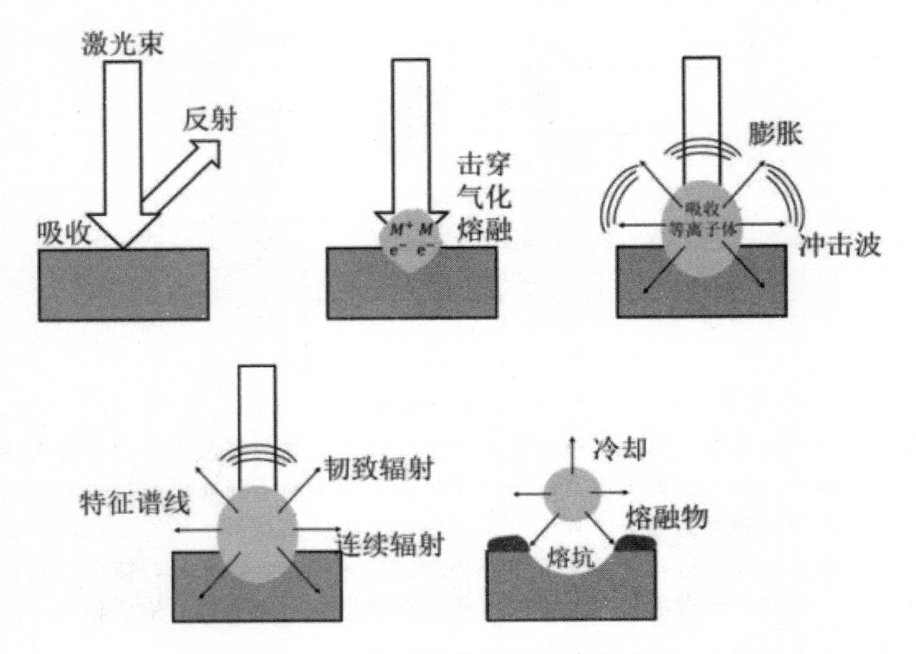

图 9-22 激光诱导等离子体产生过程

激光与物质的相互作用的过程并不是完全线性的而且各步骤十分繁复。激光诱导等离子体的产生过程如图9-22所示，主要分为以下几步：

（1）样品吸收激光能量。激光束接触样品表面时，伴随着部分反射光，以及其余的部分被样品吸收，并引起样品局部升温和少量离子激发。

（2）熔融、气化、击穿。激光的持续作用使样品表面发生熔融，并在继续升温后发生气化，经激光灼蚀作用的部分短时间内脱离材料表层并伴随扩张和喷溅，喷溅物持续吸收能量并发生电离，即产生激光等离子体。这一过程中自由电子数量发生指数型增长，包含多光子电离和雪崩电离两步。

（3）膨胀并形成冲击波。等离子体的中心区在局部高温和高压下会发生向外围的膨胀，这一过程的时空演化符合欧拉方程。在电子密度达到临界点时，膨胀过程中的等离子体会使周边环境中的气体产生压缩，形成冲击波。外层气体在吸热之后又将部分激光能量吸收传递给等离子体，进而形成一个能够自我维持的吸收过程，保持等离子体不断向周围气体的方向膨胀。

（4）辐射。高温下，物质被分解和电离，等离子体中各种类型的粒子被激发，粒子从高能态跃迁到低能态时向外辐射电磁波并形成等离子体光谱。脉冲激光诱导产生的等离子体谱也是瞬态谱，根据跃迁方式可分为连续辐射（自由电子的自由-自由跃迁和自由-束缚跃迁）、分立谱（原子或原子离子的束缚-束缚跃迁）和带状谱（分子或分子离子的跃迁）。其中，连续辐射又可分为韧致辐射（高能量电子相撞后减缓并向外发出光子）和复合辐射（原子离子从自由电子处获得无处释放的能量并向外发出光子）。一般情况下，我们所说的特征谱线辐射指的是原子中被激发的电子在能级间跃迁并辐射光子而产生的辐射，这些光子的特有频率与特定元素对应，因此通过确定和测量特征谱线的特性，就能够实现对样品元素的定性和定量分析。

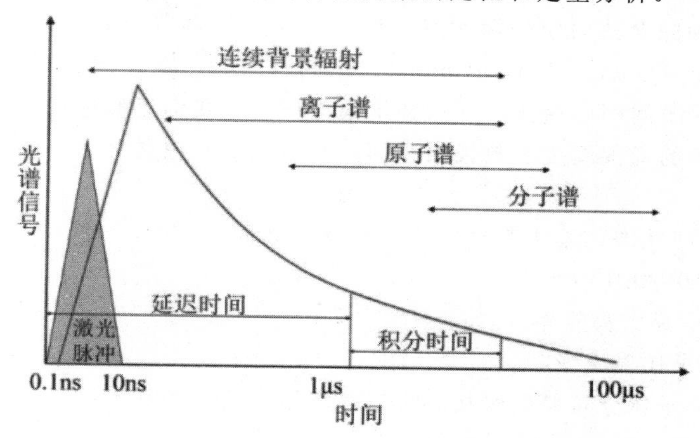

图 9-23 等离子体辐射光谱时间演化示意图

等离子体辐射光谱的时间演化示意图如图 9-23 所示。从图中可以看出，在等离子体产生的最开始一段时间，连续背景辐射很强且起支配作用；温度降低后，连续辐射迅速减少，原子中电子的能级跃迁变得活跃，产生原子谱；随着温度的继续下降，原子、离子、电子重新形成分子或分子离子，电子开始在其能级间跃迁，并产生可见的分子谱。

在实际应用中，通常对特征谱线进行分析并获得样品信息，而等离子体产生初期的强连续背景辐射会严重干扰特征谱线质量。因此，在实验系统中需要加入控制电路，设置合适的延迟时间和积分时间，以控制光电探测器采集光谱的起始时间和持续时长，并在光谱预处理时进行基线校正，尽量避免连续背景对后续光谱分析的干扰。

（5）冷却并形成熔坑。经过上述几个过程后，大量热能的向外辐射和彼此传递使绝大部分能量不再存在于等离子体中，被作用的材料随后冷却。激光作用结束后，在材料表面留下熔坑，并在熔坑四周留下熔融物。

2. 激光诱导等离子体的理论模型

等离子体中各种离子电荷布局的情况和受激级次的位置可用于其特性的进一步分析，位于每个级次的数量在粒子的离子化和重组、碰撞激发和去激作用、受激发吸收和放射性衰退等各步内不断变化，而速率方程是反映这一系列变换的复杂方程组。在解方程组过程中，适当的理论模型的选取可以使步骤不那么复杂，根据等离子体电子密度升序可分为日冕、碰撞辐射和局部热力学平衡模型。

（1）日冕模型。在自然条件下天体物理中的日冕区或实验室条件下的托克马克实验装置中，这种情形时等离子体稀薄，碰撞离子化和放射重组之间达到平衡状态，也就是日冕平衡。此时可应用日冕模型进行模拟计算。

（2）局部热力学平衡模型。在激光等离子体中，电子数密度和温度是基本物理参数。电子在能量传递中扮演主要角色，直接决定等离子体中的动力学行为，即各粒子的激发、电离和解离等过程；而温度则决定粒子能级和动能分布。

在等离子体中的所有粒子（光子、电子、离子）都处于平衡态的情况下，上述每一过程的速率都与其逆过程互补，光子速率呈普朗克（Planck）分布，电子和离子速率呈麦克斯韦-玻尔兹曼（Maxwell-Boltzmann）和玻尔兹曼（Boltzmann）分布，这种状态我们称为完全热力学平衡状态。然而，完全热力学平衡在实际中是不存在的。局部热力学平衡（Local Thermodynamic Equilibrium，简称LTE）与其非常相近，在这种状态下，粒子间的碰撞作用须远强于辐射作用，我们近似地认为辐射过程可以忽略，即等离子体的局部温度参数视为相同，且服从玻尔兹曼分布、萨哈分布和麦克斯韦分布。

一般地，LTE状态的基本判据如式（9-28）所示。

$$N_e \geq 1.6 \times 10^{12} \Delta E^3 T^{1/2} cm^{-3} \tag{9-28}$$

式中ΔE——最大势能差（J）；

T——等离子体温度（K）。

此时，等离子体分布参数服从萨哈方程，如式（9-29）所示。

$$N_e \frac{N_i}{N_0} = \frac{(2\pi m_e kT)^{\frac{3}{2}} 2U_i(T)}{h^3 U_0(T)} e^{-\frac{E_{ion}}{kT}} \tag{9-29}$$

式中U_0（T）、U_i（T）——原子配分函数、离子配分函数；

N_0、N_i——原子数密度、离子数密度（m^{-3}）；

E_{ion}——中性原子电离能（J）；

N_e——等离子体电子数密度（m^{-3}）；

m_e——电子质量（kg）；

h——普朗克常量（J•s）；

k——玻尔兹曼常数（J/K）。

在LIBS应用过程中，被激发的等离子体无法做到内部温度处处相同，因此一定会产生与外部环境的物质能量交换，然而，等离子体的局部温度可被视为接近同一水平，即在时间和空间上实现局部热力学平衡。

（3）碰撞辐射模型。处于碰撞辐射稳定状态的各类粒子数的分布获得较为复杂，需通过速率方程求解。简而言之，在高电子数密度情况下，该状态趋近于局部热力学平衡；而在低电子数密度情况下，该状态趋近于日冕平衡。也就是说，碰撞辐射平衡是一类兼有两种平衡特性的状态，该模型处于LTE与日冕平衡之间。

3. 激光诱导等离子体的物理参数

一些等离子体物理参数在使用LIBS技术对样品进行分析的过程中功能不容小觑。

例如，谱线线型与谱线强度作用相当，可以反映等离子体中的粒子辐射信息及和周边环境波动，而等离子体的温度和电子数密度则会影响原子发射光谱。因此，对此类参量的了解可以使我们对激光等离子体的物理机理和光谱

特性更加熟悉，从而对LIBS检测的重复性、准确性和检出限等具有影响很大的价值。

（1）等离子体谱线展宽及线型拟合

理想情况下的等离子体的发射谱线应是完全“线”状的，从中我们可以准确确定元素归属。但实际中的等离子体是十分复杂的体系，受许多展宽机制影响，其光谱具有一定的宽度，从而导致谱峰重叠失真等问题，影响最终的数据分析。一般情况下，原子光谱的谱线轮廓示意图如图9-24所示。

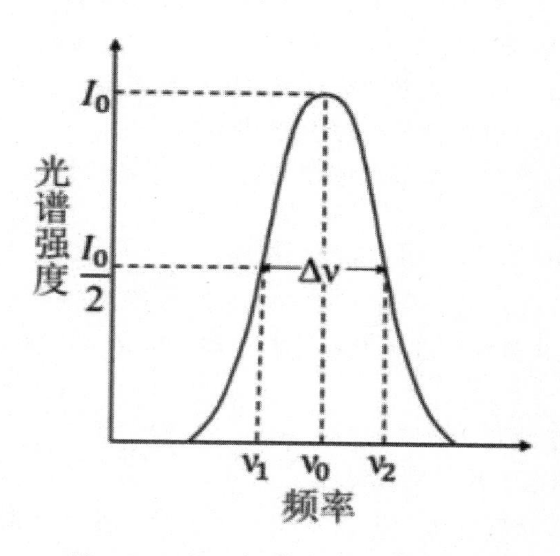

图9-24 原子光谱谱线轮廓示意图

图中谱线强度最大值为I_0，对应的频率v_0称为中心频率，当谱线强度从最大值减半时对应的两个频率绝对值之差称为谱线宽度，即$\Delta v=|v_2-v_1|$。

谱线常见的展宽机制有以下几种：

1）自然展宽在各类展宽机制中，自然展宽是最简单的一种，由激发态寿命有限所导致。对于处于某能级的粒子，其能级宽度和平均寿命间的定量关系不确定，其线型一般呈洛伦兹（Lorentz）线型。不同谱线的自然展宽也不同，但在LIBS应用中的影响并不大。

2）多普勒展宽根据多普勒（Doppler）效应，发光粒子和观察者之间的相对移动会引起收到的光子频率变化，其规律如式（9-30）所示。

$$(\omega-\omega_0)/\omega_0=v/c \tag{9-30}$$

式中 ω_0——福射粒子发射的光子频率（Hz）；

ω——观察者收到的光子频率（Hz）；

v——发光粒子和观察者之间的相对速度（m/s）；

c——光速（m/s）。

大量处于热运动中的粒子都将以某种速度相对探测器运动，并产生“红移”或

“蓝移”，因此测得的谱线就会呈现出相应的展宽。根据原子呈麦克斯韦（Maxwell）分布的运动速率，并结合波长和频率的关系，计算得到多普勒展宽的半高宽如式（9-31）所示。

$$\Delta\lambda_{1/2}^{D}=7.715\times10^{-5}(kT/M)^{1/2}\lambda_{0} \tag{9-31}$$

式中T——辐射粒子的温度（K）；

M——辐射粒子的原子质量（kg）；

λ_0——谱线的中心波长（nm）。

由此可见，多普勒展宽效应只受等离子体的中心温度以及辐射粒子的原子质量影响，等离子体的温度越高，粒子速度的散逸性越大，谱线展宽也就越明显。这种展宽通常表现为高斯（Gauss）线型，因此又称高斯展宽。

3）斯塔克展宽。斯塔克（Stark）展宽是电场扰动（等离子体中不均匀电场、粒子间库仑力及外加电场等）引起的发光频率的偏移和展宽。受到电场长程的库伦作用后，辐射粒子的上能级将引发谱线偏移并形成洛伦兹（Lorentz）线型的增宽。在一定近似条件下，求解包含时间参数的薛定谔方程可得谱线偏移和半高宽如式（9-32）和（9-33）所示。

$$\Delta\lambda_{shift}\approx[1\pm2.00A(1-0.75R)]n_e\times10^{-16}d \tag{9-32}$$

$$\Delta\lambda_{1/2}\approx2[1+1.75A(1-0.75R)]n_e\times10^{-16}\omega \tag{9-33}$$

式中d、ω——电子碰撞位移参数和受制于温度的电子碰撞参数；

A——离子贡献；

R——Debye屏蔽参数；

n_e——等离子体的电子数密度（m^3）。

多普勒展宽和斯塔克展宽在LIBS实验中最为常见，尤其是斯塔克展宽为其最主要形式，且常用于衡量等离子体的电子数密度。

4）共振展宽。共振展宽又称赫尔兹马克（Holtzmark）展宽，是由受激发的粒子与其同类粒子碰撞或受其电场力作用引起的，且要求受激粒子跃迁后的能态与其同类粒子初态相同，作用后的谱线表现为对称且无偏移，因此影响可忽略。

5）范德瓦尔斯展宽。范德瓦尔斯（Van der Waals）展宽由受激发的粒子与不跃迁的中性粒子碰撞作用引起，呈洛伦兹（Lorentz）线型，其半高宽和谱线偏移如式（9-34）和（9-35）所示。

$$\Delta\lambda_{1/2}\approx8.5\times10^{-17}\lambda_0^2C_6^{2/5}(T/\mu)^{3/10} \tag{9-34}$$

$$\Delta\lambda_{shift}\approx\Delta\lambda_{1/2}/2.75 \tag{9-35}$$

式中C_6——范德瓦尔斯相互作用常数（m^6/s）；

μ——受激发的粒子与碰撞粒子的折合质量（kg）；

n_b——扰动粒子浓度（m^{-3}）。

6）仪器展宽。由于光谱测量仪器的实际工作情况，其对仅含单色波长的光源采集到的光谱并不是纯色光，而是存在一定展宽。仪器展宽主要由光谱仪的狭缝宽度导致，也通常呈现为高斯（Gauss）线型，并可忽略不计。

一般地，当等离子体温度较低时，范德瓦尔斯展宽（呈高斯线型）最为突出；随着温度升高，多普勒展宽开始变得明显；在更高温度下，斯塔克展宽（呈洛伦兹线型）将起主要作用。值得指出的是，斯塔克展宽受等离子体电子数密度影响非常大，在LTE状态下，电子密度的增加会使展宽急剧增大并占据绝对主导作用。

因此在实际应用中，等离子体谱线的线型拟合常采用洛伦兹（Lorentz）曲线或福格特（Voigt）曲线（由高斯函数和洛伦兹函数卷积获得）。

（2）等离子体温度和电子数密度

温度和电子数密度是等离子体分析中最基本和最重要的两个热力学参数。电子在激光等离子体中是能量转移的主要载体，影响着等离子体的形成和演化过程。等离子体温度直接决定能级分布及粒子动能分布，且在LTE下，等离子体中的粒子密度只相关于等离子体温度和电子数密度这两个参数。

对等离子体温度的计算首先需满足以下条件：所测等离子体处于LTE状态，且辐射粒子在探测窗内时空分布均匀；谱线不发生自吸收效应；分布于不同能级的粒子数可以用Boltzmann方程表示；LIBS等离子体与被烧蚀的样品含有相同的元素成分。在以上前提下，温度计算方法有：谱线强度与背景强度比值法、双线比较法、玻尔兹曼作图法、萨哈-玻尔兹曼作图法、线型拟合法等。

1）谱线强度与背景强度比值法。该方法通过将谱线强度与背景强度值作比值计算得到等离子体温度，但是LIBS的主要研究对象是等离子体演化后期的特征谱线，这时其背景辐射已经远远不及早期强度大，此方法适用性较低。

2）双线比较法。在满足LTE状态的前提下，对于同种元素，将其同一电离态下、位于不同上能级的粒子辐射出的一对谱线强度作比值，可以计算得到等离子体温度，即双线比较法。在该条件下，不同能级的粒子状态玻尔兹曼分布，谱线的积分强度如式（9-36）所示。

$$I_{ij} = \frac{A_{ij}g_i}{U_s(T)} n_s e^{-E_i/KT} \tag{9-36}$$

式中 U_s（T）——配分函数；

A_{ij}——上下能级跃迁几率；

g_i——上能级简并度；

n_s——粒子s的总粒子数密度（m^{-3}）；

E_i——上能级能量（J）；

k——玻尔兹曼常数（J/K）。

其中参数A_{ij}、g_i和E_i可以通过NIST（美国国家标准与技术研究所）的ASD（原子光谱数据库）获得。

对于同种元素，设其位于不同上能级E_i和E_m的粒子辐射出一对谱线，将它们的积分强度作比值，即得到等离子体温度如式（9-37）所示。

$$T = \frac{E_i - E_m}{k\ln(I_{mn}A_{ij}g_i / I_{ij}A_{mn}g_m)} \tag{9-37}$$

根据以上公式可以看出，双线比较法在使用时应用的“双线”需尽量满足这两条特征线具有相差不大的波长而相差较大的上能级能量，以提高计算精度。这种方法原理简单，且只用到两条谱线的相对线强，对发射谱线数量少的情形非常适用，但也有计算结果不够准确的弊端。

3）玻尔兹曼作图法。为了克服双线比较法的弊端，玻尔兹曼法（Boltzmann Method）同时利用同种元素同一电离态的多条谱线信息，通过图解法进行处理。对式（9-36）左右两边取对数如式（9-38）所示。

$$\ln\frac{I_{ij}}{A_{ij}g_i}=-\frac{1}{kT}E_i+\ln\left(\frac{n_s}{U_s(T)}\right) \tag{9-38}$$

获取谱线强度后，以 E_i 为自变量、$\ln(I_{ij}/A_{ij}g_i)$ 为因变量，在平面直角坐标系中作图，通过其回归斜率 $-1/kT$ 即可计算等离子体温度。这种方法所需计算参数少，其误差主要来自所选谱线强度和跃迁几率的不确定度，因此使用时应选择质量较好的谱线，且应具有足够的数量和上下能级跨度。

4）萨哈-玻尔兹曼作图法。与玻尔兹曼作图法（只利用某元素粒子单一电离态的发射谱线）相比，萨哈-玻尔兹曼法（Saha-Boltzmann Method）选择不同电离态的粒子进行分析，以获得更加精确的等离子体温度计算结果。

这种方法从某种程度上克服了玻尔兹曼法的缺陷，但谱线选择和计算过程都较为复杂。

5）线型拟合法。当双原子分子的电子、振动和转动能级都符合玻尔兹曼分布时，跃迁几率和波数不随外界条件变化，因此理论情况下其上能级布居数（仅为温度的函数）完全决定了谱线强度，在此条件下将实际测量的光谱和仿真模拟的光谱进行拟合。

激光等离子体电子数密度的计算方法多种多样，声光方法有声诊断法、干涉法、汤姆孙散射法和光谱法（X射线、激光）等等。光谱法中又包括斯塔克展宽法、斯塔克位移法和萨哈-玻尔兹曼法。

1）斯塔克展宽法。在等离子体中能量转移过程中，电子是其主要载体。而根据之前的介绍，斯塔克展宽为等离子体中谱线展宽的最主要形式，因此在忽略其他展宽来源的情况下，斯塔克展宽与等离子体电子数密度直接相关，由式（9-33）计算得到的电子数密度如式（9-39）所示。

$$n_e\approx\frac{\Delta\lambda_{1/2}}{2\omega[1+1.75A(1-0.75R)]}\times10^{16} \tag{9-39}$$

针对激光诱导等离子体，电子的相互碰撞和影响起主要作用，因此忽略离子作用后的最终计算结果如式（9-40）所示。

$$n_e\approx\frac{\Delta\lambda_{1/2}}{2\omega}\times10^{16} \tag{9-40}$$

这种方法对等离子体是否满足LTE不作要求，因此在目前的光谱分析法中最常用于计算等离子体电子数密度。

2）斯塔克位移法。与上述方法类似，在忽略其他展宽来源和等离子体中离子作用的情况下，由式（9-32）计算得到的电子数密度如式（9-41）所示。

$$n_e\approx\frac{\Delta\lambda_{shift}}{2d}\times10^{16} \tag{9-41}$$

这种方法在使用时应先校准测量系统的定位偏差，而且计算结果对测量系统的定位精度要求较高。

3）萨哈-玻尔兹曼法。结合萨哈分布方程和玻尔兹曼方程，某元素处于不同电离态的粒子数之间的比与等离子体温度和电子数密度有关，通过这种关系计算得到的电子数密度如式（9-42）所示。

$$n_e=\frac{I_{mn}^{\text{= 1 \textbackslash* ROMAN I}}A_{ij}^{\text{= 2 \textbackslash* ROMAN II}}g_i^{\text{= 2 \textbackslash* ROMAN II}}}{I_{ij}^{\text{= 2 \textbackslash* ROMAN II}}A_{mn}^{\text{= 1 \textbackslash* ROMAN I}}g_m^{\text{= 1 \textbackslash* ROMAN I}}}\frac{2(2\pi m_e kT)^{3/2}}{h^3}e^{-(E_{ion}-\Delta E_{ion}+E_i^{\text{= 2 \textbackslash* ROMAN II}}-E_m^{\text{= 1 \textbackslash* ROMAN I}})/kT} \tag{9-42}$$

在温度确定的情况下，等离子体电子数密度可由同种元素处于不同电离态的粒子辐射谱线相对强度计算获得。

（三）LIBS技术对元素的定性与定量分析

LIBS技术的最重要实际意义即对样品元素的定性和定量分析。根据前面的原理可以看出，激光等离子体光谱包含了涉及样品成分和含量的全部信息，是LIBS技术应用的基础。将实验得到的辐射谱线的位置和强度信息预处理后，与光谱数据库中的谱线参数相结合，即可完成LIBS光谱数据分析。

1.LIBS对元素的定性分析

LIBS对元素定性分析的基本原理：不同元素原子的电子层结构不同，受激发后会发生跃迁并向外辐射频率不同的光子，光谱仪采集信息后，使其以一定的波长顺序排列，最终形成该元素独有的特征谱线，对这些特征谱线波长的确定即可实现对样品组分的分析。

作为样品成分定量分析的基础，科学准确的定性分析有着十分重要的作用。根据以上原理可知，定性分析涉及的关键问题主要有光谱谱峰位置的判定以及谱峰对应元素的确定。

影响谱峰位置判定的因素有很多，有实验中不可避免的基体效应、系统内外的电磁干扰，也有谱线中自吸收、重叠峰等影响线型和最大值位置判断的因素。为了解决这些问题，需要优化实验硬件系统结构、软件分析流程，同时在实验过程中注意基底、样品处理方法和相关仪器参数的选择。

在谱峰归属元素的确定中，由于实测数据和标准光谱库的偏差、元素特征波长接近等因素，判别误差也无法避免。常用的判别改进方法有，对样品所含元素的初步了解、自制样品定位特征谱线、考虑相对强度较大的谱线、选择电离级次较低的元素、根据同元素可识别条数筛选等。

2.LIBS对元素的定量分析

LIBS对元素定量分析的前提是，将元素在等离子体中的浓度视为该元素在样品中的浓度。基本原理是寻找某种定量的数学关系，将光谱实测数据与样品待测指标联系起来。现有的量化手段主要分为光谱分析中最为传统常见的定标曲线法和仅适用于的LIBS独有的自由定标法。

（1）定标法。定标法的应用过程为：准备含量已知并具有一定变化范围的、包含待分析元素的一系列标准样品，利用激光诱导击穿光谱系统进行实验，获得元素含量和光谱数据间的数学关系（定标模型）。在测量未知样品时，将其特征谱线代入定标模型进行计算，即可获得其浓度的预估值。

用于所有光谱定量分析的最基础公式是Schiebe-Lomakin公式，其关系式如式（9-43）所示。

$$I=aC^{b} \tag{9-43}$$

式中 I——某元素的谱线强度（a.u.）；

C——该元素在试样中的浓度；

a——与等离子体状态和元素性质相关的常数；

b——小于等于1的自吸收系数。

特别地，当待测元素的含量很小时不发生自吸收，等离子体视为光学薄状态，此时b=1。将此式两边取对数，得到元素谱线强度对数与所含浓度对数之间的线性关系如式（9-44）所示。

$$\lg I=b\lg C+a \tag{9-44}$$

在基本公式的基础上，定标法又可根据使用的特征谱线种类和条数分为单变量和多变量定标法以及内标法。单变量和多变量定标法只针对一种元素即待分析元素的谱线，利用其中一条特征谱线建立元素含量与该谱线强度间的定标模型f（I）的方法称为单变量定标，而利用多条特征谱线建立定标模型f（I_1，I_2，I_3，…，I_n）的方法称为多变量内标，且常用交叉验证法避免过拟合；内标法首先应将样品中本身含有的或人为添加的某种元素作为内标元素，并保证其含量在标准样品和待分析物质中都保持稳定，将待分析元素的特征谱线与内标谱线强度作比值并建立定标模型，结合单变量定标和归一化方法，其原理如式（9-45）所示。

$$C=K\frac{M_{s}I}{MI_{s}} \tag{9-45}$$

式中 M、M_s——样品和内标物的质量（浓度）；

I、I_s——样品和内标物的特征谱线强度（a.u.）；

K——校正因子。

可见，经过内标元素和待分析元素的参数作比，内标法修正了由样品理化性质不稳定、实验设备条件不恒定等干扰引起的对结果准确性的影响，从而在一定程度上克服了外标法的计算结果不稳定性。

（2）免定标法。免定标法又称自由定标法（Calibration-free Methods），在使用中无需标准样品，而是根据等离子体理论，结合等离子体温度和特征谱线的原子参数，直接通过所测光谱获得样品元素含量。其适用前提是，化学计量烧蚀、等离子体是光学薄的且处于LTE状态。

在式（9-38）加入试验参量F，在玻尔兹曼平面上，等离子体中每条谱线的线强都对应一个点，而属于同种粒子的各个点可以分别拟合出一条斜率为m、截距为q的直线。根据斜率计算等离子体温度T，进而得到配分函数

$$U_{s}(T)=\sum g_{i}e^{-\frac{E_{i}}{kT}} \tag{9-46}$$

将样品中所有元素浓度进行归一化得到试验参量

$$\sum C_s = \frac{1}{F}\sum U_s(T)e^q = 1 \tag{9-47}$$

最终计算得到元素含量

$$C_s = \frac{1}{F}U_s(T)e^q \tag{9-48}$$

二、激光诱导击穿光谱系统设计

（一）LIBS系统硬件平台搭建

基于激光诱导击穿光谱法的基本原理，在实验装置方面，本文搭建的LIBS系统主要由激光光源系统、聚焦系统、光谱采集系统、光谱检测系统和同步触发系统组成。实验装置的系统原理图和系统实物图如图9-25所示。

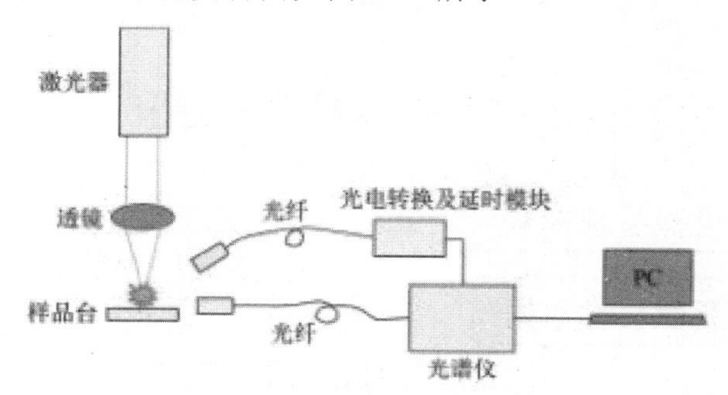

(a) 系统原理图

(b) 系统实物图

图9-25 LIBS实验装置图

激光光源系统采用的是激光器可手持的Nd：YAG调Q激光器，工作波长为1064nm，频率可在1Hz-5Hz之间进行选择，自带小型循环水冷系统；聚焦系统采用凸透镜，焦距约为65mm；采集系统采用光纤，接口为SMA905，波长范围为200nm-1200nm；光谱检测系统采用杭州赛曼公司生产的S3000系列光谱仪，采集波段为165nm-609nm，分辨率为0.2nm，延时时间固定为1.8μs，积分时间可调节，与其他设备的通讯方式为串口通信；同步触发系统由光电转换模块和可控延时模块组成，由实验室自主设计，其中光电转换所用的硅PIN光电二极管SFH203FA的响应波长范围为400nm-900nm，时间约为5ns。

将待测样品放置在激光器出光方向正下方的样品台上，脚踩踏板使激光器发射高能激光脉冲，光信号通过光纤传输到同步触发模块，经光电转换后的微弱光电流在电路中由电阻放大，当电压增大到触发器的一定阈值后输出5V电压信号，该信号经延时后作为光谱仪触发信号，控制光谱仪采集被激发的等离子体在冷却过程中向外辐射的光谱，光谱数据通过串口传输到电脑进行后续处理，这样就完成了整个硬件系统的工作过程。

（二）LIBS系统软件程序设计

软件程序方面，主要是基于LabVIEW平台实现激光诱导击穿光谱系统的实时控制、光谱数据获取，并编写光谱数据处理和定性定量分析算法。软件系统的流程如图9-26所示。

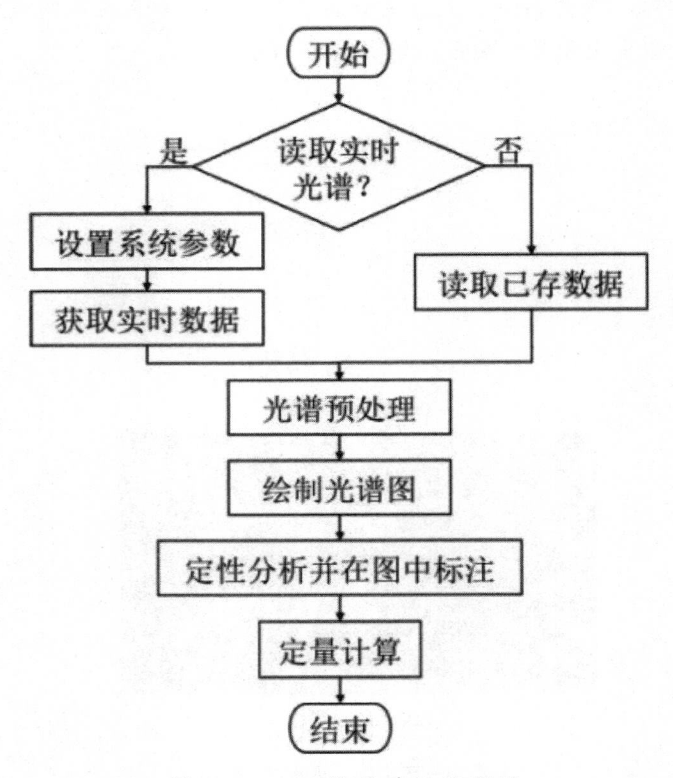

图9-26 LIBS软件系统流程图

光谱数据的来源分为从光谱仪获取的实时光谱以及电脑中已存储的光谱，在使用前应首先进行选择。在选择获取实时光谱数据时，应确定光谱仪和触发串口、设置积分和延时时间、选择预期脉冲个数和延时脉冲次序，并与光谱仪进行串口通信读取光谱数据；在选择读取已存储的光谱数据时，直接打开包含波长和光谱强度信息的Ex-cel格式的光谱数据。将获取的光谱数据首先进行预处理，然后绘制光谱图并显示在软件主界面上，与事先导入的光谱数据库进行匹配后实现元素识别，将识别结果列表显示并标注在光谱图中，实现待测样品的定性分析，最后在定量分析的基础上进行定量计算。

1. 系统实时控制和光谱数据读取

系统实时控制和光谱数据读取主要指的是，在获取实时光谱数据过程中，计算机通过串口数据交换对光谱采集模块和同步触发模块的控制和数据采集。对光谱仪和延时器发送指定的命令可以得到不同的数据信息，如表3-1所示。

表3-1 设备指令

设备	功能	发送	接收
光谱仪	获取像素点总数	0x30	MSB+LSB
	读取波长	0x12	PIXELS*4Bytes
	查询触发状态	0x13+4Bytes	0x11或0x00
	读取电触发强度	0x10+4Bytes	PIXELS*2Bytes
	读取光触发强度	0x14	PIXELS*2Bytes
延时器	设置延时时间	<0.setting.t2.setv="x"/>	-

在系统实时控制过程中，涉及光谱仪的部分为触发状态的查询和积分时间的设置，设置积分时间包含在查询触发状态和读取触发强度的指令中，发送命令中后四个字节即积分时间（曝光时间），单位是微秒，查询触发状态时接收0x11表示触发数据已准备，可读取，接收0x00表示无触发数据，需等待；涉及延时器的部分为延时时间的设置，设置延时时间指令中的x即延时时间，单位同样是微秒，范围在0-1000μs可调。最终，系统内总的延时时间为光谱仪的固有延时1.8μs和可控延时相加。

在光谱数据读取过程中，涉及光谱仪像素点总数、波长、触发强度的获取。光谱仪的像素点总数定义为PIXELS，向串口发送指令后获得2字节的像素点数，由于这个值与光谱仪CCD的类型有关，每次上电只需发送一次，且本文中的光谱仪系列已知为S3000系列，可直接使用其对应的像素总数值3694，无需再发送此命令获取；在读取每个像素点对应的波长时，接收的总字节数为像素点数乘4个字节，表示方法为单精度浮点型，同样地，波长的获取也只需在光谱仪每次上电后发送一次指令，对于本文中的光谱仪系列，其接收的总字节数为3694*4=14776；在查询到已触发的基础上获取每个像素点对应的触发强度，发送的指令中包含了积分时间的设置，接收的总字节数为像素点数乘2个字节，表示方法为16位无符号整形，与像素点总数、波长的获取不同，每次读取光谱强度数据都要发送此指令，对于本文中的光谱仪系列，其接收的总字节数为3694*2=7388，每个像素点的光谱强度值如式（9-49）所示。

$$I=MSB\times 256+LSB \tag{9-49}$$

式中MSB——接收的该像素点强度数据的高字节；

LSB——接收的该像素点强度数据的低字节；

I——某个像素点的光谱强度（a.u.）。

整个系统实时控制和数据采集的时序图如图9-27所示。首先，在进行实验前对光谱仪和延时器串口进行选择，在LabVIEW的“仪器I/O”选板下调用VISA编程函数，使用“VISA打开”打开相应串口，使用“VISA写入”对光谱仪写入积分时间的设置指令，对延时器写入延时时间、脉冲数和所选用于触发的脉冲次序的设置指令；然后，在一个时长为20ms的循环中对光谱仪写入读取触发数据指令；最后使用“VISA读取”读取接收到的数据。在这个过程中，循环结束的标志为查询到光谱仪触发成功，此时跳出循环并对采集到的数据进行进一步处理，同时使用“VISA关闭”关闭串口，反之若查询到光谱仪未被触发，则继续循环，前一次获取的数据不做更新。

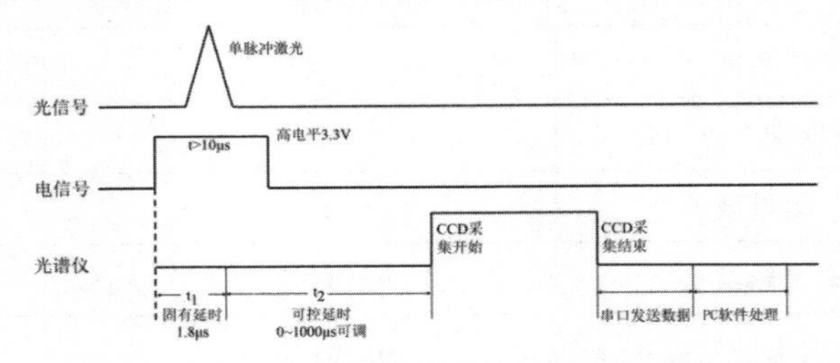

图 9-27 系统实时控制和数据采集时序图

2. 光谱数据处理和定性定量分析

光谱处理程序所包含的步骤如图9-28所示，主要包括光谱预处理、谱线寻峰、峰值匹配、定性分析和定量计算几大部分。

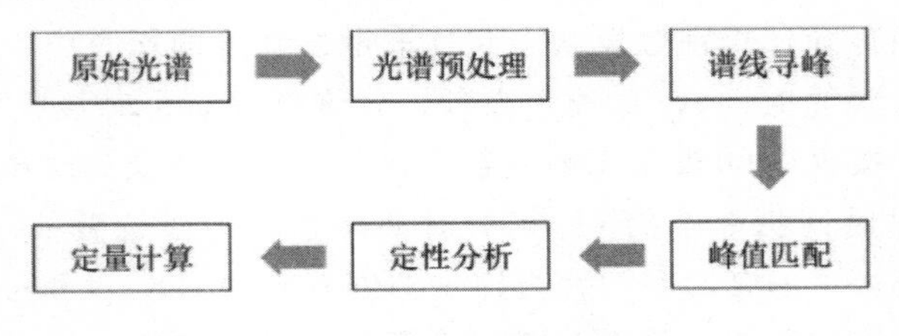

图 9-28 光谱处理步骤

（1）光谱预处理

在收集等离子体谱时，为了减少等离子体形成的早期阶段密集连续背景辐射的干扰，必须确定适当的延迟和积分时间。然而即使这样，光谱仪依然可以得到部分连续的本底辐射，这部分辐射受实验中的光强变化、环境波动和样品中的理化性质、基体效应等多重不确定因素影响，在直接分析所收集的光谱数据时，要进行定性分析或定量测定会用到峰值或峰值位置，这就不可避免地导致实际值的重大偏差。因此在进行光谱分析前，必须先完成光谱数据预处理。

光谱预处理部分主要包含基线校正和光谱降噪。通过多项式拟合的方法得到等离子体光谱的背景谱。具体方法为在谱峰两侧选取最低点即局部极小值点，通过线性（一次）插值得到光谱基线，并在选择背景扣除按钮后在原始光谱数据中进行扣除。基线校正的基本流程如图9-29所示。

绘制光谱图所需要的信息为光谱的波长和强度。本文使用的光谱仪像素点总数为3694个，每个像素点的横坐标对应其光谱波长，纵坐标对应其光谱强度（基线校正前或后），将所有像素点根据其坐标在XY图上画出，就得到了待测样品的光谱图像。在绘图时，使用LabVIEW软件的自带功能“平滑更新”进行简单的光谱降噪，使光谱显示更加平滑美观，且减小噪声对后续定性定量分析的干扰。

（2）谱线寻峰

确定谱线峰值及位置的基本方法为五点法，即利用循环遍历光谱强度的所有数值，并在每五个数据中寻找极大值，随后滑动窗口继续寻峰，流程图如图9-30所示。

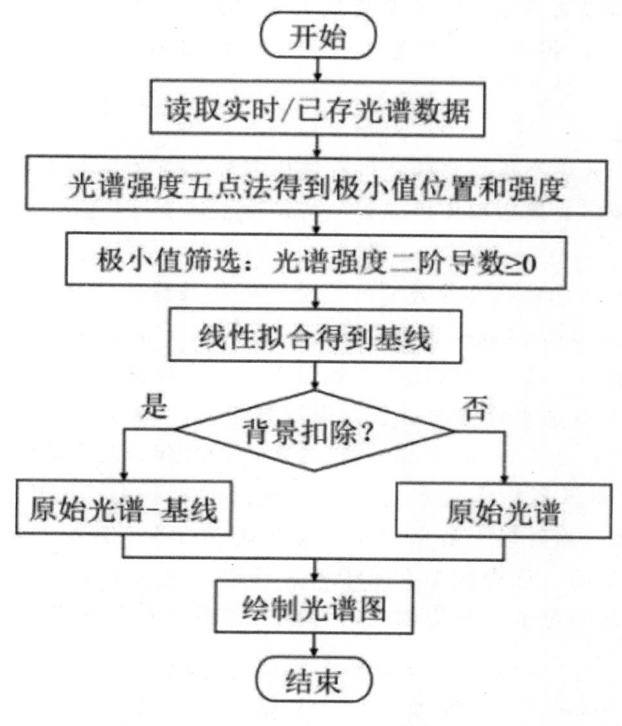

图9-29 基线校正流程图

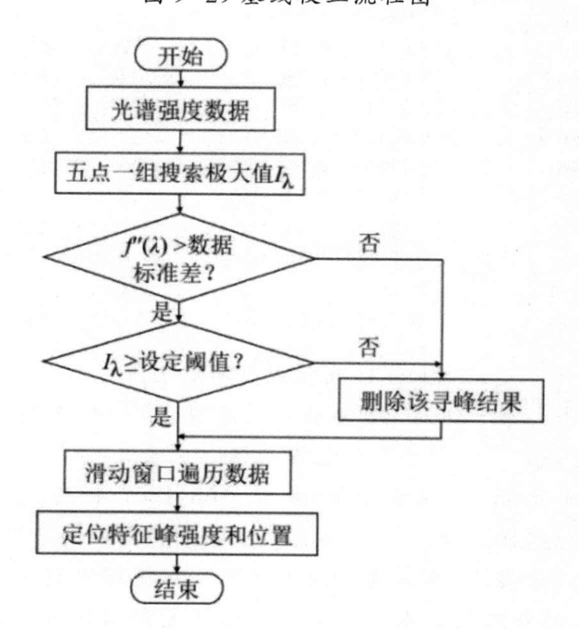

图9-30 谱线寻峰流程图

其主要步骤是：首先，选择基线校正前或校正后的光谱数据，对光谱强度值进行五点寻峰，确定极大值的所在位置和强度；其次，对寻峰结果进行筛选，初步筛选用到的判别方法是极大值点处的光谱强度的二阶导数须大于整组数据的标准差，进一步筛选的方法是人为设置阈值（光谱强度最大值的某一倍数），选择光谱强度大于等于该阈值的峰；最后，得到经过筛选的极大值位置和强度，即定位了光谱数据的特征峰。

（3）峰值匹配

元素定性分析的一个重要步骤是进行峰值匹配，即在获得待分析物质的光谱峰对应的波长后，与原子光谱数据库中元素的特征波长信息进行匹配，来进行元素有无的判断。

因此，定性分析的第一步是建立元素光谱谱线数据库。其主要来源为ASD，全称为Atomic Spectra Database，也就是我们所说的原子光谱数据库，我们可以从中查询各元素原子的能级、波长和跃迁概率等信息。这些数据源于美国国家标准与技术研究所（NIST）物理测量实验室的原子光谱数据中心，NIST全称为National Institute of Standards and Technology，它成立于1901年，现隶属于美国商务部，是美国历史最悠久的物理科学实验室之一。其他来源有OSA（美国光学学会）和Atom Trace官方网站等。结合以上数据库和相关文献中的各元素发射光谱特征谱线信息，每个元素不同粒子的特征谱线都有上千条，筛选其中水质检测常用的谱线，将其波长、能级和跃迁几率等录入我们创建的元素光谱谱线数据库中，其示意图如图9-31所示。

Fe	392.29115	1.08E+06	9	3.211
Fe	392.792	2.60E+06	5	3.266
Fe	393.02964	1.99E+06	7	3.241
Fe	404.58122	8.62E+07	9	4.549
Fe	427.17602	2.28E+07	11	4.386
Fe	432.57616	5.16E+07	7	4.473
Fe	438.35447	5.00E+07	11	4.312
Fe	440.47501	2.75E+07	9	4.371
Fe	526.9537	1.27E+06	9	3.211
Hg	253.6521	8.00E+06	3	4.886
Hg	265.2039	3.88E+07	5	9.56
Hg	281.4962	1.40E+05	6	4.403
Hg	296.7283	4.50E+07	3	8.845

图9-31 光谱数据库示意图

该光谱数据库中，第一列为元素名称，元素的选择首先参照《中华人民共和国国家水质标准》，包括城市污水再生利用农田灌溉用水水质（GB20922-2007）、农田灌溉水质标准（GB5084-2005）、渔业水质标准（GB11607-1989）以及海水水质标准（GB3097-1997），经过归纳总结，本文中涉及的水质检测中的常规指标有砷、镉、铬、铅、汞、硒、氟化物、铝、铁、锰、铜、锌，非常规指标有锑、钡、铍、硼、钼、镍、银、铊、钠，另外加入淡水和海水中其他常见金属元素，如金、钙、钾、镁、锶、钨等；第二列为各元素发射光谱特征谱线对应的波长，主要应用于定性分析中的峰值匹配；第三到五列为元素特征谱线参数，依次为Ak_i、g_i和E_i，分别对应k和i能级间的跃迁几率、上能级i的简并度和上能级能量，主要应用于定量分析中的自由定标法。

光谱数据库创建完成后，比较峰值点对应波长和数据库中的元素波长数据，当标准光谱库中的某一个峰值波长和样品实测光谱峰值波长之间的绝对值之差小于0.3mn时，就判定该待分析样品中可能包含此标准线波长对应的元素。将识别到的特征峰的元素种类、峰值位置、谱峰强度和谱线参数信息转换为字符串形式并进行捆绑，作为一个整体进行后续处理。

（4）定性分析

经过峰值匹配，对识别到的元素信息进行统计，将样品中所有可能包含的元素在筛选后确定其最终元素组成结果，即实现对样品成分的定性分析，流程图如图9-32所示。

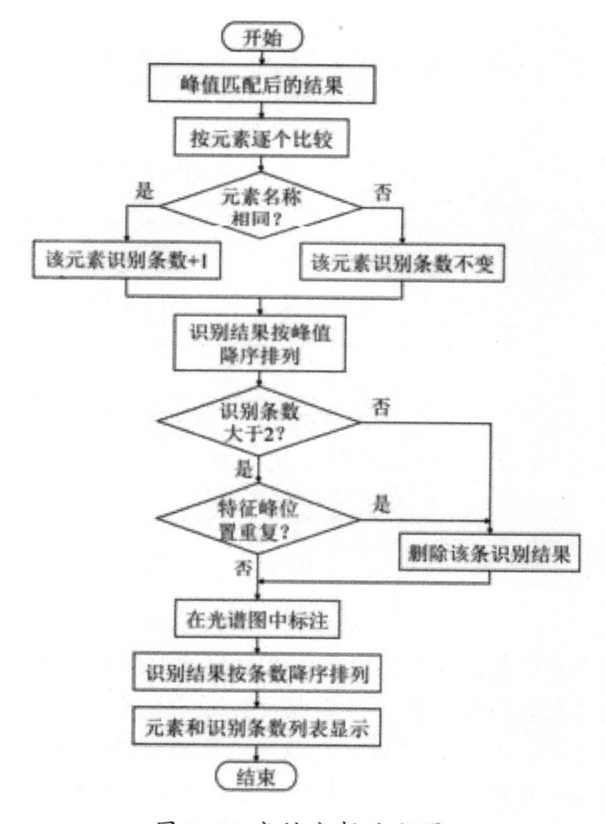

图9-32 定性分析流程图

其基本步骤为：第一，将捆绑好的光谱数据信息置于循环中，根据某一元素名称重复出现次数，对每种元素识别到的特征谱线条数进行统计；第二，按照谱峰强度降序对光谱数据信息进行排列；第三，对包含识别结果的数组进行筛选，删除特征谱线识别条数在2条及以下的元素，而其余的元素及其特征峰根据峰值位置不重复的原则进行删减，最后将筛选后的元素按照其横纵坐标在光谱图上显示其波长和强度，并将元素识别结果按特征峰识别条数递减顺序，降序排列并在列表中显示，一个元素的特征谱线识别条数越多，从某一层面上反映样品含有该元素的概率越大。这样就完成了对待分析样品的元素定性分析。

将定性分析的过程中，涉及某元素的识别到的特征谱线条数、每条特征谱线的波长和位置以及特征谱线参数信息始终以捆绑方式进行传递，并在各步骤内对需要利用的元素进行解绑，该方法可以对包含不同类型的复杂数据进行简洁快速的处理。准确的定性分析为下一步元素含量的定量计算做好准备。

（5）定量计算

LIBS定量分析方法分为定标曲线法和自由定标法。

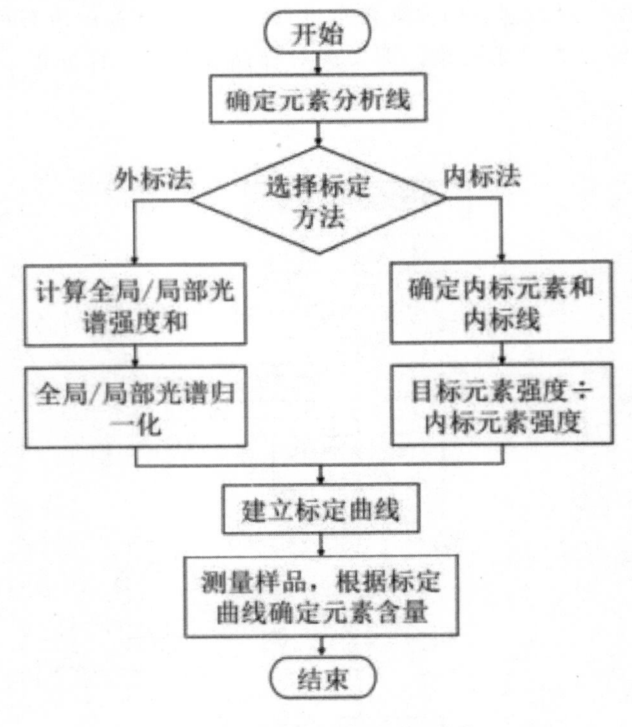

图9-33 定标曲线法流程图

定标曲线法在本文中的实现流程如图9-33所示。定标曲线法的应用前提是制备含量已知并具有一定变化范围的、包含待分析元素的一系列标准样品，获得元素含量和光谱数据间的数学关系。首先，在待分析元素的特征谱线中选取定标所用的分析线，一般选择谱线强度高、质量好、受基底和噪声干扰小、能与其他元素清晰分辨、与待测元素浓度存在较好定量关系的特征谱线；其次，确定标定方法，如果选择外标法，则需通过循环算法进行累加，计算全局或局部光谱谱峰的强度总和，然后进行全局或局部归一化（用元素分析线强度除以强度总和，所有峰值之和由寻峰后循环累加得到），如果选择内标法，则应首先确定内标所用的内标元素及其内标分析线，内标线的选取与元素分析线选取规则类似，值得注意的是应始终保持标准样品和待测样品中内标元素的含量稳定，然后用元素分析线强度除以内标线强度；再次，根据定标法原理，将经过外标法或内标法处理过的光谱强度取对数，同时将标准样品中该元素的浓度取对数，以浓度对数为横坐标、强度对数为纵坐标，在二维图中标记并拟合得到待分析元素的定标曲线；最后，对待分析样品进行实验，将获得的光谱数据利用同样的方法进行处理，将处理后的数据代入已有定标曲线，即可反推计算出样品中目标元素的含量。

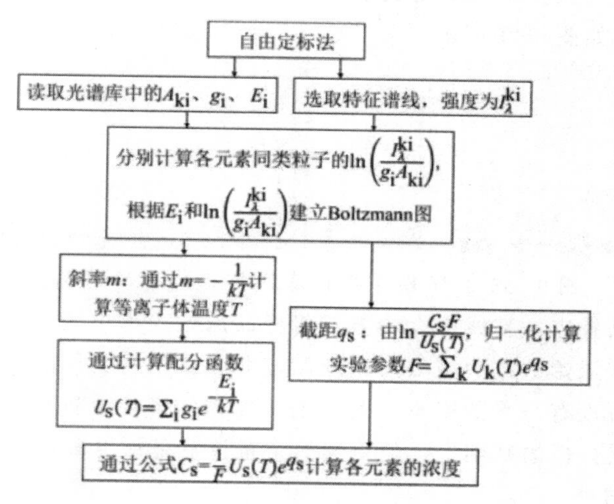

图 9-34 自由定标法流程图

自由定标法在本文中的实现流程如图9-34所示。自由定标法无需制备标准样品，根据等离子体理论和相关参数，可以直接通过所测光谱获得样品中各元素含量。在完成元素定性分析后，我们已经得到了待分析样品中可能含有的元素及其若干条特征谱线，首先，在元素的特征谱线中挑选用于自由定标计算得谱线，一般选择识别数量较多、强度较高且相关性较好的特征谱线，同时，在光谱数据库中的第三列到第五列读取该元素这些特征谱线的参数，包括Ak_i（k和i能级间的跃迁几率）、g_i（上能级简并度）和E_i（上能级能量）。

（三）LIBS系统功能验证

通过软件程序编写的光谱数据处理和定性定量分析算法，使实验得到的原始光谱数据不再是简单的数字，其中携带的和样品直接相关的信息被解读出来，我们进而能更为直观地获取样品中所含成分及含量。下面给出本文搭建的LIBS系统在光谱预处理前后的对比效果以及定性和定量分析的结果显示，以验证该系统设计的有效性，并为后续其在液体样品实验中的应用做好准备。由于液体样品的光谱受基底干扰较大，且谱线强度和信噪比等参数一般，系统功能验证展示的光谱显示和数据分析结果均在固态金属样品的基础上进行。

1. 光谱预处理结果

由激光等离子体特性可知，连续背景光谱在脉冲光作用初期形成，且存在贯穿于整个激光作用周期及实验测量过程。在对光谱数据进行分析时，我们主要使用的是其中分立的各元素的特征谱线，而连续背景的存在不但可能影响谱峰位置的判断，进而影响样品成分的定性分析，更会给谱峰强度的判断带来误差，造成定量计算结果的不准确。尽管在硬件系统中加入了可控延时模块，且可以通过软件对光谱采集的积分时间和延时时间进行控制，连续背景谱的干扰还是不能完全去除。为此，本文在光谱预处理模块中加入了基线校正程序。

在多次实验中发现，以固体金属作为待测样品进行实验时，谱线的连续背景漂移更为明显，为了更为直观地显示基线校正算法的结果，这里给出某焊锡样品在基线校正前后的对比图，如图9-35所示。

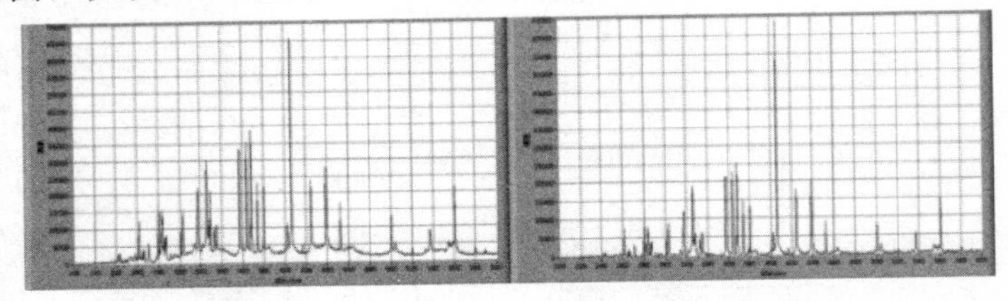

图9-35 某焊锡样品在基线校正前后的对比图

通过对比可以看出，基线拟合的方式将样品原始光谱中的漂移部分较为准确地勾勒出来，将基线从原始数据中减去后，连续谱和分立谱得到了有效的分离，同时背景扣除后的光谱趋势没有严重的变形，其中的分立谱的谱峰位置和谱线轮廓没有发生偏差，在不影响定性分析的基础上，使后续的定量计算更加准确。

2. 定性分析结果

将获得的原始光谱进行预处理后，通过五点法进行谱线寻峰，经程序内部的初次筛选后，人为设置合适的阈值，最终确定光谱数据的所有峰对应的波长，与标准光谱库收录的元素特征峰波长数据进行匹配，得到样品成分的定性分析结果并标注在光谱图上。特征峰数量少、强度高且相互影响小的样品光谱能更为清晰地显示定性分析结果，这里给出某磷青铜片样品基线校正后的定性分析结果，如图9-36所示。

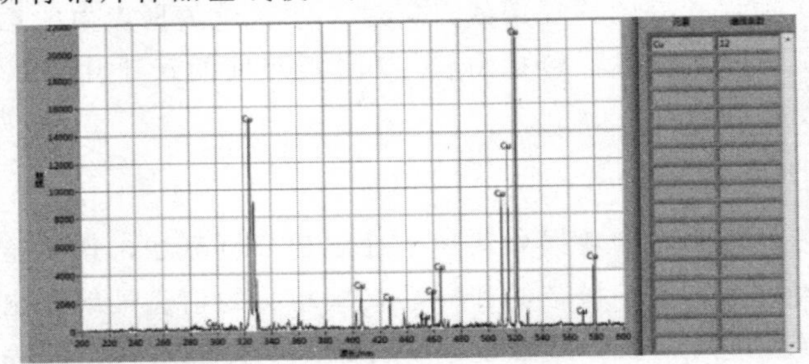

图9-36 某磷青铜片样品基线校正后的定性分析结果

在光谱图中，该铜片样品的特征峰大部分可以得到定位并准确识别，图中标注出的元素全部为Cu，右侧列表中将定性分析结果进行统计，Cu元素识别到特征谱线的条数为12，与样品实际情况较为相符。结果表明，设计的程序可以实现光谱特征峰的准确定位和匹配，进而得到样品可能含有的元素成分。

3. 定量分析结果

在样品成分定性分析的基础上即可进行其各元素含量的定量计算。本文针对LIBS定量计算分别对定标曲线法和自由定标法的程序进行了设计，在利用系统进行实验时可根据实际情况在两种方法间进行选择。

自由定标法是LIBS定量分析中独有的算法，但受各种条件限制，只适用于样品中所有元素种类已知且成分较为简单的情况。液体样品在处理过程中利用了基底进行固化，光谱数据由于包含本底光谱和溶质杂质等，成分往往比较复杂，因此选用定标曲线法（内标和外标）进行定量计算。

焊锡作为实验室和工业应用中常见的材料，其成本低廉、性质稳定，且主要成分相对简单，各成分含量在包装上一般会标明，可以作为一种合适的样品对本文设计的自由定标法程序的效果进行验证。某焊锡样品的定量分析结果如图9-37所示。

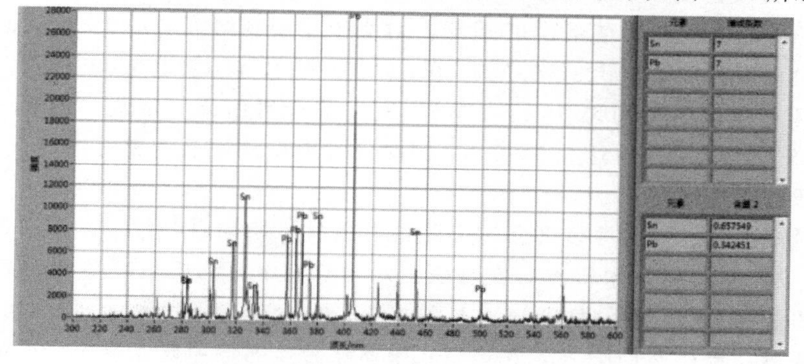

图9-37 某焊锡样品的定量分析结果

首先，由定性分析识别到的该焊锡样品所含元素及特征谱线条数分别为Sn元素7条、Pb元素7条，根据程序筛选算法判断，这两种元素的特征谱线数量足够多且在玻尔兹曼图中的拟合效果较好（主要指各元素斜率反映的等离子体温度相近），可以被用于各元素含量的计算；然后，从标准光谱库中读取这些谱线对应的相关参数；最后，结合实测数据中的谱线强度，根据自由定标法程序计算得到的元素含量为Sn元素65.75%、Pb元素34.25%，与样品上标注的Sn含量65%较为相符，证明该算法在实际测试中具有一定适用性。

三、基于激光诱导击穿光谱的地下水中Fe和Mn的检测

水体中重金属元素超标会带来食品安全问题，并会危及人体健康。对水体中重金属元素进行检测，判断其是否超标至关重要。激光诱导击穿光谱（LIBS）技术作为一种元素检测技术，其主要是通过一束高能脉冲激光烧蚀样品表面产生等离子体，再通过对等离子体的发射光谱进行采集分析，从而实现元素的定性、定量分析。

在水体检测方面，由于LIBS直接检测液体时存在液体飞溅及等离子体猝灭问题，导致光谱稳定性变差，探测灵敏度降低，通常采取对水溶液进行液固转换等措施，以消除液体飞溅及等离子体猝灭的影响。WANG等采用分散固相微萃取技术对水中Ag、Mn、Cr元素进行富集萃取固化，并用LIBS进行分析，其测量结果相对标准偏差低于8.98%。CORYEZ等利用环炉预浓缩技术对待测溶液进行预浓缩，经干燥后在滤纸表面形成含有待测元素的咖啡环，再对其进行LIBS检测，对溶液中Na、Fe、Cu元素的检测灵敏度分别达0.7、0.4、0.3μg/mL。NIU等将待测溶液滴加到激光预处理后的金属靶材表面，极大地增加了LIBS水溶液中元素检测的重复性，对于Ni、Cr、Cd元素的检测灵敏度分别可达22、19、184μg/L，且测量结果相对标准偏差小于7%。YANG等将配制的稀土溶液滴加在贴有圆片滤纸的锌基板上，然后对撤去滤纸后在锌基板上干燥形成的固体层进行LIBS检测，对La、Ce、Pr、Nd元素的检出限分别达0.85、4.07、

2.97、10.98mg/L。DE VALLEJUELO等则通过LIBS分析检测实时收集的城市河流水样中Pb、Cr、Ni和Cu等有害元素的变化，结合K近邻算法和主成分分析等机器学习方法，实现极端降雨条件下水质检测及污染来源预测。KANG等以木板作为基板滴加配制的$PbCl_2$溶液，采用LIBS技术与激光诱导荧光（LIF）技术联用进行检测并绘制定标曲线，对Pb检出限达到0.32μg/L。FANG等以环形槽亲水石墨片作为基板，实现对溶液中重金属粒子的富集，再使用LIBS检测，对实验室配制溶液中Cd、Cr、Cu、Ni、Pb、Zn元素的检出限分别达0.029、0.087、0.012、0.083、0.125、0.049mg/L，同时金属粒子能在环形槽内近似均匀分布。TIAN等采用螯合树脂来对溶液中的Cd进行富集，再使用LIBS检测，检出限达3.6μg/L，同时通过酸碱洗涤后的螯合树脂可重复使用，能有效降低检测成本。

现有研究中对实际水样中重金属元素的LIBS技术检测研究较少，特别是针对水体中元素Fe、Mn的LIBS技术检测研究更少见。本研究中，利用标准溶液建立基于LIBS光谱数据的定标模型，对洞庭湖地下水样中Fe、Mn含量进行检测，并与现有标准方法进行对比分析，旨在为LIBS技术在地下水中微量元素的检测研究及应用提供依据。

（一）材料与方法

1.试验装置

试验装置如图9-38所示。其中，激光器采用北京镭宝光电公司生产的Nimma400型Nd：YAG纳秒脉冲激光器，波长为532nm，激光频率为10Hz，激光脉宽为6ns；光谱仪采用荷兰Avantes B.V.生产的AvaSpec-ULS4096CL-EVO型六通道光纤光谱仪，光谱采集范围为190～850nm，平均光谱分辨率为0.07～0.09nm，内置的探测器为CMOS线性阵列探测器；时序控制器采用Stanford Research Systems生产的DG645延迟发生器，用于实现激光器和光谱仪的触发控制。激光通过焦距f=150mm的平凸透镜聚焦于样品表面，聚焦后所产生烧蚀坑的直径大小约为100μm。采用同轴采集的方式收集光谱。为保证获得最佳光谱信号，最终选择优化后的试验参数为：激光脉冲输出能量90mJ，光谱仪采集门宽和延时分别为2、9μs。

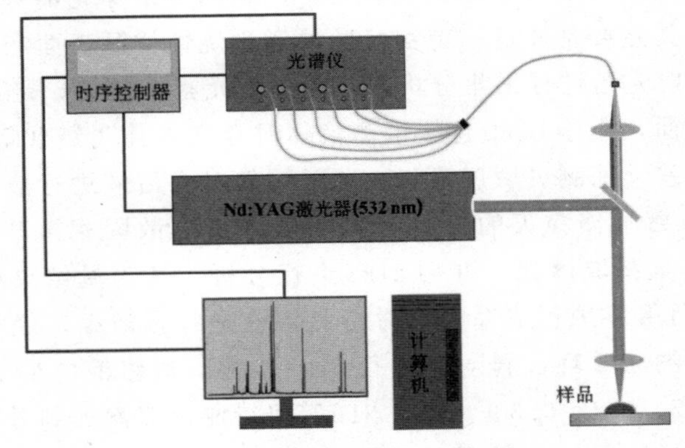

图9-38 试验装置示意图

2.样品处理

用$FeCl_3$和$MnCl_2$标准粉末样品（购买于上海麦克林生化科技有限公司）配置成不同浓度梯度的Fe、Mn标准溶液（表9-4）。对配制好的标准溶液进行液态到固态转换，具体的液固转换流程如图9-39所示。为了提高LIBS技术对于水体检测的灵敏度，在选择基板的过程中主要考虑基板对待测元素是否存在光谱干扰以及是否具有好的增强效果。MA等研究了不同基板对于光谱增强的影响，发现相比于

表9-4 标准溶液的质量浓度

编号	Fe质量浓度	Mn质量浓度
1	0.010	0.005
2	0.025	0.010
3	0.050	0.025
4	0.100	0.050
5	0.200	0.060
6	0.250	0.080
7	0.500	0.100

图9-39 溶液液固转换流程

镁、硅等基板，锌基板具有更好的光谱增强效果；因此，本研究中主要选择纯锌基板作为液固转换衬底，液固转换的基板采用厚度为0.5mm，尺寸为50mm×25mm的定制纯锌基板。取10μL待测溶液样品，滴加到基板表面进行加热，干燥后在基板表面形成一层直径为3mm左右的圆形样品层。对整个圆形沉积层区域进行全覆盖扫描，每个点采集1个脉冲，扫描矩阵9×9，即1个圆形沉积层共采集81个脉冲，累计获得1幅LIBS光谱（图9-40）。试验重复5次。为了排除纯锌基板表面光谱对于Fe、Mn检测的干扰，分别对有、无待测样品的纯锌基板进行光谱分析。最终，根据光谱强度与浓度关系来建立定标曲线。

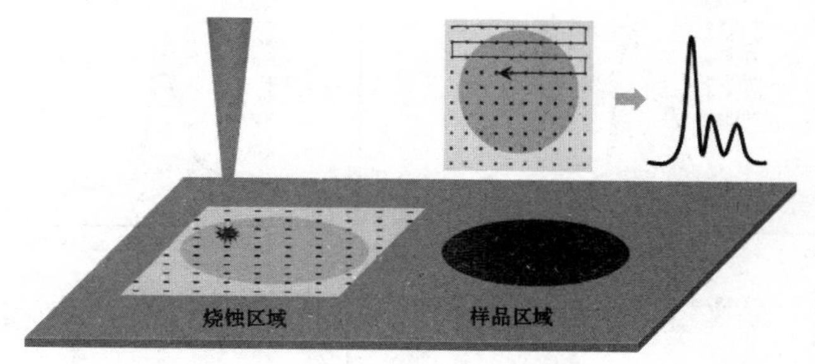

图9-40 光谱采集区域

3. 评价指标

为了评价LIBS技术对于水体中Fe、Mn的定量分析效果，采用决定系数（R^2）、相对标准偏差（RSD）、留一交叉验证均方根误差（RMSECV）以及检出限（LoD）进行评价。

4. 洞庭湖区地下水中Fe和Mn含量的检测

为检验LIBS技术在实际水质检测中的可行性，采集洞庭湖区某地经水厂处理后的地下水样，利用LIBS检测其Fe和Mn含量。考虑到实际水样中Fe和Mn含量会低于检出限，可能无法直接检测，采用对实际水样加入标准浓度溶液的方法来对其进行间接检测。将0.25mg/L的Fe溶液和0.1mg/L的Mn溶液分别与实际样品等比混合，再按照方法制样后进行检测。同时，为了与现有成熟的水质检测方法比较，将检测样品送往水质检测机构进行电感耦合等离子体质谱法（IPC-MS）检测，比较LIBS和IPC-MS的检测结果。

（二）结果与分析

1. 分析谱线选择

从图9-41可以看出，无滴加待测样品的纯锌基板表面在Fe II 259.9nm和Mn II 257.6nm附近无光谱信号，而滴加有待测样本的可明显观测到Fe II 259.9nm和Mn II 257.6nm的谱线；因此，试验中选用纯锌基板作为液固转换基板，并选择Fe II 259.9nm和Mn II 257.6nm分别作为Fe、Mn的观察谱线进行分析。

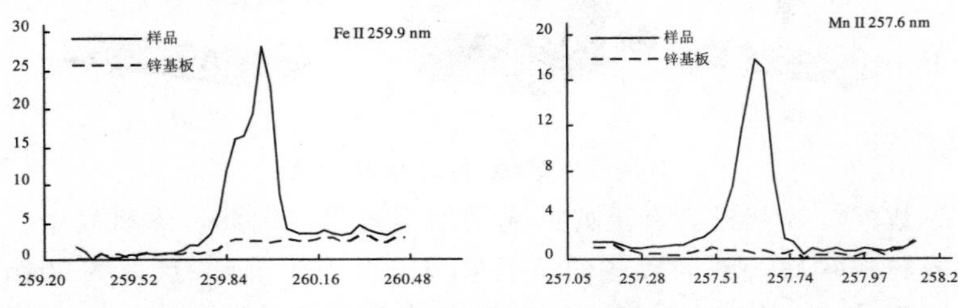

图9-41 空白基板与含有待测样品基板的光谱

2. 铁和锰的LIBS定量模型

从图9-42中可以看出，随着Fe和Mn元素质量浓度的降低，光谱强度逐渐减弱；利用Fe II 259.9nm和Mn II 257.6nm所建立的定标曲线，其特征谱线强度与浓度之间具有良好的线性关系，Mn、Fe定标曲线的R^2分别为0.989、0.986。

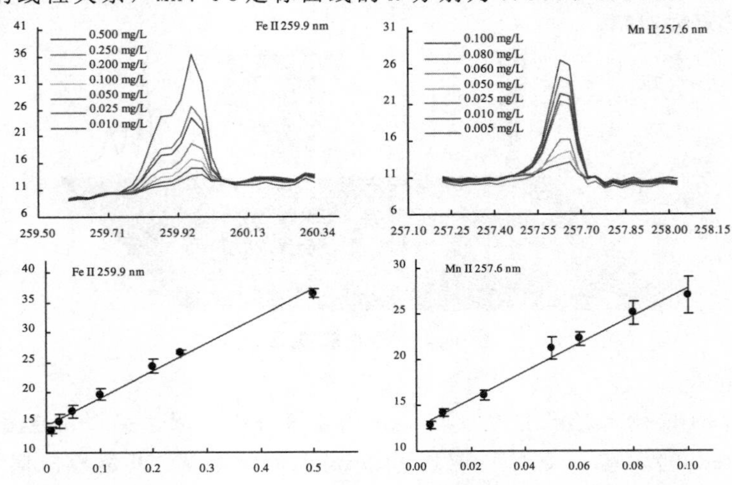

图9-42 不同浓度标准样品对应的光谱强度及定标模型

从表9-5可以看出，Fe元素的RSD为4.3%，RMSECV为0.024mg/L；Mn元素的RSD

为4.3%，RMSECV为0.007mg/L，表明采用纯锌基板液固转换进行水体中Fe和Mn测量具有很好的稳定性和精确度。Fe和Mn的LIBS检出限分别为0.028、0.008mg/L，远低于国家地下水质量分类指标I类标准中Fe≤0.1mg/L、Mn≤0.05mg/L的限值。

表9-5 LIBS技术检测水体中Fe和Mn的定标模型的评价指标

元素	R^2	RSD/%	RMSECV/（$mg \cdot L^{-1}$）	LoD/（$mg \cdot L^{-1}$）
Fe	0.986	4.3	0.024	0.028
Mn	0.989	4.3	0.007	0.008

3. 洞庭湖区地下水中铁和锰含量的检测结果

从表9-6可知，对于地下水中Fe、Mn含量，采用LIBS技术检测的结果与IPC-MS检测的结果相比，相对误差均在10%以内。

表9-6 不同检测方法对实际加标水样的检测结果

元素	添加量/（$mg \cdot L^{-1}$）	测量值/（$mg \cdot L^{-1}$）		相对误差/%
		ICP-MS	LIBS	
Fe	0.125	0.135	0.144	6.7
Mn	0.050	0.053	0.048	9.4

本研究中，运用LIBS技术并结合在锌基板上对水溶液进行液固转换的样品处理方法，对标准水溶液样品中的Fe、Mn进行定量检测。相比于分散固相微萃取法和环炉预浓缩技术等较复杂的操作方法和较长的试验时长，使用滴加在纯锌基板上加热蒸干的液固转换方法更加简单、快速，且相较于分散固相微萃取法检测到的Mn定标曲线R^2为0.954，RSD为8.98%，检出限为0.011mg/L，以及环炉预浓缩技术检测到的Fe定标曲线R^2为0.985，RSD为25.8%，检出限为0.4mg/L，本研究的方法得到的检测结果与其相当，甚至略有提升。本研究中得到Mn、Fe的定标曲线R^2、RSD、RMSECV及检出限分别为0.989、4.3%、0.007mg/L、0.008mg/L，Fe的相应量分别0.986、4.3%、0.024mg/L、0.028mg/L。

本研究的方法得到Fe、Mn的检出限分别为0.028、0.008mg/L，远低于国家地下水检测标准中的I类标准（Fe≤0.1mg/L、Mn≤0.05mg/L）的限值。

将该方法用于洞庭湖地区实际地下水样中Fe和Mn元素的定量分析，并与标准方法ICP-MS检测结果进行对比，其Fe、Mn测量结果的相对误差均在10%以内。

第十章　水质分析质量控制

第一节　概述

一、真值和误差

在日常水质分析工作中，检测人员常遇到一种情况，多次重复测定同一个样品，即使选用最准确的分析方法及最精密的仪器，熟练细致地操作，每次检测的数据都不一定完全一致，也不一定和真实值完全一样，这表明误差是客观存在的所以我们要掌握产生误差的基本规律，以便将误差减小到允许的范围内。

（一）真值

真值是指在某时某刻、某一位置或状态下，某量的效应体现出的客观值或实际值。它客观存在，不可能准确知道通常，真值包括理论真值、约定真值、相对真值。

水质分析中，真值是指物质中各组分的实际含量，属于相对真值。

（二）误差

误差是指测定结果与真值之差。

任何测定结果都会有误差，了解水质分析过程中产生误差的原因及误差出现的规律，以便采取相应措施减小误差，并对所得的数据进行归纳、取舍等一系列分析处理，使检测结果尽量接近客观真实值。

（三）误差的分类

根据误差产生的原因和性质，将分析工作中的误差分为三类：系统误差、偶然误差、过失误差。

1. 系统误差

系统误差又称为可测误差。它是由于分析过程中的某些固定原因造成的，是一个客观上的恒定值。

系统误差总是以重复固定的形式出现，其正负、大小具有一定规律性，不能通过增加平行测定的次数来消除，而应针对产生系统误差的原因采取相应措施来减小或消除它。

根据产生误差的原因不同，系统误差可分为以下四种：

（1）方法误差。这种误差是由于分析方法本身不够完善而引入的误差。如在日常滴定分析中，由于指示剂的指示终点与理论终点不能完全重合而造成的误差。

（2）仪器误差。这种误差是由于使用仪器本身不够精密所造成的。如使用未经过校正的容量瓶、移液管。

（3）试剂误差。由于所使用的试剂不纯或所用的纯水含有杂质而造成的误差。

（4）主观误差。由于操作人员的固有习惯等主观原因造成的误差。如在滴定分析中，对终点颜色辨别有人偏深，有人偏浅；对仪器刻度标线读数时一贯偏上或偏下等。

2. 偶然误差

偶然误差又称为随机误差。指在测定时由于受到能够影响测量结果但又难以控制、无法避免的各种因素的随机变动而引起的误差。比如环境温/湿度变化、电源电压的微小波动等。检测人员认真操作，外界条件也尽量保持一致，但检测结果仍然有差距。

偶然误差大小、正负不定，可以通过增加平行测定次数来减小。

3. 过失误差

过失误差是指在检测过程中发生了不应有的错误而造成的误差。如加错试剂、溶液溢漏、记录及计算过程失误等。

过失误差是可以避免的，只要操作者养成良好的工作习惯，提高业务素质和工作责任感。

过失误差不是偶然误差。确证含有过失误差的数据，在进行分析统计时应该舍弃。

（四）误差表示方法

1. 绝对误差和相对误差

误差常被用来衡量测定的准确度。误差越小，准确度越高，说明测定值与真实值越接近，反之，误差越大，则准确度越低，相对误差反映的是误差在测定结果中所占的百分比，在使用中更具实际意义。两者表示如下：

绝对误差（E）=测定值（x）-真实值（T） （10-1）

相对误差（RE）=（测定值-真实值）/真实值（T）x100% （10-2）

在实际分析工作中，测定值可能大于真实值，也可能小于真实值，所以绝对误差和相对误差都有正负之分。

2. 绝对偏差和相对偏差

偏差常用于表示精密度的大小，偏差越小说明精密度越高。偏差可分为绝对偏差和相对偏差。绝对偏差是指单次测定值与平均值的差；相对偏差是指绝对偏差在平均值中所占的百分率。两者的表达式如下：

绝对偏差（d）=$x-\bar{x}$ （10-3）

$$相对偏=\frac{x-\bar{x}}{\bar{x}}\times 100\% \quad (10-4)$$

3. 平均偏差和相对平均偏差

平均偏差又称算术平均偏差，是指单次测定值与平均值的偏差（取绝对值）之和，除以测定次数。

$$平均偏差(\bar{d})=\frac{\sum|x_i-\bar{x}|}{n}\ (i=1,\ 2,\ \cdots,\ n) \quad (10-5)$$

$$相对平均偏差=\frac{\bar{d}}{\bar{x}}\times 100\% \quad (10-6)$$

式中

x_i——单次测定值；

$\bar{x}$——一组测量值的平均值；

n——测定次数。

4. 标准偏差和相对标准偏差

在数据统计中常用标准偏差来表达测定数据之间的分散程度，其数学表达式为：

$$总体标准偏差(\sigma)=\sqrt{\frac{\sum(x_i-\mu)^2}{n}} \quad (10-7)$$

由于实际工作中一般测定次数有限，总体均值 μ 不可求，只能用样本标准偏差表示精密度，其数学表达式为：

$$样本标准偏差(s)=\sqrt{\frac{\sum(x_i-\bar{x})^2}{n-1}} \quad (10-8)$$

相对标准偏差是指标准偏差在平均值中所占百分率，也叫变异系数或变动系数。数学表达式为：

$$相对标准偏差(C_v)=\frac{s}{\bar{x}}\times 100\% \quad (10-9)$$

5. 极差

极差也称为“全距”，为一组测量值内最大值与最小值之差，数学表达式为：

$$极差\ (R)\ =x_{max}-x_{min} \quad (10-10)$$

$$相对极差=\frac{R}{\bar{x}}\times 100\% \quad (10-11)$$

式中

x_{max}——一组测量值内最大值；

x_{min}——一组测量值内最小值；

$\bar{x}$——一组测量值的平均值。

二、名词解释

（一）准确度

准确度是指测定值（单次测定值或重复测定值的均值）与真实值的接近程度。准确度的高低常以误差的大小来衡量。误差越小说明准确度越高。

准确度常以绝对误差、相对误差、回收率来表示。

（二）精密度

精密度是指使用特定的分析程序，在受控条件下重复分析测定均一样品所获得测定值之间的一致性程度。精密度的大小用偏差表示，偏差越小说明精密度越高。

精密度常以平均偏差、相对平均偏差、标准偏差、相对标准偏差来表示。

（三）灵敏度

灵敏度：指方法对被测量变化的反应能力。

在分析化学中，灵敏度常以方法的检出限来表征。检出限越小，表明方法的灵敏度越高，检出限越大则表明方法的灵敏度越低。

（四）空白试验

空白试验指在以纯水代替样品，按样品分析规程在同样的操作条件下同时进行的测定。空白试验所得结果为空白试验值。将试样的测定值扣除空白值，得到比较准确的结果。

（五）校准曲线

校准曲线是描述待测物质浓度或量与检测仪器响应值或指示量之间的定量关系曲线，分为“工作曲线”和“标准曲线”两种。工作曲线是指绘制校准曲线的标准溶液和样品的测定步骤完全一样。标准曲线是指绘制校准曲线的标准溶液分析步骤与样品的分析步骤不完全一致，比如省略了预处理过程。

某一方法的校准曲线的直线部分所对应的待测物质的浓度（或量）的变化范围，称为该方法的线性范围。

（六）检出限

检出限（Detection Limit，DL或Limit of Detection，LOD）是衡量一个分析方法及测试仪器灵敏度的重要指标，其定义为：某特定分析方法在给定的置信度（通常为95%）内可从样品中检出待测物质的最小浓度或量。所谓“检出”是指定性检出，即判定样品中存在有浓度高于空白的待测物质。检出限受分析的全程序空白试验值及其波动、仪器的灵敏度、稳定性及噪声水平影响。

1. 检出限的估算

（1）根据全程序空白值测试结果估算检出限

①当空白测定次数$n \geqslant 20$时，计算公式为：

$$DL=4.6\sigma_{wb} \tag{10-12}$$

式中DL——检出限；

σ_{wb}——空白平行测定（批内）标准偏差（$n \geqslant 20$）

②当空白测定次数$n<20$时，计算公式为：

$$DL=2\sqrt{2}t_f S_{wb} \tag{10-13}$$

式中t_f——显著性水平为0.05（单侧）、自由度为f的t值；

S_{wb}——空白平行测定（批内）标准偏差（$n<20$）；

f——一批内自由度，等于p（n-1），p为批数，n为每批平行测定次数。

当遇到某些仪器的分析方法空白值测定结果接近于0.000时，可配制接近零浓度的标准溶液来代替纯水进行空白值测定，以获得更有意义的实际数据来进行计算。

（2）不同分析方法的检出限具体规定

①在某些分光光度法中，以扣除空白值后0.010吸光度相对应的浓度值为检出限。

②离子选择电极法：当校准曲线的直线部分外延的延长线与通过空白电位且平行于浓度轴的直线相交时，其交点所对应的浓度值即为该离子选择电极法的检出限。

③色谱法：检测器恰能产生与基线噪声相区别的响应信号时所需进入色谱柱的物质的最小量为检出限，一般为基线噪声的两倍最小检测浓度指最小检测量与进样量（体积）之比。

国内外不同标准对检出限确定的计算方法略有差异，如美国EPA SW-846（固体废弃物化学物理分析方法）中规定方法检出限MDL=3.143×δ（δ为重复测定7次的标准偏差），但其计算原理都是在规定的置信水平下，以样品测定值与零浓度样品的测定值有显著性差异为检出限。由于方法和要求不同，得出的检出限也不一样，检出限单位一般用质量浓度（如μg/kg、g/mL）表示。

（七）测定限

测定限为定量范围的两端，分为测定上限与测定下限。

测定下限：在测定误差能满足预定要求的前提下，用特定方法能准确地定量测定待测物质的最小浓度或量，称为方法的测定下限它反映分析方法能准确地定量测定低浓度水平待测物质的极限值，是痕量或微量分析中定量测定的特征指标。在实际应用中，常用最低检测质量、最低检测质量浓度来代替测定下限。

最低检测质量：指方法能够准确测定的最低质量。

最低检测质量浓度：为最低检测质量对应的质量浓度。

测定上限：在限定误差能满足预定要求的前提下，用特定方法能够准确地定量测定待测物质的最大浓度或量，称为该方法的测定上限对于待测物含量超过方法测定上限的样品，需要稀释后再进行测定。

（八）最佳测定范围

最佳测定范围也指有效测定范围，指在限定误差能满足预定要求的前提下，特定方法的测定下限至测定上限之间的浓度范围。在此范围内能够准确地定量测定待测物质的浓度或量。

最佳测定范围应小于方法的适应范围。对测量结果的精密度（通常以相对标准偏差表示）要求越高，相应的最佳测定范围越小。

（九）方法适用范围

方法适用范围为某特定方法具有可获得响应的浓度范围，在此范围内可用于定性或定量的目的。

第二节　水质分析质量控制

一、水质分析质量控制分类、目的及意义

实验室水质分析质量控制分为实验室内质量控制和实验室间质量控制。

实验室内质量控制又称内部质量控制它表现为检测人员对检测质量进行自我控制及质控工作者对检测质量实施质量控制技术管理的过程，通常可以使用标准物质或质量控制样品，按照一定的质量控制程序进行分析测试，以发现和控制分析误差，针对问题查找原因，并做出相应整改。

实验室间质量控制又称外部质量控制它指由外部具工作经验和技术水平的第三方（如上级部门、兄弟实验室）牵头组织各实验室及其检测人员进行定期或不定期的质量考查的过程此项工作常采用密码样品以考核或比对的方式进行，以此确定实验人员报出可接受的检测结果的能力以及实验室间数据的可比性。

水质分析质量控制的意义在于对实验室的分析检测过程进行有效的控制，把分析工作中的误差减小到一定的限度，以获得准确可靠的测试结果。

二、常用的实验室内质量控制技术

实验室内质量控制技术有平行样分析、加标回收率分析、标准物质（或质控样）对比分析、人员比对、设备比对、方法比对、质量控制图技术等。这些质量控制技术各有特点和适用范围。以下介绍在日常水质分析工作中最常用的几种。

（一）平行样分析

平行样分析是指将同一样品分为2份或以上的子样，在完全相同的操作条件下进行同步分析，实践中多采取平行双样分析对于某些要求严格的测试分析，例如标准溶液标定、仪器校检等，应同时做3～5份平行测定。

检测人员在工作中自行配制的平行样称为明码平行，属于自控方式的质量控制技术；由专职或兼职的质控人员配制发放的平行样，对于检测人员是未知的，称密码平行，属于他控方式的质量控制技术。平行样分析的结果可以反映批内检测结果的精密度，可以检查同批次样品检测结果的稳定情况。

（二）加标回收率分析

向同一样品的子样中加入一定量的标准物质，与样品同步进行测定，将加标后的测定结果扣除样品的测定值，可计算加标回收率。加标可分为空白（实验用水、纯水）加标和样品加标两种，检测人员可根据实际情况自行选择。

空白加标：在没有被测物质的空白样品基质（如纯水）中加入一定量的标准物质，按样品的处理步骤分析，得到的结果与加入标准的理论值之比即为空白加标回收率。

样品加标：相同的样品取两份，其中一份加入一定量的待测成分标准物质，两份

样品同时按相同的分析步骤分析，加标的一份所得的结果减去未加标一份所得的结果，其差值与加入标准的理论值之比即为样品加标回收率。

检测人员在工作中自行配制的加标样称为明码加标，由专职或兼职的质控人员配制发放的加标样，对于检测人员是未知的，称为密码加标。加标回收率分析在一定程度上能反映检测结果的准确度。而平行加标所得结果则既可以反映检测结果的准确度，也可以反映其精密度。

（三）标准物质（或质控样）分析

标准物质（或质控样）是检测人员常规采用的自行质控手段，一般要求每批待测样品带1个有证标准物质（或已知浓度的质控样）与实际水样同步测定，以检查实验室内（或个人）是否存在系统误差。即要求测定值在标准物质（或质控样）保证值的不确定度范围内，否则应自查原因进行校正。检测结果的绝对误差或相对误差可反映批内样品检测结果的准确度。

例如：在检测水中硫化物时，使用编号为205515的质控样和样品同步进行分析，标准值为0.317mg/L，扩展不确定度为±0.026mg/L，检测结果为0.316mg/L，误差在控制范围内，说明该批样品的所有检测结果是可接受的。

（四）人员比对

实验室内不同检测人员之间的比对，可以是自控方式，也可以是他控方式。由于检测人员不同，实验条件也不尽相同，因而可以避免仪器、试剂以及习惯性操作等因素带来的影响。人员比对通常作为实验室内部质量监督的手段之一，数据没有明显偏离一般可认为检测工作质量是可接受的，可不具体分析数据；或依据检测方法标准中的复现性、允差进行判定。

以上介绍的几种常用的质量控制技术，虽然表面上看形式各异，但是都属于孤立的质量控制技术，因为每次都是按照所选用的特定质控方法来评价和推断该批样品的测定结果，因而都是独立的点估计。与质控图可以连续地判断数据质量的作用是不同的。

此外，建议实验室根据需要不定期开展实验室间比对，并对比对结果进行评判，以便发现系统误差，保证检测结果的精密度和准确度，提高检测质量水平。

三、日常水质分析工作中的质量控制要求

实验室应将水质分析质量控制纳入日常工作的范畴，自觉选取多种质量控制技术，当发现结果异常或不符合要求时，应立即自查原因，尽快整改，必要时须重新分析样品。此外，还应注意以下质控要求，

（一）校准曲线

校准曲线贯穿于整个实验，校准曲线的质量与样品测定结果的准确度有着极为密切的关系，因此它的重要性不言而喻，其制作具体有如下要求。

（1）在绘制校准曲线时，应充分考虑待测样品中待测组分的浓度，确保校准曲线浓度范围涵盖广泛。

（2）在测量范围内，配制的标准溶液系列，已知浓度点不得小于6个（含空白浓度），根据已知浓度值与仪器响应值绘制校准曲线，必要时还应考虑基体的影响。

（3）配制校准曲线的标准溶液系列时，如有可能，尽量采用与试样成分相近的标准参考物质，或含有与实际样品类似基体的标准溶液，以减少基体效应，当样品中基体不明或基体浓度很高、变化大，很难配制相类似的标准溶液时，应使用标准加入法。

（4）制作校准曲线用的容器，应经检定合格。如使用比色管应成套，必要时进行容积的校正，每次使用前还应洗涤干净。

（5）校准曲线绘制应与批样测定同时进行如校准曲线绘制后，当天未能完成批样的检测，下次进行样品检测时，应采用空白试剂和中等浓度的标准样品来确定校准曲线的适用性当空白试剂未能检出待测物质，中等浓度标准样品测试结果与校准曲线上相应点浓度相对差值为5%～10%时，认为该校准曲线符合要求。

（6）校准曲线的相关系数绝对值一般应大于或等于0.999，否则需从分析方法、仪器、量器及操作等方面查找原因，改进后重新制作。

（7）使用校准曲线时，应选用曲线的直线部分和最佳测量范围，不得任意外延。

（二）空白试验

空白试验可消除由于试剂不纯或试剂干扰等造成的系统误差，从而达到减小实验误差的目的。比如在铬天青S法测定铝的实验中，以实验室纯水代替待测样品，其他条件不变，即为空白实验，如在采样现场以纯水作样品，按照测定项目的采样方法和要求，与样品相同条件下装瓶、保存、运输直至送交实验室分析即为现场空白。

空白实验值的大小及重现性在一定程度上反映一个实验室及其分析人员的质控水平，它与纯水质量、试剂纯度、仪器性能、玻璃器皿的洁净度及允许差、环境条件、分析人员的操作等多方面原因有关，每次分析样品的同时应做空白实验并注意控制上述影响因素，使分析过程受控。通常，一个实验室在严格的操作条件下，对某个分析方法的空白值应在很小的范围内波动并趋近于0，若空白测定值远超长期检测的空白值波动范围，则表明本次测定过程有问题，其测定结果不可取，应从上述影响因素查找原因，改进后重新取样测定。

（三）精密度控制

平行样分析是日常工作中最常用最易实现的精密度控制方法，实施时有以下要求：

（1）根据样品的复杂程度、检测方法、仪器的精密度和操作技术水平等因素安排平行样的数量，一般每批样品应随机抽取10%～20%的样品进行平行双样分析，若样品总数不足10个时，每批样品应至少做一份样品的平行双样。

（2）平行双样分析以相对偏差来衡量，使用已经过验证的检测方法进行平行样测定时，其结果的相对偏差在规定的允许值范围之内为合格，否则应查找原因，重新分析。表10-1列出了不同浓度平行双样分析结果的相对偏差最大允许参考数值（摘自GB/T5750.3-2006）

表 10-1 平行双样分析相对偏差允许值

分析结果的质量浓度水平/（mg·L^{-1}）	100	10	1	0.1	0.01	0.001	0.0001
相对偏差最大允许值/%	1	2.5	5	10	20	30	50

（3）当每批样品平行双样分析合格率≥95%时，该批检测结果有效，取平行双样均值报出；当平行双样分析合格率<95%时，除对超允差样重新测定外，再增加10%～20%的测定率，如此累进至总合格率≥95%为止；当平行双样分析合格率<50%时，该批检测结果不能接受，需要重新取样测定。

（四）准确度控制

准确度控制一般通过质控样和加标样分析来实现，实施时有以下要求：

（1）每批待测样品带1个有证标准物质（或已知浓度的质控样）与实际水样同步测定。

（2）选用标准物质（或质控样）时，应注意其基体、待测物形态和浓度水平尽量与待测样品相近。

（3）每批相同基体的水样随机抽取10%～20%的样品进行加标回收率分析，若样品总数不足10个时，应保证每批样品中至少安排一份加标回收率分析。

（4）当每批样品加标回收率分析的合格率<95%时，除对不合格者重新测定外，再增加10%～20%的测定率，如此累进至总合格率≥95%为止。

（5）加标回收率应符合方法规定的要求。如果方法中没有给定回收率范围，一般控制在95%～105%之间，必要时域限也可适当放宽至80%～120%。

进行加标回收率测定时，具体注意事项如下：

（1）加标物质的形态应与待测物的形态相同。

（2）加标量的大小应适宜，加入过多或过少均不能达到预期的效果。一般情况下规定：

①加标量应尽量与样品中待测物含量相等或相近，一般情况下样品的加标量应为样品中待测物含量的0.5～2倍，在任何情况下加标量均不得大于待测物含量的3倍。

②加标量应注意对样品容积的影响，故加入标准的浓度宜高，体积宜小，一般不超过原样品体积的1%为宜。比如采用异烟酸-吡唑酮分光光度法分析水中的氰化物（GB/T5750.5-20064.1）时，样品体积为250mL，而加标体积若为1.0mL，此时加标体积引起的误差可以忽略不计。

③加标后的总浓度不能超出方法的测定上限浓度值或校准曲线上限浓度值的90%。若分析方法为分光光度法，加标样的吸光度过高，也会造成仪器本身的误差。

④当样品中待测物含量在方法检出限附近时（如纯水加标），加标量过小，测定值较差、误差较大，加标量过大则会改变待测物在样品中的测定背景，故加标量应明显高于方法检出限，同时须控制在校准曲线的低浓度范围。文献一般建议按方法检出限浓度的3～5倍加标或方法测定上限浓度的0.2～0.3倍（也有文献提出0.4～0.6倍）加标。

（3）由于加标样与样品的分析条件完全相同，其中干扰物质和不正确操作等因素所致的效果相等。若以其测定结果的减差计算加标回收率，不能确切反映样品测定结果的实际差错。

在实际测定过程中，有的检测人员将标准溶液加入到经过处理后的待测水样中，这是不合理的，尤其是测定有机污染成分而试样须经净化处理时，或者测定氨氮、硫化物、挥发性酚等需要蒸馏预处理的污染成分时，不能反映预处理过程中的沾污或损失情况，虽然回收率较好，但不能完全说明数据准确。

第三节　水质分析数据处理

一、有效数字

（一）有效数字概念

有效数字用于表示测量数字的有效意义，在水质分析工作中指实际能测得的数字。有效数字除末位数是可疑的（不确定的），其倒数第二位以上的数字应是可靠的（确定的）。

数字“0”，当它用于指小数点的位置，而与测量的准确度无关时，不是有效数字；当它用于表示与测量的准确度有关的数值大小时，即为有效数字，这与“0”在数值中的位置有关。

（二）有效数字修约

有效数字修约即通过省略原数值的最后若干位数字，使最后所得到的值最接近原数值的过程。修约过程应遵循“四舍六入五成双”规则，规则解释如下：

（1）当拟修约的数字小于等于4时舍去；

（2）当拟修约的数字大于等于6时进一，即保留数字的末位数字加1；

（3）当拟修约的数字等于5且其后无数字或数字全为0时，视5前面被保留的末位数字的奇偶性决定取舍，末尾数字为奇数时进一，末尾数字为偶数则舍去。

（4）当拟修约的数字等于5且其后有非0数字时，不论被保留末位数的奇偶，一律进一。

【例10-1】将10.5002修约到个数位，得11。

拟修约数字等于5且其后有非0数，不论被保留末位数的奇偶，一律进一，得11。

【例10-2】将11.5000修约到个数位，得12。

拟修约数字等于5且其后数字皆为0，被保留数字的末尾数为奇数“1”，进一，得12。

【例10-3】将12.5000修约到个数位，得12。

拟修约数字等于5且其后数字皆为0，被保留数字的末尾数为偶数“2”，舍去，得12。

（三）有效数字运算规则

在数值计算中，当有效数字位数确定后，其余数字应按修约规则进行取舍。

1. 加减法

先按小数点后位数最少的数据修约其他数据的位数，再进行加减计算，计算结果也和小数点后位数最少的数据保留相同的位数。

【例 10-4】计算 50.1+1.45+0.5812=?

修约后计算：50.1+1.4+0.6=52.1

【例 10-5】计算 12.43+5.765+132.812=?

修约后计算：12.43+5.76+132.81=151.00

2. 乘除法

先按有效数字最少的数据修约其他数据，再进行乘除运算，计算结果仍保留相同有效数字位数。

【例 10-6】计算 0.0121×25.64×1.05782=?

修约为：0.0121×25.6×1.06=?

计算结果为：0.3283456，保留三位有效数字为0.328。

记录为：0.0121×25.6×1.06=0.328

【例 10-7】计算 2.5046×2.005×1.52=?

修约为：2.50×2.00×1.52=?

记录为：2.50×2.00×1.52=7.60

需要提出注意的是，利用电子计算器进行计算时，不能生硬照抄计算器上显示的结果数字，应按照以上的修约和计算法则来记录计算结果的最终有效数字位数。

（四）在水质分析中正确应用有效数字

做过分析检测的人员都知道，分析检验其实是一个不停在与有效数字打交道的过程，由于有效数字表示测量数字的有效意义，因此其位数不能任意增删。如何正确应用有效数字，报出准确合理的分析结果，作为分析检测人员应掌握以下一些基本知识。

（1）对检定合格的计量器具，记录读数时，有效位数可以记录到最小分度值，最多保留一位不确定数字。例：用最小分度值为0.0001g的天平进行称量时，有效数字可以记录到最小分度值，即小数点后面第四位；使用最小分度为0.1的25mL酸式滴定管时，其读数的有效数字可达到其最小分度后一位，即可保留多一位不确定数字，也就是到小数点后面第二位。

（2）在一系列操作中，使用多种计量仪器时，最终结果有效数字以最少的一种计量仪器的位数表示。

（3）表示精密度的有效数字根据分析方法和待测物的浓度不同，一般只取1～2位有效数字。

（4）校准曲线的相关系数只舍不入，保留到小数点后出现非9的一位数，如小数点后都是9时，最多保留小数点后4位；校准曲线斜率的有效数字，应与自变量x的有效数字位数相等，或最多比x多保留一位；截距a的最后一位数，则和因变量y数值的最后一位取齐，或最多比y多保留一位。

（5）分析结果有效数字所能达到的位数不能超过方法最低检测质量浓度的有效位

数所能达到的位数。例如，一个方法的最低检测质量浓度为0.02mg/L，则分析结果报0.088mg/L就不合理，应报0.09mg/L。

二、离群数据

（一）离群数据定义

离群数据：样本中的一个或几个观测值，它们离开其他观测值很远，暗示它们可能来自不同的分布总体。离群值按显著性程度分为歧离值和统计离群值。

歧离值：在检出水平下显著，但在剔除水平下统计检验不显著的离群值。

统计离群值：在剔除水平下统计检验显著的离群值

检出水平：为检出离群值而指定的统计检验的显著性水平。除有特殊规定，一般α为0.05。

剔除水平：为检出离群值是否高度离群而指定的统计检验的显著性水平。除有特殊规定，一般α为0.01。

（二）离群数据产生

一组正常的数据应来自具有一定分布的总体离群数据产生的原因比较复杂，可能是由于随机误差引起的测定值极端波动产生的极值，或者是由于试验条件改变、系统误差等因素造成的异常值，也可能是尚未认知的新现象的突然出现。

（三）离群数据类型

离群值的类型分为：

（1）上侧情形：离群值都为高端值。

（2）下侧情形：离群值都为低端值。

（3）双侧情形：离群值既有高端值，也有低端值。

上侧情形和下侧情形属单侧情形，若无法认定为单侧情形，按双侧情形进行。

（四）离群数据取舍原则

实验中，不可避免地存在离群数据，剔除离群数据，会使测量结果更符合实际。

正常的数据具有一定的分散性，如果为了得到精密度好的测量结果而人为地去掉一些误差较大但并非离群的测量数据，则违背了客观实际。

因此，离群数据的取舍应遵循两原则：

（1）物理判别：实验中因读错、记错，或其他异常情况引起的离群值，应随时剔除。

（2）统计学判别：当出现未知原因的离群值时，应对该离群值进行统计检验，从统计上判断其是否离群。取舍原则是：

①若计算的统计量≤显著水平α=0.05时的临界值，则可疑数据为正常数据。

②若计算的统计量＞显著水平α=0.05时的临界值且同时≤α=0.01时的临界值，则可疑数据为偏离数据。

③若计算的统计量＞α=0.01时的临界值，则可疑数据为离群数据，应予剔除。

④对偏离数据的处理要慎重，只有能找到原因的偏离数据才可作为离群数据来处理，否则按正常数据处理。

⑤一组数据中剔除离群值后，应对剔除后的剩余数据继续检验，直到其中不再有离群数据。

（五）离群数据的统计检验方法

离群值检验方法有格拉布斯（Grubbs）检验法、狄克逊（Dixon）检验法、奈尔检验法和偏度峰度检验法。水质分析检验中较常使用的是Grubbs检验法和Dixon检验法。

Grubbs检验法可用于检验多组测量均值的一致性和剔除多组测量均值中的异常值，亦可用于检出一组测定值中只有一个离群值时的检验；Dixon检验法用于一组测量值的一致性检验和剔除一组测量值中的异常值，适用于检出一个或多个异常值。两种检验法都有单侧和双侧检验两种方式。

第十一章 水质评价与预警技术

第一节 水质安全评价方法

饮用水生产的流程通常是水源地的原水进入水处理厂，经过除杂质、消毒等一系列工艺处理后，得到卫生指标合格的出厂水，经过管网输送，成为供千家万户使用的饮用水。可见饮用水的品质取决于原水水质、水处理工艺、输送管网特性等要素。

水质评价的对象主要为水源地的原水、自来水厂的出厂水和管网水，最终目标是为了确保千家万户用上卫生指标合格的饮用水，因此根据不同的环节和对象，可分别对水源地的原水、自来水厂的出厂水和管网水进行水质安全评价。

一、水质安全评价的指标体系

（一）水质安全评价指标体系框架

以原水、出厂水和管网水整个流程作为主线，并根据我国国情及其地表水和饮用水标准，可建立起水质安全评价指标体系，在这个基础上，进一步建立指标、事件和属性三级评价预警体系，并定义相应的评价预警因子、预警事件和整体属性。

1. 预警因子

单因子预警指标称为预警因子，它是用于描述水质安全状态的单变量物理指标或污染物含量指标，每个预警因子包含参数的种类（名称）、预警限值及数值单位等信息，这些信息被定义为预警因子的属性。

预警因子的集合成为预警因子表，在预警系统中的作用是供水质预警算法选择水质参数的参考依据，即在预警因子表的范围内选取，包括因子的基本属性。

预警因子选取依据是目前最新版本的与饮用水相关的国家标准，如《生活饮用水卫生标准》（GB5749-2006）等，以及在目前实际水体已经出现或出现概率较高的污染物参数，但还没有被水质标准所包含的指标。

所建立的预警因子表共有166个预警因子，其中引用了《生活饮用水卫生标准》（GB5749-2006）所指定的106项指标，每个因子还包含一定数量的属性，如限值、单位、检测方法等。

2. 预警事件

预警事件一般是指达到一定危害程度的饮用水水质污染现象。当某种水质污染现象发生时，预警系统可连续地检测和跟踪污染现象的变化，并根据预定义的指标限，不断地判断其危害程度，一旦超越预定义的指标限，就要产生报警，即某个预定义的预警事件发生了。可认为预警事件是预警系统给出警情预报的一个基本单位。

当饮用水水质污染现象出现时，有时只需要用单因子指标描述即可，如原水中的苯酚污染事件，由载有苯酚的汽车坠入河中引起，是一个突发性的污染事件，可用苯酚浓度这个单因子指标描述污染程度。而有些饮用水水质污染现象需要用多个预警因子进行描述，如原水中的蓝藻爆发，与水温、流速、富营养程度、蓝藻浓度等因素相关。

预警事件由一个或多个预警因子以及事件属性组成。预警因子通常来源于预警因子表，也可以是预警因子表以外的补充因子。每个因子有它自己的属性，如限值、数据单位、检测方法等，预警事件也有事件本身的属性，如毒性大小、判别方法、应急处理方法等。

预警事件表是预警系统中预定义的预警事件的集合。比如，在预警技术研究中，预警事件表中定义了16种水源地预警事件，4种管网预警事件，共20种预警事件，并设计了各事件的基本属性，如编号、定义、所属因子的组成、基本判别算法、毒性大小与危害等级、毒性持久性、可消除性、应急处理措施等。

其中在水源地可能发生的16种预警事件为热污染、放射性污染、浑浊度、水色、水臭和异味、酸碱污染、咸潮、重金属污染、无机化合物污染、耗氧有机物污染、农药污染、易分解有机物污染、油污污染、病原菌污染、霉菌污染、蓝藻污染等。在饮用水输送网关中可能出现的4种预警事件为：金属离子污染、病原菌污染、消毒副产物污染、纳米污染等。

3. 整体属性

整体属性是建立在事件的基础上，主要用来表征水体整体状况的参数。整体属性应包括所有预警因子，但实际情况往往仅包括了重点关注预警因子或可测预警因子。

整体属性一般采用综合评价方法来进行评估，如采用综合指数法、层次分析法和模糊评价方法等开展水质总体状况的评估。因此对于整体属性需首先建立评估预警所需的指标集，该指标集主要由具有典型代表的预警因子组成。然后采用合适的综合评价算法进行评价，得出水质的总体优劣情况。

整体属性具有的特点包括：

1）整体性：应由典型水质预警因子组成，能够表征整个水质状况。各指标应有不同程度的相互联系，形成有机整体。

2）区域性：不同区域的水体应根据实际情况在常规指标的基础上，选择特征预警因子组成指标集。

3）有限性：虽然整体属性理论上应包括所有预警因子，但在实际操作和评价过程中是做不到的，只能用有限个典型水质预警因子来表征。

整体属性的一种评估方法是采用水质的分类状态来描述，如出厂水的整体属性分成两类：合格或不合格；原水的整体属性通常采用：正常、预案可处理、预案难处理（通过集团调度可处理）、异常（无法处理）等等级来描述。评价结果的准确性依赖于被评价水体的特性、选用的评价因子数量和覆盖面、所选取的评价方法等。

（二）水质安全评价体系总体框图

按照水质安全评价及预警体系框架，可确立水质安全评价体系框如图11-1所示。

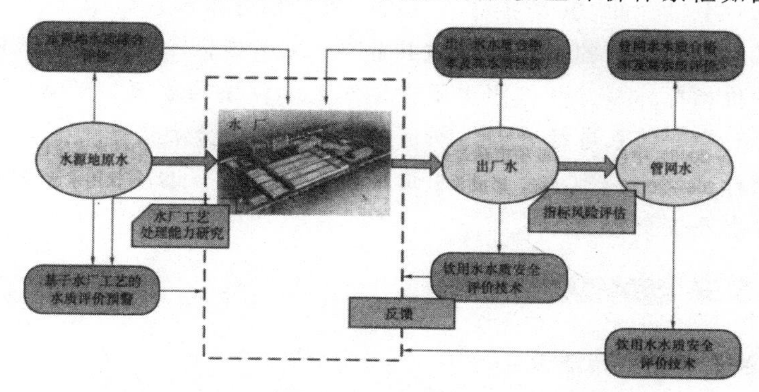

图11-1 水质安全评价预警体系技术路线图

（1）建立评价指标体系。结合各指标的危害程度，水厂的处理能力等条件，完成指标体系的建立工作，并长期采集水源地、出厂水和管网水水质指标监测值，进行基于常规水质评价方法的水质管理。

（2）然后进行水源地的水质评价新方法的研究。重点是将主观评价、客观评价等方法组合应用，以取得较好的评价效果；并结合水厂工艺条件建立基于水厂工艺的水质评价方法。

（3）最后进行出厂水和管网水的评价方法研究。根据国标设定指标体系，进行各个指标体系的风险评估，在此基础上提出单因子评价法和基于层次分析的综合评价法。

按研究内容流程划分，水质评价与预警主要包括原水、出厂水和管网水水质评价和预警内容，具体包括：

（1）原水水质评价

水质的评价在很多文献和书籍中已经进行了深入的研究，但针对饮用水这个主题的研究还鲜见报道，基本上是根据地表水国家标准和地下水国家标准进行的水质评价，用于水质的分级，具体方法包括：单因子评价方法，水质指数法，综合评价法，模糊评价法和层次分析法等。

（2）原水水质预警

基于水厂工艺的水质评价预警方法的核心之处是获取水厂工艺运行数据以及水厂处理各项指标的极限值，通过统计分析处理方法，实现各个指标参数的设定。各指标参数确定后即可采用各种评价方法完成水质的评价，并为水质预警提供基础数据。根据水厂工艺，处理能力以及水业集团的调配能力，将原水水质预警分为4个级别：Ⅰ，Ⅱ，Ⅲ和Ⅳ级。其中Ⅰ和Ⅱ级主要是给水厂提供评价预警信息，以便在不同水质等级的情况下采取不同的水质处理方法（水厂范围可控），第Ⅲ级已经超出水厂处理能力，是提供给水业集团进行饮用水统一调度（集团内部可调），最严重的情况为第Ⅳ级，这时已超出水业集团调度能力，必须作为警情上报政府，进行相应的饮用水水质安全应急处理。

（3）出厂水和管网水评价方法

这部分的研究中首先要确定合适的指标体系，以《生活饮用水卫生标准》（GB5749-2006）中包含的106项指标为基础，吸纳部分水源水质指标、《城市供水水质标准》（CJT206-2005）中的指标，形成共包括126项指标、基本涵盖我国现行饮用水水质标准的评价指标体系。并按照水质指标对人体健康的危害和影响程度、供水工艺的处理情况等对指标体系进行分类，制定了评价指标的分类依据和规则。

在确定指标体系的基础上，提出了适用于不同条件下的单因子指数法、综合指数法两种饮用水水质安全评价方法。

二、水质安全评价方法

（一）原水水质评价预警方法

1.原水水质评价方法

自20世纪60年代以来，国内外已开发出的水质评价方法有数十种之多，早期以综合指数法为主。由于随机性、模糊性、灰色性往往共同存在于所研究的问题和对象之中，随着计算机技术的快速发展，以现代数学理论为基础的模糊评价、灰色评价、人工神经网络、遗传算法等现代系统方法近年来在水环境评价中得到广泛应用，而且不同方法的耦合将成为科学发展的必然。水质评价主要目的是了解水质现状，是水质等级评定和水功能区划的前提，同时也是水质预测的基础。近年来，相关学者在水质评价方法上不断推陈出新，使其呈现多样化，并渐趋成熟和完善。代表性水质评价方法主要包括：单因子指数法、内梅罗指数法、综合标识指数法、模糊评价法和灰色关联评价法等。

（1）单因子指数法

单因子评价法是将每个评价因子与评价标准（地表水常采用《地表水环境质量标准》（GB3838-2002）比较，确定各个评价因子的水质类别，其中确定的最高类别即为断面水质类别，通过单因子污染指数评价可确定水体中的主要污染因子。单因子评价法的应用很广，特别是在建设项目的环境影响评价中十分常见，但这一方法因过于简单而使评价过于粗糙，单因子污染指数只能代表一种污染物对水质污染的程度，不能反映水体整体污染程度。

（2）内梅罗指数法

内梅罗指数是一种兼顾极值和平均值的计权型多因子评价指数。

内梅罗将水的用途分为3类：人类接触使用的，间接接触使用的和不间接使用的。

（3）水质指数法

水质指数是属于物化性的水质指标，水体环境中各个水质参数对于水质总体影响的评估方法，即根据水质参数对水质影响的不同给予不同的权重，并且依其不同的浓度范围确定指数，依此数据来评估水质的优劣。

水质指数法中，以因子编号和因子实测值作为输入，以水质指数值和水质等级作为输出。可以对水源水，出水厂和管网水的因子进行评价。

该方法能客观的反映的水质状况，算法实现相对容易。

参与评价的项目分为三类：第一类是对人体危害程度严重且经水厂处理后难以消除的污染指标；第二类是经自来水厂处理后出水水质能够达标的污染指标；第三类是除第一类、第二类以外的其他参加评价的污染指标。

（4）模糊综合评价法

该算法通过获得一个综合评判集，评价水体水质对各级标准水质的隶属度程度，来得到水质级别。

模糊综合评价法以水质污染事件对应的因子为集合作输入，以该事件隶属水质等级作为评价结果输出。

该方法基于水质事件进行评价，能利用全部数据的所提供的信息，总体因素的评价效果显著。

目前应用的模糊数学综合评价法中隶属度函数的确定多采用“降半梯形分布法”，其对应每一等级隶属度的最大值取在限值点处，存在一定的不合理性。因此提出了一种改进的水质模糊综合评价方法，该方法针对现有的模糊综合评价法中隶属度函数确定中存在的问题，提出了改进措施。选用正态分布作为隶属度函数，通过参数调整满足实际隶属度状况；对不同因子进行权值运算；最后对权重矩阵和隶属度矩阵进行模糊运算，得出水质评价结果。

（5）灰色关联分析法

关联度表征了系统内两个事物的关联程度；关联分析是根据数列的可比性和可近性，分析系统内部主要因素之间的相关程度，它定量地刻画了内部结构之间的联系，是加强系统序化处理的方法，对发展变化系统的发展态势或系统内部各事物之间状态进行量化比较分析。

2.基于水厂工艺的原水评价预警方法

原水水质的评价在很多文献和书籍中已经进行了深入的研究，但针对饮用水这个主题的研究还鲜见报道，现有的研究基本上是根据地表水国家标准和地下水国家标准进行的水质评价，用于水质的分级，这样的评价对于饮用水评价预警来说是不适用的，因为没有考虑水厂的处理能力等方面的因素。因此，针对这个问题，提出了基于水厂工艺的原水预警方法：一是针对水厂的需求，按照现有的评价方法和参考国家标准实现原水的水质等级划分；二是进行水厂工艺处理能力方面内容的研究，在第一步完成的基础上，提出基于水厂工艺的原水预警方法。

基于水厂工艺的水质评价方法最重要的要获取水厂工艺运行数据以及水厂处理各项指标的极限值，通过统计分析处理方法，实现各个指标参数的设定。各指标参数确定后即可采用各种评价方法完成水质的评价，并为水质预警提供基础数据。

基于水厂工艺的原水水质预警方法：根据水厂工艺，处理能力以及水业集团的调配能力，将原水水质预警分为4个级别：Ⅰ，Ⅱ，Ⅲ和Ⅳ级。其中Ⅰ和Ⅱ级主要是给水厂提供评价预警信息，以便在不同水质等级的情况下采取不同的水质处理方法（水厂范围可控），第Ⅲ级已经超出水厂处理能力，是提供给水业集团进行饮用水统一调度（集团内部可调），最严重的情况为第Ⅳ级，这时已超出水业集团调度能力，必须作为警情上报政府，进行相应的饮用水水质安全应急处理。

（二）出厂水和管网水水质安全评价技术

1. 基于合格率的评价方法

主要考虑出厂水、管网水和末梢水的合格率。对于水厂管网，水质检测指标共计102项，分一、二、三级规划，各102、66、45项。合格率侧重9项检测指标：浑浊度、细菌总数、色度、臭味、总大肠杆菌群、余氯、肉眼可见物、耐热大肠杆菌群、COD_{Mn}，各单项指标不得高于《生活饮用水卫生标准》（GB5749-2006）规定的值。

具体定义如下：

合合格率：

管网水9项各单项合格率之和+45项（或66项或102项）扣除9项后综合合格率之和/（9+1）×100%

②出厂水合格率：

出厂水9项各单项合格率=单项检验合格次数/单项检验总次数×100%

③管网水合格率：

管网水9项各单项合格率=单项检验合格次数/单项检验总次数×100%

2. 单因子指数法

单因子指数法赋予了指标体系中各项污染物指标相应的危害系数，将水质评价指标逐一进行分类，I类指标对人体健康的危害最大，II类其次，以此类推，V类最轻，建立单因子评价模型，并将水质安全评价结果分为5类。

3. 基于层次分析的综合指数法

综合指数法是通过层次分析方法确定指标体系中各指标的权重，然后结合各指标的实际检测结果以一定的数学模型对水质进行评价。综合指数法既充分考虑指标本身在评价体系权重，又同时兼顾实际监测对评价结果的影响，并对超标的污染因子引入安全风险系数的概念，可对水质的总体情况做出综合评价，便于对不同区域、不同时间对水质情况进行比较。

第二节　渐变性水源水质污染预警技术

水是人类赖以生存的必要条件，但是随着工农业发展、城镇化加快，我国水环境特别是饮用水水源状况不容乐观：2009年全国重点城市共监测397个集中式饮用水源地，监测结果表明，城市年取水总量为217.6亿m^3，达标水量为158.8亿m^3，占73%，不达标水量58.8亿m^3，占27%；据住建部统计，2002～2005年间，全国36个重点城市地表原水样品中，样品合格率分别为33.87%、27.79%、29.69%和26.34%，总体上样品合格率呈现下降趋势；环境保护部2007～2010年开展的饮用水水源基础环境状况调查显示，20%左右的水源地存在污染物超标现象；突发性水污染事件时有发生，如紫金矿业污染事件、江苏盐城饮用水源污染、云南阳宗海砷污染事件等，导致水源水质严重恶化。饮用水水源水质恶化严重影响到人民群众的饮用水安全，当前我国针对饮用水的保障机制还不健全，有效的饮用水安全保障和预警体系亟待建立和完善。

典型渐变性水源水质污染预警重点关注渐变性水质安全问题。地表水长期性污染、地下水质沉积性污染、气候水文因素导致的水质周期性变化等都属于渐变性的水质变化，其特点是在人类活动所能达到的尺度，其变化是缓慢的、有规律可循的，这些水质安全问题通常在不知不觉中产生并扩大，一旦被人类意识到，其已经对水质安全造成损害。因此对水质变化的趋势进行预测、分析和挖掘，找出规律性的经验、知识和模型，以在未来某一时期内的水质变化的趋势、速度以及达到某一变化限度的时间等进行前瞻性的预测，预报不正常状况的时空分布和危害程度，进行水质安全预警，对于饮用水安全保障具有重要的意义。

一、典型渐变性水源水质污染的基本预警技术

典型渐变性水源水质污染预警技术主要通过对面向水厂工艺的原水安全评价技术、概率性组合预测方法、面向多种水体类型的水质模型库构建，以及水质预警信息生成发布技术等方面的研究，实现预警因子筛选优化、水质预测方法选择决策、水质安全评价以及警情生成与发布，并对其进行有机整合，形成完整的从现场水质监测数据到水质警情发布的预测预警技术体系。本项目建立了基于概率性组合预测原理的渐变性水质预测方法。

目前，水质预警方法在实际应用中，遇到了诸多困难和问题，主要包括：

（1）单一水质预测模型在水质预测中的研究和应用甚为广泛，但单一预测方法往往存在对信息利用不足的缺点，因此所能提供的有效信息必然有所侧重。为此，如果引入基于多种预测模型的“组合预测”的方法，则可充分利用每一种预测方法所包含的独立信息，其总体预测效果比单一预测方法有一定的优势。

目前见诸报道的组合预测多是针对特定几种预测方法的组合，缺少一般框架性的组合方法，其可扩展性还有一定的局限性，不易加入更先进的算法，降低了水质预测方法在不同示范地的适用性。

（2）由于水质变化及预测模型的不确定性，预测结果必然存在一定的不确定性。之前，概率性水质预测还没有引起水质预测工作者的广泛注意，一些研究虽然能够给出概率性预测结果，但往往多是在假设水质数据服从某种概率分布前提下进行的，这存在很大的主观性，无法真实反映水质的实际状况。

（3）水质预警模型的可扩展性和自动寻优能力无法满足实践需求。水质模型一般针对特定水环境建立，同一种机理模型在不同环境下得到的结果可能也会不同，这一定程度上限制了水质模型的应用效率。因此研究一种扩展性良好且具备一定自动寻优能力的水质模型具有极重要的意义。

基于以上讨论，提出并实现了一种框架性的概率组合水质预测方法，

该方法提供了一种扩展性较强的组合方法，可以不断引入先进预测方法；通过对历史预测工作的统计给出概率性的预测结果。概率组合预测方法框架结构如图 11-2 所示。

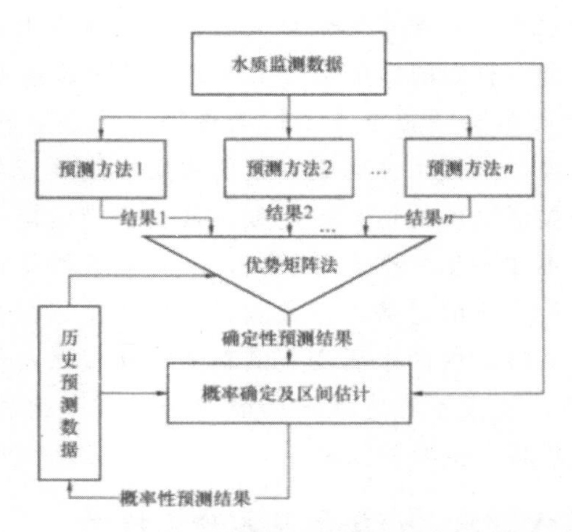

图 11-2 概率组合预测框架结构图

基于现场水质监测数据，各单一预测方法根据各自的建模需求利用相应的水质数据进行预测，得到各自的预测结果；组合预测方法利用优势矩阵法将各单一预测方法的结果进行加权融合得到确定性预测结果；对历史预测值和历史检测值统计得到水质状况的历史概率统计分布，根据当前的水质预测情况，得到当前预测概率及一定置信度下的区间估计，即概率性预测结果；该结果加入到历史预测数据，作为未来权重计算以及概率性预测的结果。

组合预测与概率性预测是两个独立的过程，但相互之间又有紧密的联系。组合预测可以有效提高水质预测效果，对于有效地进行概率性预测具有重要的意义；概率性预测需要对历史水质状况进行统计，一定程度上促进了组合预测权重调整过程的优化。因此将二者结合有利于水质预测效果提升以及水质变化不确定性的表达。

首先，组合预测方法能够充分利用每一种预测方法所包含的独立信息，有效解决单一预测方法对水质信息利用不足、能够提供的有效信息侧重点不同的问题。该框架可以根据不同水体类型以及能够获取的水质数据数量，选择相应的水质预测方法，通过组合预测对各单一水质预测方法进行加权融合，从而获得更好的预测效果。

其次，组合预测方法与水质监测信息没有直接的输入输出关系，其主要工作是利用优势矩阵法对单一预测方法进行加权融合给出组合预测结果，因此组合预测方法对水质监测数据没有特殊的要求，对于不同的水质预测模型具有良好的适应性，在不同区域的推广应用具有重要的意义。

另外，由于水环境变化及水质模型的不确定性，水质预测结果必然存在不确定性，因此进行概率性水质预测对于水质变化复杂性的表征十分重要；概率组合预测方法通过对历史监测值和预测值的统计分析，给出一定置信度下的区间性预测结果，有利于人们对水质未来可能变化趋势的理解，进而为水质管理部门的管理决策奠定良好的基础。

（一）概率性预测原理

预测概率有以下含义：当预测值为某一水平时，历史统计中监测值达到该水平的概率。本小节对概率统计方法及其有效性进行了论述，并且为了更利于人们对水质变化的理解，还给出了一定置信度下水质指标未来可能的波动范围。

1. 预测概率的确定

一般情况下，求取随机变量的概率分布，会采用假设该变量符合某种概率分布，根据历史数据求取其分布参数的统计方法。但是这种统计方法是在假设随机变量满足该分布的基础上进行的，因此具有很大的主观性。采用直接对历史预测进行统计的方法确定其概率分布，这样更能体现预测情况以及水质信息的真实变化，更具客观性。

2. 预测概率有效性检验

对历史预测进行统计，该统计概率分布是否能够模拟未来预测概率是未知的，因此需要对其进行有效性检验。检验历史统计概率的有效性从两方面进行：确切概率分布与累积概率分布。

3. 水质预测的区间估计

得到预测概率后，仅得到水质指标达到预测值的概率，没有得到水质指标可能的波动范围，无法为水质监管工作提供较直观的依据，因此对水质预测进行区间估计是非常必要的。

（二）组合预测原理

组合预测方法的基本原理是把各个竞争模型得到的预测结果赋予不同的权重并组合成一个单一的预测，基本思想在于充分利用每一种预测方法中所包含的独立信息。组合预测的核心内容是确定各竞争模型的权重。

1. 权重确定方法

考虑到组合预测方法未来将应用于日常水质预测以及组合预测框架的可扩展性，采用稳健性较高的优势矩阵法确定权重。优势矩阵法确定权重有三大优点：第一，权重对优势比的变化不很敏感，因而无须大量先验数据；第二，可以时刻对权重进行更新，稳健性高；第三，可操作性强。另外，按照均方误差判别标准，优势矩阵法确定权重的预测精确性高于任何单一预测方法，而且对大样本数据，优势矩阵法确定权重的精确性超过等权重法、最小方差法和回归法。

2. 预测表现评定

对预测效果的评价基于损失函数以及预测值序列和监测值序列相关系数的计算，分别从一次损失函数和二次损失函数两方面对预测精度和稳健性进行评估，从相关系数方面对趋势性预测效果进行评估。

二、典型渐变性水源水质污染预警技术的实现

基于典型渐变性水源水质污染预警方法的研究，结合各示范地信息系统的建设，开发了一套水质预警服务软件，该软件基于 VS2008 和 SQL Server 开发，基于概率性组合预测框架模型以及各单一预测方法，实现了原水日常水质预警、原水预测手动分析以及预测结果分析三个主要功能。该软件的数据流图如图 11-3 所示。

典型渐变性水源水质污染预警软件以概率组合水质预测方法为核心，整合了水质安全

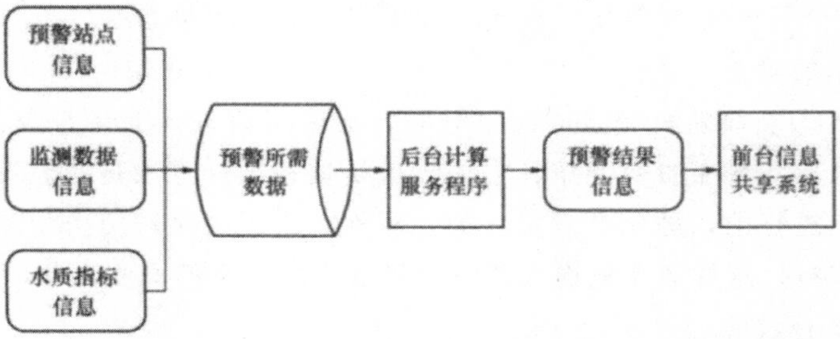

预警站点
信息
监测数据
信息
水质指标
信息
预警所需
数据
后台计算
服务程序
预警结果
信息
前台信息
共享系统

图 11-3 典型渐变性水源水质污染预警方法软件实现数据流图

评价、水质预警信息生成与发布等模块功能，形成了从水质监测信息到水质预测、水质安全评价、水质预警信息发布的水质预警流程，水质预警流程图如图 11-4 所示。

开始
配置预警参数
读取监测数据
监测数据满足预测需求?
N
Y
水质预测
水质安全评价
水质警情生成与发布
更新数据库
结束

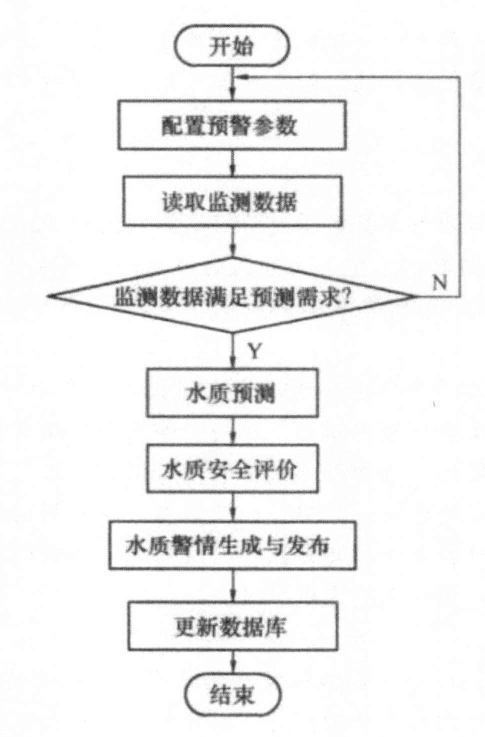

图 11-4 典型渐变性水源水质污染预警软件预警流程图

该软件主要包括三方面的功能：原水日常水质预警、原水预测手动分析以及预测结果分析。

（一）原水日常水质预警

该模块用于展示各水源地典型渐变性水质指标的日常预警情况，并给出水质指标历史监测与未来变化趋势详情，为水厂、管网等后续制水供水阶段预警以及水质管理部门决策奠定基础。

（二）原水预测手动分析

该模块主要用于满足用户对关心的水源地、渐变性水质指标以一定的预测模式进行手动预测的需求。通过配置预警点、水质指标、预测起点时间、外推周期、预测周期以及预测方法的选择进行预测，预测结果以趋势图以及表格的形式进行展示，并对未来水质变化进行安全评价，给出水质变化的风险等级信息。

（三）预测结果分析

该模块主要是基于对预测方法进行检验、校订的考虑而设置的，通过对预警点、水质指标以及预测起点终点等参数的设置，对历史预测效果进行查询分析，从而发现水质预测方法的不足，进而改进水质预测方法。

第三节　水源水质污染事件预警技术

一、有毒有害物质泄漏事故预警技术

有毒有害物质污染事故主要是指在生产、生活过程中因生产、使用、贮存、运输、排放不当导致有毒有害化学品泄漏或非正常排放所引发的污染事故。近年来有毒有害事故频发，为了应对突发有毒有害事故，有必要对有毒有害泄漏事故预警技术进行研究，据此建立起有毒有害泄漏事故预警系统。

有毒有害事故的预测一般有机理模型和非机理模型。机理模型主要是通过求解水动力学方程和水质方程来获得污染物浓度的预测，而非机理模型是通过实际检测值，利用预测算法和预测模型，从监测数据中找到规律，从而获得预测数据。一般而言，机理模型建模明确，只要将少量参数代入方程，利用数值解法求解方程即可，建模简单，在边界条件和输入参数信息较充分的情况下，求解精度也较高。而非机理模型的建立需要大量样本数据，建模相对困难。研究提出了一种基于机理模型的多模型预测及校准方法，能够达到较好的效果。

对于水质仿真系统，多是在本地运行仿真模型，不仅要求用户具备较高的水环境仿真模拟专业知识，在实际应用和维护方面也存在相关问题。通过建立水环境远程模拟仿真系统，提供了不受地域限制、自助式的远程仿真服务模式，优化计算资源配置、提高仿真计算效率、实现仿真结果共享。

从有毒有害泄漏事故预警体系构建、有毒有害物质水质污染事故污染物扩散规律及模型、基于多模型的有毒有害物质水质污染事故动态优化预警方法、水环境远程仿真计算服务技术、基于WebGIS的有毒有害物质水质污染事故仿真模拟服务平台实现等方面来概述有毒有害泄漏事故预警技术的总体研究与系统实现情况。

（一）有毒有害物质泄漏事故预警体系

有毒有害物质泄漏事故预警体系旨在建立从有毒有害物质指标监测、污染物浓度仿真，污染物浓度预警到预警信息发布的自动预警平台，为有毒有害污染物防治工作和有毒有害物质泄漏事故的快速反应提供直接的指导性意见。

有毒有害泄漏事故预警系统可分为三层：仿真应用层、仿真服务层和数据层。结构如图11-5所示。

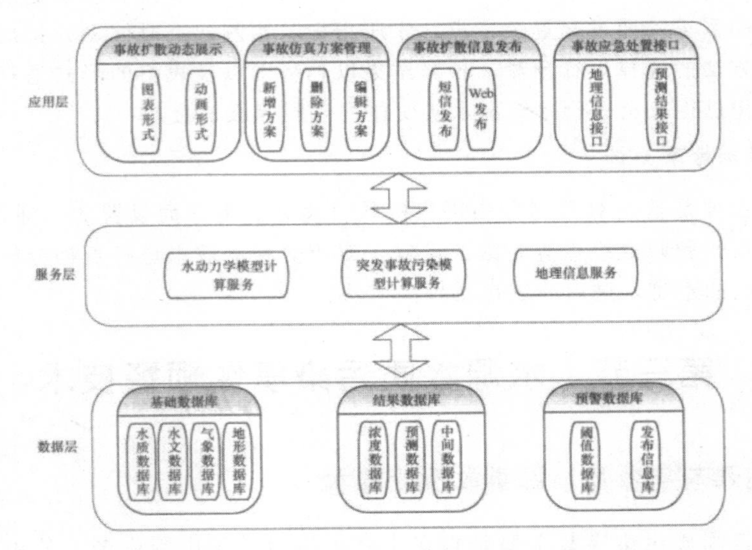

图11-5 有毒有害泄漏事故预警技术体系

仿真应用层是系统最终和用户交互的部分，主要包括事故扩散动态展示、事故仿真方案管理、事故扩散信息发布、事故应急处置接口。高级用户（水质专家）可以通过仿真方案管理对建立的污染物归趋模板进行增加、修改和删除操作。应急事件决策人员可以通过故扩散动态展示和事故扩散信息发布来查看当前污染事件的进展情况，并通过Web或短信两种形式发布事故的预警信息。

仿真服务层是连接仿真数据层和仿真应用层的纽带。仿真服务层主要包含了水动力学模型计算服务、突发事故污染计算服务和地理信息服务。其中水动力学模型计算服务和突发事故污染计算模块均包括了Mike、Fluent和Matlab等多模型的计算模板。应用层通过调用水动力学计算仿真服务模块来完成水动力相关信息的计算，通过调用污染模型计算服务模块来完成对污染物浓度的计算，通过调用地理信息服务模块来获得地理信息，并应用于WebGIS展示。仿真服务层的引入隔离了数据读写操作与应用流程操作，很大程度上提高了系统的扩展性和稳定性。

数据层为系统的最底层，主要包括基础数据库、结果数据库和预警数据库。基础数据库包含建模所需的基本信息，如水质信息，气象信息等。结果数据库包含了服务层对水动力学和水质模型计算的结果。预警数据库包含了生成预警信息所需的相关信息。各个数据库之间相互分离，共同为业务处理层提供了数据支持，并且支持自动录入和手工录入方式，用户可以根据自己的需求灵活选择。

（二）有毒有害物质泄漏事故预警相关关键技术

1. 有毒有害物质泄漏事故污染物扩散规律及模型构建

有毒有害物质的扩散规律是整个预警系统的基础。通过研究不同种类的典型有毒有害物质的迁移规律，从而建立起典型有毒有害物质的扩散模型。

典型有毒有害物质按照其在水中迁移转化的特性，可以分为溢油类、疏水性、亲水性三大类。围绕这三个大类物质，可开展相应的研究，具体包括水动力学模型构建技术研究、溢油类化学品数学模型研究、疏水性化学品数学模型研究、亲水性化学品数学模型研究等。水动力学模型是污染扩散模型的基础，能够为污染物扩散模型的构建提供水动力学相关的参数。溢油类化学品模型能够模拟溢油类化学品的水面扩展漂移及水中分散过程；疏水性化学品风险场数学模型能够模拟化学品受沉积物影响条件下的颗粒态物质吸附、沉降/再悬浮过程以及各种物化、生化反应过程；亲水性化学品数学模型能够模拟常规耗氧有机污染物质以及溶解性化学品的各种物化、生化反应过程。

2. 水环境远程仿真计算服务技术

由于水环境模拟仿真软件一般为本地运行软件，其软件操作、模型构建、结果展示等往往限于本地进行，这使得这类软件在网络化应用方面存在较大的局限性。而且这类软件要求用户具备较高的水环境仿真模拟专业知识，在软件的维护和升级方面也存在相关问题。

为此，可通过开展水环境远程模拟仿真技术研究，改变水环境模拟仿真本地运行的传统模式，建立不受地域限制、自助式的远程仿真服务模式，优化计算资源配置、提高仿真计算效率、实现仿真结果共享。

3. 有毒有害物质泄漏事故动态优化预警方法

由于突发性有毒有害泄漏事故的紧迫性，必须要在短时间内对事件作出预警，因此对仿真的实时性要求很高；又由于实际环境的复杂性，往往会造成仿真结果与实际结果的偏离。

4. 基于WebGIS的有毒有害物质泄漏事故仿真模拟服务平台

应用前述的多模型预警方法以及WebGIS远程仿真技术，可建立基于WebGIS的有毒有害物质泄漏事故仿真模拟的服务平台。

系统的整体架构主要基于SOA思想设计，这样做可以提高系统的扩展性能。SOA可以根据需求通过网络对松散耦合的粗粒度应用组件进行分布式部署、组合和使用。服务层是SOA的基础，可以直接被应用调用，从而有效控制系统中与软件代理交互的人为依赖性。这种具有中立的接口定义（没有强制绑定到特定的实现上）的特征称为服务之间的松耦合。在仿真模拟系统中，将每次仿真的请求都看成服务，利用SOA的思想管理服务所需的资源，并分配给服务请求者。如果服务有变更，只需要修改特定服务的逻辑即可，可以实现系统的高扩展性。

基于SOA思想，系统采用C/S和B/S模式相结合的实施方案：后台计算采用C/S模式：水质模型以dll的形式封装，基于c#开发的后台运算模块调用模型dll文件完成仿真运算，并将计算结果输出到仿真结果数据库。前端展示采用B/S模式：响应网站用户的需求，实现对仿真需求的在线管理，并与GIS系统相结合，对仿真结果进行在线展示。采用这种混合架构既能利用C/S架构强大的计算能力，又能够利用B/S架构的平台无关性，从而使系统的性能达到最大化。

根据SOA思想构建的基于WebGIS的有毒有害物质泄漏事故模拟仿真服务系统（软

件）主要是用来对突发性的水质污染事件进行模拟仿真，得到污染物在河道中浓度的时空分布结果，做出发生的严重程度、影响时间，影响范围等信息的预警，并输出可视化结果，为日常水质管理及突发性事故应急管理提供服务。该软件主要由两部分组成：Web操作界面和仿真计算模块。前台Web操作界面主要是用来对仿真服务的设置进行管理，并可查看仿真结果。而后台仿真计算模块则主要是按照用户的要求，利用接口程序，驱动仿真模型进行运算，并将运算结果送入数据库，用于Web界面的展示。

二、蓝绿藻重点指标预警技术

近些年，藻类水华灾害事件频频出现于国内许多湖泊、内海和江河，太湖、滇池、巢湖、洪泽湖、汾河等都发生过藻类水华事件。由于水体的富营养化，引发水体中藻类等浮游生物大面积地恶性繁殖，在特定的气象和环境条件下，就会在水体表面聚集，形成水华，如在城市供水水源地爆发，会严重威胁取水口的原水水质，影响人民群众的饮用水安全。藻类水华发生时，不仅破坏水体生态环境，产生异味、降低水体感官性状，还会堵塞水厂滤池，影响水厂正常生产。当源水中藻类含量较高时，会加大水处理成本。因此，加强源水中藻类数量的监测预警非常必要。

在进行藻类水华预测预警分析时，藻总计数和叶绿素a浓度是两个需重点关注的指标。所有藻类中都含有叶绿素a，并且叶绿素a在活的浮游植物体内含量很高，但在无机漂浮物质、浮游动物以及死亡浮游植物体内含量却很低。因此，叶绿素a浓度和藻总计数可以作为表征藻类现存量的指标。藻类水华发生是一个复杂的动态多因子驱动过程，其预测预警方法主要有机理分析和非机理分析等方法。

（一）基于机理模型的藻类预测预警算法

在基于机理模型的藻类预测预警方法中，针对不同的研究对象选取不同的单元体作为藻类生长基体，对于河流，采用的是Lagmngain方法，即通常所谓的迹线法；对于湖库，采用箱体模型。两种模型均基于充分混合理论作了如下假设：

（1）单元体内营养盐混合均匀；

（2）单元体内藻类分布均匀；

（3）单元体体积（深度）在计算时间内不变化。

藻类生长模型如式（6-61）所示：

$$\frac{dA}{dt}=(\mu-r-es-m-s)\cdot A-G \tag{6-61}$$

式中 A——生物量（干重）或叶绿素a浓度；

μ——总生长速率；

r——呼吸速率；

es——内源呼吸率；

m——非牧食导致的死亡率；

s——沉降速率；

G——由于牧食而导致的损失。

如果A为藻总计数时，则不考虑es和r。

总生长速率受限于营养盐和温度、光照等环境因子：

$$\mu = \mu_{max} \cdot f \tag{6-62}$$

式中 μ_{max}——参考温度下的最大生长速率；

f——生长率限制因子，生长率限制因子采用李比希最小因子定律即：

$$f=\min[f(T) \cdot f(I) \cdot f(C, PI, N, S_i)] \tag{6-63}$$

$$f(C, PI, N, S_i)=\min[f(C), f(N), f(PI), f(S_i)] \tag{6-64}$$

式中 f（T）——温度限制因子；

f（I）——光限制因子；

f（C，PI，N，S_i）——营养盐限制因子。

机理模型能较好地反映藻类的生长规律，但由于藻类生长需要考虑的因素众多，很多变量之间的关系还没有被完全揭示，参数率定的工作量非常大。建立适合示范地藻类生长的机理模型需要利用较长时间范围内的数据进行模型参数率定。另外，水体环境是变化的，模型中很多参数（如藻类的生长速率）会随藻类、季节的不同而不同。因此，需要对参数进行不断的修正和率定。

（二）基于智能预测模型的藻类预测预警算法

智能模型是将人工神经网络、支持向量机等人工智能的方法应用于藻类预测。智能方法所具备的突出的非线性描述能力使其常作为生态建模和预测的重要工具，尤其针对藻类生长的高维非线性问题往往能给出有效的解决途径。迄今为止，多种智能方法已被较好的应用于藻类问题的研究。人工神经网络是较早应用于藻类预测的智能方法，是机器学习方法中的一种。人工神经网络对于分析复杂的数据序列具有明显优势，多数情况下优于数理统计方法。

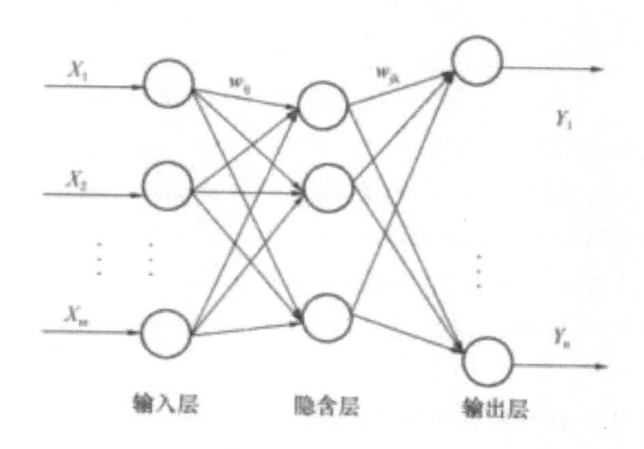

图 11-6 BP神经网络拓扑结构图

BP（反向传播）人工神经网络是目前应用最广泛的人工神经网络模型，由一个输入层、一个输出层和若干个隐含层组成。模型特点是：每层各个神经元之间没有任何连接，相邻层神经元之间单向连接，无反馈、无跨层连接。BP神经网络拓扑结构，见图 11-6。

图中，X_1、X_2、X_3、……X_m是BP网络的输入值，Y_1、Y_2、Y_3、……Y_n是预测值，W_{ij}和W_{jk}为权值。BP网络可看成一个非线性函数，网络输入值和输出值分别为该函数的自变量和因变量。当输入层节点数为m，输出层节点数为n时，BP网络就表达了从m个自变量到n个因变量的函数映射关系。

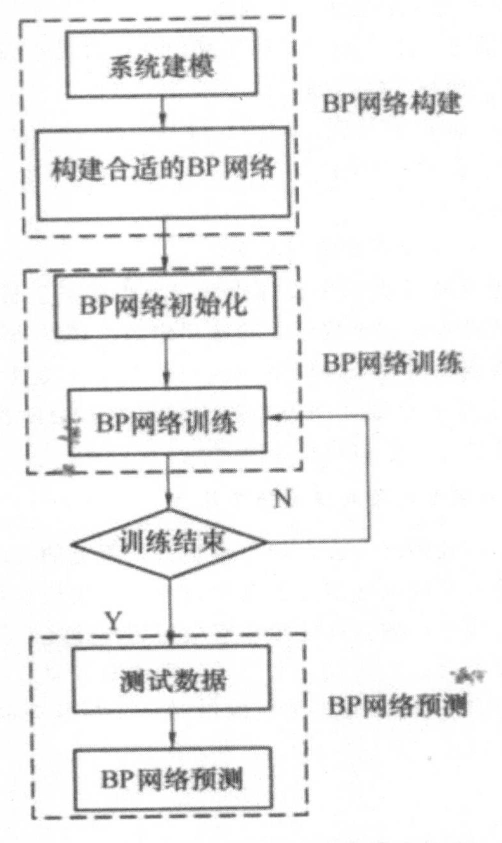

图11-7 BP神经网络预测的算法流程

BP网络的学习是典型的有教师学习，其学习规则又称为δ学习规则，一般有两个过程：信息的正向传播过程，这个过程逐层更新状态，信息由输入层传到隐含层神经元，逐个处理后传到输出层，从而得到输出值；误差的逆向传播过程，若输出值与期望值的误差不满足要求，误差信号就沿原路逐层反向传播，并不断修各层间的连接权值，然后再进行正向传播，如此反复进行，直到网络误差或训练次数达到设定值为止。

BP网络预测的算法流程包括BP网络构建、BP网络训练和BP网络预测，如图11-7所示。

BP网络预测模型的设计需要确定输入层、隐含层、输出层节点数及各层之间的传输函数。

大量研究表明，藻类植物的生长受到多种因素影响，最重要的限制性因素是氮和磷，它们是水生植物生长繁殖所必需的营养盐。另外，藻类的生长受到很多环境因素的影响，例如，水温、光照、DO浓度及以水的流速等。同时，藻类的大量繁殖会对水环境产生反作用，使水体的pH值、透明度、氧化还原电位（ORP）、电导率等因素产生变化。因此，选择能表征叶绿素含量变化的自变量和因变量是对其进行准确评价和预测的重要前提。

在实际应用中，可以根据现有的监测数据，运用时间序列方法，选取前一周的叶绿素a、TP、TN、DO、温度这5个参数的日平均值作为神经网络的输入参数，后3d的叶绿素a浓度作为网络的输出参数，采用基于数值优化理论的改进算法Levenberg-Marquradt方法作为所建模型的训练算法，利用Matlab软件建立3层BP人工神经网络。

由于BP算法容易陷入局部最优，可以把遗传算法用于神经网络的训练，充分利用遗传算法全局搜索的特性来提高BP神经网络的性能。

BP神经网络由于本身的数据依赖性，对数据的需求量大，另外，神经网络本身存在收敛速度慢、容易陷入局部极小值、训练结果容易受不准确样本的错误引导等不足。但是，当数据比较完备时，BP神经网络是一种较好的预测方法。

三、取水口盐度预测预警技术

咸潮（又称咸潮上溯、盐水入侵），是一种天然水文现象，它是由太阳和月球（主要是月球）对地表海水的吸引力引起的。在我国的很多沿海地区，在潮汐作用强、地表水径流量小的时候发生海水倒灌，即形成咸潮。以杭州湾为例，在夏季的枯水期，涨潮流可一直上溯到九溪、富阳附近，给杭州市的生活和生产用水造成巨大困难。

对于咸潮的研究，国外起步较早，国内到20世纪80年代才有了较为系统的研究。咸潮的预测预警方法主要有机理模型、经验模型和智能模型。机理模型描述水体中的物质混合、输移和转化规律，是研究污染物在水环境中变化规律及其影响因素之间相互关系的数学描述。机理模型中，最先进的是三维数值模型，三维数值模型可以用来很好的解决咸潮预测，但是工程应用中数值模型通常需要大量的基础数据来对数值模型进行校验和率定，当影响因素发生变化时，不能快速的做出变化。而简单的一维模型或者时间序列模型仅考虑影响咸潮入侵变化的主要因素，如潮水位、流量、杭州湾外海的盐度等。相比三维数值模型，该模型需要的水利数据较少，且能满足工程应用的需要。

钱塘江研究范围内水文测站布局如图11-8所示。其中富春江水电站为流量控制点作为模型的上边界；乍浦水文站监测潮位、海水盐度数据作为模型的下边界。上下边界之间的各水文站：桐庐水文站、富阳水文站、闻家堰水文站、闸口水文站、七堡水文站、仓前水文站的水文监测数据作为模型的输入变量。

日盐度时间序列从七堡水文站、仓前水文站、澉浦水文站获得，日流量从富春江水电站水文站和分水江水文站获得，日潮位两个高潮位、两个低潮位数据从各个水文站获得。因为降雨量、蒸发量在收集的数据期间比较小可以忽略。这样，只有富春江水电站的流量和分水江的流量作为径流输入。

水文数据量通常很大，这些数据大多是非线性、不稳定、存在噪声。神经网络是数据驱动型模型，可以辨识输入数据间的非线性关系，但是数据间冗余性会使得神经网络输入的数据很多，网络结构复杂，计算效率降低，因此需要对输入神经网络的变量进行筛选。

图 11-8 钱塘江水文测站布局

通过相关分析方法分析不同历史时刻序列值与当前时刻预测对象的相关性水平，使得模型输入项选择更加科学，对提高模型的泛化能力，降低输入维数，简化模型结构有较好的作用。

第四节　水处理及管网水质预警技术

有资料表明，目前国内大部分水厂使用由混凝、沉淀（或澄清）、过滤、消毒等工艺环节组成的常规水处理工艺，水处理和管网环节中在线监测仪表的使用虽较为普遍，但对水处理和管网水质进行预警并用于指导水厂实际生产的案例还尚不多见，大部分水厂仍沿用传统的人工决策来实现预警和警报处理。随着社会经济迅速发展，我国城市供水水质污染事故时有发生，水处理和管网水质预警作为饮用水水质安全评价预警的重要组成部分，可以用于指导水厂工艺调整，提高供水水质，保障人民群众的饮用水安全，具有重要的经济和社会意义。

水处理和管网预警的重要工作是结合制水工艺和历史水质数据，分析出厂水水质和水源地、取水口水质的相关性，应用各种预测预警方法，演算未来一段时间出厂水水质在时间和空间上的分布情况，并对预测的结果进行评价和提供相应的应急预案，用于指导水厂水处理环节的工艺及时调整，同时可以对管网的水力和水质进行模拟仿真，保障饮用水的安全供给。

一、水处理及管网水质预警的总体技术流程如

水处理和管网水质预警的整体技术框架如图 11-9 所示，技术路线流程如图 11-10 所示。

管网和水处理预警研究的主要内容包括：

确定管网和水处理水质预警的预警指标和内容，进行相关预警算法模型的研究和

实现，构建水厂工艺的水处理和管网水质安全评价及预警体系，开发水处理和管网水质安全预警软件平台，实现警情的可视化展示，最终实现预警系统在示范地的部署实施。

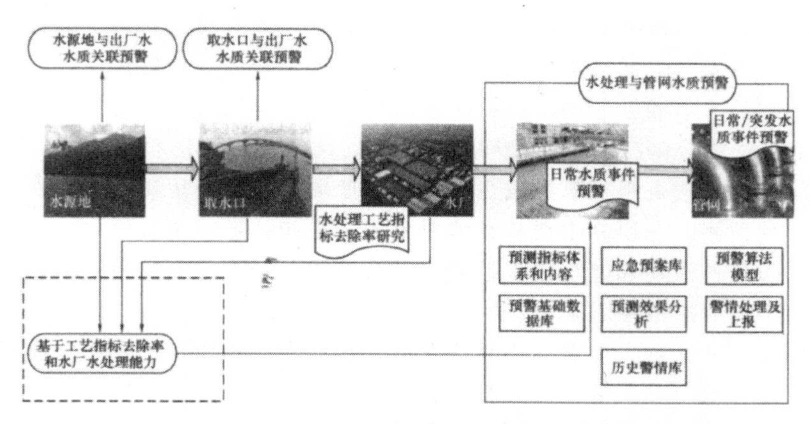

图 11-9 水处理和管网水质预警的整体框架

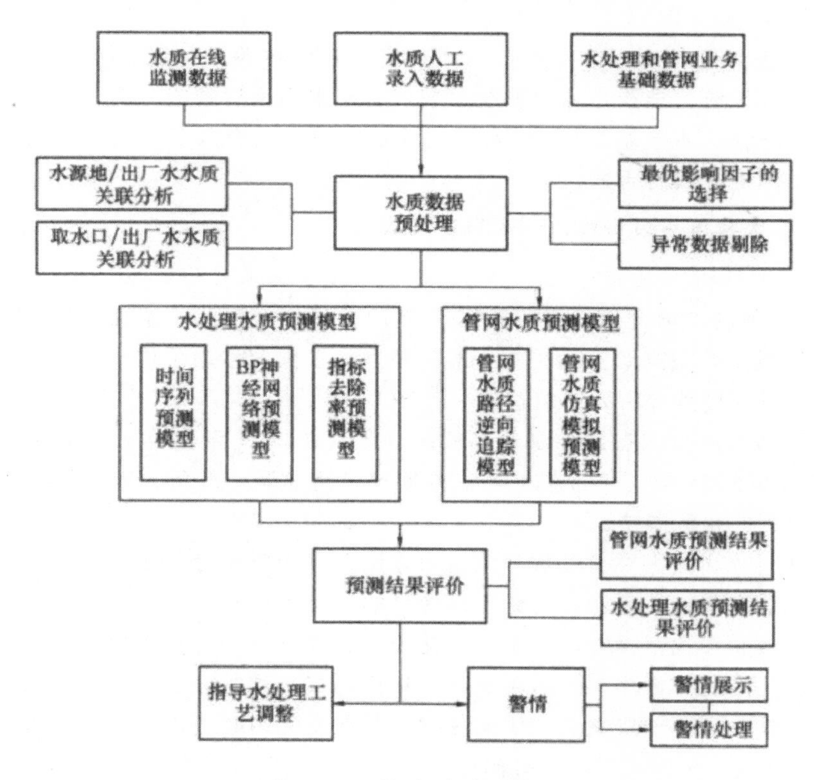

图 11-10 技术路线流程

二、水处理水质预警技术

给水处理系统是一个多变量、大滞后、强耦合的非线性系统，原水水质和水厂运行参数等因素都会影响出水水质。由于处理过程的复杂性及其动态变化特征，目前水厂的生产多停留在经验运行阶段，对原水水质的变化响应迟滞，难以保证供水水质的稳定。以机理分析为基础的数学模型要求参数齐全、信息完备，在水厂实际生产中尚未得到推广，目前实用的水质预测模型主要从非机理的角度研究水质的变化规律。

基于水厂工艺的水质预测方法。该方法主要以分析利用水质历史数据为依据，结合水厂的水处理工艺，通过不同的预测方法推求预测指标以外的所有可能指标与待预测水质指标之间的非线性关系，或待预测水质指标本身随时间的变化规律。目前常用的水质预测方法可分为三类，即时间序列方法、结构分析方法和系统方法等。

时间序列分析法是根据事物发生过程的时序关系，找到历史数据的发展形态并进行外推的一种预测，在研究中要从预测对象的历史统计数据中分解出如长期趋势、季节性波动、循环性波动和随机性波动等不同分量，并分别对它们进行研究，这种预测方法属于时序性的探索预测。

而结构分析方法则主要着眼于事物发展变化的因果和影响关系，根据所拥有的资料数据，找出与预测对象密切相关的影响因素。

应用统计相关分析理论和方法建立预测模型则属于解释性的探索预测，典型的如灰色预测方法等。

系统方法是用系统科学的观点，把预测对象的各种变化视为一个动态的系统行为，通过研究系统的结构，构建系统模型，对未来值进行预测，典型的方法是人工神经网络预测方法。本节基于以上3种水质预测方法，结合水厂的水处理工艺，进行了出厂水水质预测方法的研究。

（一）基于时间序列法的出厂水预测方法

时间序列分析方法最早起源于1927年，数学家耶尔（Yule）提出建立自回归（AR）模型来预测市场变化规律。随后，在1931年另一位数学家瓦尔格（Walker）在AR模型的启发下，建立了滑动平均（MA）模型和自回归移动平均（ARIMA）混合模型，初步奠定了时间序列分析方法的基础。

时间序列预测技术在国外早已有应用，国内在20世纪60年代就应用于水文预测研究。到20世纪70年代，随着电子计算机技术的发展，气象、地震等方面也已广泛应用时间序列的预测方法。

时间序列预测法主要通过数理统计的方法，分析整理待预测水质指标本身历史数据序列，来研究其变化趋势而达到预测的目的。基本原理是：在考虑了水质变化中随机因素的影响和干扰基础上，从水质变化的延续性出发，将水质指标变化的历史时间序列数据作为随机变量序列，运用统计分析中加权平均等方法推测水质未来的变化趋势，做出定量预测。一般来说，时间序列受趋势变化因素、季节变化因素、周期因素和不规则因素等4种因素影响，时间序列预测方法是预测方法体系中的重要组成部分。

在分析研究了水处理过程水质数据的变化规律的基础上，建立了水处理过程基于残差方差最小原则的水质变化ARIMA时间序列模型，用于出厂水水质的预测。

ARIMA（Autoregressive Integrated Moving Average）模型，也称为Box-Jenkins法。该模型适用于非平稳时间序列，应用中需要通过若干次差分将非平稳时间序列转化为平稳时间序列，再对此平稳时间序列进行定阶和参数估计，得到p，q的值，然后就可以依据ARIMA（p，d，q）模型对时间序列进行预测分析。

（二）基于灰色预测方法的出厂水预测方法

灰色模型（Grey Mode）简称GM模型，是灰色系统理论的基本模型，通过建立该模型体系就能实现灰色方法的系统分析、评估、预测和控制等功能。GM（n，h）模型为灰色模型的一般表达，模型中的“n”，表示微分方程的阶数，一般而言，“n”的值不宜大于3，模型中的“h”表示模拟的变量个数，目前，在水质预测方面，使用最多的是GM（1，1）灰色模型。

灰色理论在水质模拟和预测方面的运用主要有以下2种方法：一种方法是把水质确定性模型中的全部或部分变量或参数处理为灰色变量获得灰色解，如果采用优化技术，还可依据实测数据对水质模型中的参数进行灰色识别。

（三）基于人工神经网络的出厂水预测方法

1985年，以Rumelhart和Mc-Clelland为首的PDP（Parallel Distributed Processing）小组提出了实现神经网络的BP模型。BP网络可以看成是输入与输出集合之间的一种非线性映射，而实现这种非线性映射关系并不需要知道所要研究系统的内部结构，只需通过对有限多个样本的学习来达到对所研究系统内部结构的模拟。

BP神经网络作为一个广义函数逼近器，整个网络的学习过程分为两个阶段，第二，段是从网络的底部向上进行计算，如果网络的结构和权已设定，输入已知的学习样本，可按公式计算每一层的神经元输出，第二个阶段是对权植和阈值的修改，这是从最高层向下进行计算和修改，从已知最高层的误差修改与最高层相联的权值，然后修改各层的权值，两个过程反复交替，直到收敛为止。

基于神经网络的水处理系统建模目前受到广泛关注，但多数研究集中在某个特定水处理单元的水质预测或运行控制，将其作为“黑箱”问题进行建模，从而忽视了各个水处理单元、水质参数之间的相互影响，以及人们对水质变化规律的先验知识。利用水厂日常运行时的原水水质和水处理工艺数据作为学习样本，研究并提出基于水处理工艺的BP神经网络水质预测方法。

首先，根据水厂的实际情况，确定出厂水水质的影响因子，作为神经网络的输入变量，以需要预测的出厂水水质作为输出变量：对出厂水水质产生影响的参数非常多，但恰当的影响因子选取是十分重要的，影响因子选取过多，会使预测模型过于庞大，降低网络的性能；影响因子选取得过少，对预测对象有较大影响的参数被忽略掉，会使预测精度下降，本研究在根据不同水厂工艺和原水监测指标的基础上，根据水厂的实际情况，选择合适的影响因子。

其次，根据选择好的输入变量和预测指标建立神经网络：建立神经网络模型一般很少有成型的规律可以遵循，通常都是通过多次的试验，对模型进行反复训练、测试来确定最终的模型结构。一般来说，具有一定相关性的输入和输出水质参数都可以通过调节网络模型的内部结构和参数找到一个合适的网络模型结构连接输入与输出。在研究的模型中，通过改变隐含层神经元的个数、隐含层和输出层的神经元传递函数、选择合适的学习算法等手段对不同水处理工艺建立了相应的神经网络模型。

最后，将针对不同水处理工艺的神经网络模型存储到系统的算法库中，形成了针对不同水处理工艺的出厂水水质预测方法库。

参考文献

[1] 罗彬，张丹，王康．水环境自动监测监控预报预警系统关键技术与应用［J］．中国科技成果，2019，(18)：61-62

[2] 陈汉．水质检测实验室安全管理现状与对策［J］．化工管理，2021，(14)：53-54

[3] 周军苍．新疆维尔自治区农村生活饮水水质安全分析及建议［J］．陕西水利，2016，(S1)：134-136

[4] 李虹．水库型流域水质安全评估与预警技术框架［J］．水生态学杂志，2018，39 (6)：1-7

[5] 苏艳超，张伟利．水质自动监测技术在水环境保护中的应用［J］．环球市场，2018，(23)：389-389

[6] 许珏，徐燕．饮用水水源地水质监测预警系统设计与实现［J］．资源节约与环保，2016，(10)：146+150

[7] 侯佰立．生活饮用水水质安全与监测［J］．食品安全导刊，2017，(9X)：104-104

[8] 陈颖，刘强．水质监测预警系统在饮用水水源地监测的应用［J］．水电科技，2019，2 (4)：46-48

[9] 杜伟．水质自动监测站的运行管理与水质预警分析［J］．科学与财富，2021，(5)：176-176

[10] 刘源源．农村安全供水水质监测研究［J］．检验检疫学刊，2020，30 (2)：128-129

[11] 王晋，王琳，康慧敏．基于流域单元的水质安全评价及综合管理研究——以即墨市为例［J］．城市环境与城市生态，2016，29 (0)：32-36

[12] 李晓龙，李燕怡，陈玉萍．水中重金属离子检测的研究进展［J］．物理化学进展，2022，11 (2)：53-61

[13] 臧浩，杨冰洁，宋雪丽．基于GIS技术的水质安全应用［J］．科技创新与应用，2020，(1)：1-1

[14] 王善雨，姚伟，肖红．2012～2018年某部自备水源水质检测及不合格情况分

析［J］．解放军预防医学杂志，2020，38（1）：19-21

［15］李志霞．2017-2020年玉门市城乡生活饮用水水质监测结果分析［J］．疾病预防控制通报，2022，37（2）：85-87

［16］杨婷婷，杨凯．2021年博山区餐饮行业，学校食堂饮用水水质监测分析［J］．食品安全导刊，2022，（14）：105-107

［17］郭庆奋，洪思让，陈小嵘．泉州市饮用水卫生监测与预警平台的建立与应用［J］．海峡预防医学杂志，2016，22（5）：68-70

［18］吴艳玲，封燚，王占辉．2018-2020年承德市生活饮用水监测现状及水质检测方法的研究［J］．中国应急管理科学，2021，（3）：165-165

［19］李微微，朱玉娇，田芳琼．2020年某铁路辖区生活饮用水水质监测结果分析［J］．中国国境卫生检疫杂志，2022，45（1）：57-59

［20］中国城市规划设计研究院．完善水质监测标准方法体系助力从源头到龙头饮用水安全监管——“十二五”水专项“饮用水全流程水质监测技术及标准化研究”课题成果［J］．净水技术，2018，37（7）：119-122

［21］赵贵林．天然气净化厂循环水腐蚀结垢在线预测研究［J］．硫酸工业，2022，（3）：35-38+42

［22］李孟麒．水质检测的质量监控与管理［J］．东方药膳，2019，（15）：293-293

［23］董欣．基于城市供水系统水质监测及预警系统的功能构建［J］．中国科技博览，2016，（1）：1-1

［24］丛媛媛，耿冬梅．农村饮用水水质安全与监测探讨［J］．农村科学实验，2021，（27）：19-21

［25］朱志伟．原水输送过程中水质在线监测分析和预警系统的应用［J］．自动化博览，2019，（1）：44-47

［26］席萍梅，王晓东．基于互联网+的水源水质监测及预警系统研建与应用［J］．新农业，2019，（20）：24-24

［27］姜旭，舒强，纪峰．城市供水管网水质在线监测预警系统构建及应用研究［J］．给水排水，2017，（S1）：282-284

［28］雷有慧．水质全流程在线监测预警系统的开发建设［J］．引文版：工程技术，2016，（7）：312-312

［29］尚庆国，王琳，李春俊．城市供水水源地水质监测与预警系统研究［J］．治淮，2017，（8）：44-44

［30］郝鹏飞，李淑娇，李冰冰．2020年新乡市农村集中式供水工程水质监测结果分析［J］．中国地方病防治杂志，2022，37（1）：64-65

［31］靳会娜．水环境检验检测机构水质监测质量控制的措施［J］．当代化工研究，2021，（6）：105-106

［32］汪念．水质监测预警系统在饮用水监测中的应用［J］．中国资源综合利用，2021，（9）：65-68

[33] 贾瑞宝，孙韶华．水质监测预警技术创新与能力建设［J］．给水排水，2019，45（10）：1-5

[34] 罗道权，胡小刚．全过程水质在线监测与预警管理系统在岛礁雨水处理工艺的应用［J］．建筑工程技术与设计，2017，（36）：2626-2628

[35] 吴礼裕，沈丽娟，张翔．生物毒性在线监测方法在常州地表水水质预警监测的应用研究［J］．环境保护与循环经济，2017，37（12）：39-43

[36] 宋建忠．水质自动站在水环境安全预警方面的应用［J］．绿色科技，2016，（8）：36-37

[37] 张兰真，邢昱，孔海燕．水质监测预警系统在饮用水水源地监测的应用［J］．化工设计通讯，2018，44（2）：212-212

[38] 张静．基于水资源承载能力监测预警机制的佳木斯市水质要素承载状况评价［J］．黑龙江水利科技，2019，47（8）：223-227

[39] 左锐，石榕涛，王膑．地下水型水源地水质安全预警技术体系研究［J］．环境科学研究，2018，31（3）：10-10

[40] 李虹，王丽婧，秦延文．面向水质安全预警的流域产业化和城镇化压力源评估方法［J］．环境科学研究，2016，29（12）：1840-1846

[41] 黄卫林．浅析水质监测预警系统［J］．自然科学（文摘版），2016，（2）：153-153

[42] 左锐，尹芝华，孟利．保障饮用水安全的水质监测分析［J］．科技导报，2017，35（5）：54-58

[43] 鲁宝权，赵文龙，尹涛．自动液液萃取仪前处理检测水质阴离子表面活性剂［J］．污染防治技术，2022，35（2）：35-37+57

[44] 贾秀明．农村饮用水安全和水质卫生监测分析［J］．智能城市，2020，6（9）：88-91

[45] 杨泽，史万泽，张玙庆．2016-2020年武威市生活饮用水卫生状况分析［J］．疾病预防控制通报，2022，37（2）：4.

[46] 蔡艳琼．浅谈水质检测实验室安全管理现状与对策［J］．资源节约与环保，2019，（6）：55-56

[47] 陈晨．水质监测与安全供水［J］．数字化用户，2019，25（7）：274-274

[48] 罗红敏．保障饮用水安全的水质监测分析［J］．农家参谋，2018，（21）：1-2

[49] 夏文文．地表水水质自动监测系统建设及运行管理中若干问题的探讨［J］．清洗世界，2020，36（11）：102-103

[50] 黄超群．新时期饮用水水质检测现状及存在问题研究［J］．环境与发展，2019，31（5）：189+191

[51] 张祥汉，张琪雨．水质监测实验室安全与绿色环保建设探讨［J］．广州化工，2018，46（12）：112-114+135

[52] 赵玉琳．安徽省2008～2013年农村饮水安全工程水质监测结果分析［J］．

安徽预防医学杂志，2016，(3)：172-175

[53] 吴昊．基于LumiFox 8000的饮用水源地水质生物毒性分析［J］．勘察科学技术，2021，(5)：35-39+55

[54] 华伟．水质监测实验室安全与绿色环保建设探讨［J］．中国化工贸易，2020，12 (1)：159+161

[55] 孔令飞，张红进．2018年安阳市农村饮水安全工程水质监测结果分析［J］．中国初级卫生保健，2019，33 (10)：74-76

[56] 武汉大学．分析化学（第六版）[M]．北京：高等教育出版社，2016

[57] 戴琳，吴刘仓．概率与数理统计（第二版）[M]．北京：高等教育出版社，2017

[58] 华中师范大学．分析化学实验（第四版）[M]．北京：高等教育出版社，2015

[59] 苏洛潮，刘永志．水质应急监测系统的制度建设［J］．城镇供水，2014，(2)：52-53

[60] 庄严，张东云，彭宇张．无锡饮用水源地突发与常态应急监测机制的探讨［J］．环境与健康杂志，2014，31 (4)：355-356

[61] 梁艳，王亦宁，谷辉宁．饮用水在线监测及预警研究［J］．环境科学与管理，2014，39 (10)；121-124

[62] 周大农．水质全流程在线监测预警系统的开发建设［J］．给水排水，2016，42 (4)：128-131

[63] 刘京，魏文龙，李晓明．水质自动监测与常规监测结果对比分［J］．中国环境监测，2017，33 (5)：159-166

[64] 刘伟，吴庆梅，邓力．美国饮用水预警监测技术述评．农业灾害研究［J］．2018，(1)：43-44